第一次検定・第二次検定

土木
施工管理技士
出題分類別問題集

土木一般
専門土木
土木法規
共通工学
施工管理法
（知識・能力）
第二次検定

市ヶ谷出版社

ま え が き

土木工事の現場において**主任技術者**（施工計画を作成し，工程管理・安全管理・品質管理など施工に必要な技術上の管理をつかさどる技術者）**を目指す土木技術者にとって２級土木施工管理技士は必要な資格**です。この資格は，建設業界において土木技術者個人ならびに企業の社会的な信用を高めるとともに，企業の技術力の評価を向上させる役割をもっています。

従来，２級土木施工管理技士の検定試験は学科試験，実地試験に分かれておりましたが，建設業法の改正に伴い試験制度が変更され，2021年４月からは「第一次検定」および「第二次検定」のそれぞれ独立した試験として実施されました。また，新制度に伴い，第一次検定合格者には「技士補」の称号が，第二次検定合格者には「技士」の称号がそれぞれ与えられます。

土木工事業は建設業法で定める「指定建設業」となっておりますので，特定建設業の許可業者の場合，営業所の専任技術者，工事現場ごとの監理技術者は「土木施工管理技士」等の資格を取得した国家資格所有者に限定されております。

現在のような不確定の時代にあっては，自分の技術力の評価が，何ものにもかえがたい自信につながります。是非，本書を利用し，実戦的な知識を身につけることにより，**２級土木施工管理技士の合格を確実なものにしていただきたい**と思います。

本書の姉妹版として，各専門ごとの要点を取りまとめた「２級土木施工管理技士要点テキスト（第一次検定・第二次検定)」も発行しておりますので，本書とあわせて，ご利用いただければ幸いです。

本書を利用された皆様が，２級土木施工管理技士の試験に必ず合格されますことをお祈り申し上げます。

令和６年２月　　　　　　　　　　　　　　　　　　　　　　　　著者一同

２級土木施工管理技術検定　令和３年度制度改正について

令和３年度より，施工管理技術検定は制度が大きく変わりました。

●試験の構成の変更　（旧制度）　→　（新制度）
学科試験・実地試験　→　第一次検定・第二次検定

●第一次検定合格者に『技士補』資格
令和３年度以降の第一次検定合格者が生涯有効な資格となり，国家資格として『２級土木施工管理技士補』と称することになりました。

●試験内容の変更・・・以下参照ください。

●受験手数料の変更・・第一次検定の受検手数料が5,250円に変更になりました。

1．試験内容の変更

学科・実地の両試験の合格によって２級の技士となる現行制度から，施工技術のうち，基礎となる知識・能力を判定する第一次検定，実務経験に基づいた技術管理，指導監督の知識・能力を判定する第二次検定に改められました。

第一次検定の合格者には技士補，第二次検定の合格者には技士がそれぞれ付与されます。

第一次検定

これまで学科試験で求められていた知識問題を基本に，実地試験で出題されていた施工管理法など能力問題が一部追加されることになりました。

第一次検定はマークシート方式で，これまでの四肢一択形式と出題形式の変更はありません。

合格に求められる知識・能力の水準は，現行検定と同程度で，合格基準は得点が60％以上となっています（第二次検定も同様となっています）。

試験内容

検定科目	検　定　基　準
土木工学等	1．土木一式工事の施工の管理を適確に行うために必要な土木工学，電気工学，電気通信工学，機械工学及び建築学に関する概略の知識を有すること。 2．土木一式工事の施工の管理を適確に行うために必要な設計図書を正確に読みとるための知識を有すること。
施工管理法	1．土木一式工事の施工の管理を適確に行うために必要な施工計画の作成方法及び工程管理，品質管理，安全管理等工事の施工の管理方法に関する基礎的な知識を有すること。 2．土木一式工事の施工の管理を適確に行うために必要な基礎的な能力を有すること。
法　　規	建設工事の施工の管理を適確に行うために必要な法令に関する概略の知識を有すること。

（２級土木施工管理技術検定　受検の手引より引用）

第二次検定

次の試験科目の範囲とし，記述式の筆記試験を行います。

検定区分	検定科目	検　定　基　準
第２次検定	施工管理法	1．主任技術者として，土木一式工事の施工の管理を適確に行うために必要な知識を有すること。 2．主任技術者として，土質試験及び土木材料の強度等の試験を正確に行うことができ，かつ，その試験の結果に基づいて工事の目的物に所要の強度を得る等のために必要な措置を行うことができる応用能力を有すること。 3．主任技術者として，設計図書に基づいて工事現場における施工計画を適切に作成すること。又は施工計画を実施することができる応用能力を有すること。

令和６年度以降　２級土木施工管理技術検定の新受検資格

令和６年度より施工管理技術検定の受検資格が変わります。

第二次検定は，新受検資格に変わりますが，令和６年度から令和10年度までの５年間は制度改正に伴う経過措置として，【令和６年度からの新受検資格】と【令和５年度までの旧受検資格】のどちらの受検資格でも受検が可能です。

新受検資格の詳細については，全国建設研修センターホームページにてご確認ください。

受検資格要件	必要な実務経験年数
令和３年度以降の １級 第一次検定合格者	合格後　**１年以上**の実務経験年数
令和３年度以降の ２級 第一次検定合格者	合格後　**３年以上**の実務経験年数
技術士第二次試験合格者 （土木施工管理技術検定のみ）	合格後　**１年以上**の実務経験年数

イ　２級土木施工管理技術検定・第一次検定の合格者で，次のいずれかに該当する者

学歴	土木施工に関する実務経験年数	
	指定学科	指定学科以外
大学卒業者 専門学校卒業者（「高度専門士」に限る）	卒業後１年以上	卒業後１年６月以上
短期大学卒業者 高等専門学校卒業者 専門学校卒業者（「専門士」に限る）	卒業後２年以上	卒業後３年以上
高等学校卒業者 中等教育学校卒業者 専修学校の専門課程卒業者	卒業後３年以上	卒業後４年６月以上
その他の者	８年以上	

（注１）　上記の実務経験年数については，当該種別の実務経験年数である。
（注２）　実務経験年数の算定基準日　上記の実務経験年数は，２級第二次検定の前日（令和６年10月26日（土））までで計算するものとする。
（注３）　実務経験の内容は，受検する種別（土木，鋼構造物塗装，薬液注入）について，それぞれの種別の実務経験が必要。

ロ　　第一次検定免除者

1）　平成 28 年度から令和２年度の２級土木施工管理技術検定「学科試験のみ」を受検し合格した者で，所定の実務経験を満たした者

※当該合格年度の初日から起算して 12 年以内に連続して２回の第二次検定を受検可能
※第一次検定が免除されるのは，合格した学科試験と同じ受検種目・受検種別に限ります
※平成 27 年度以前の２級土木施工管理技術検定「学科試験のみ」の合格者は，第一次検定の免除期間が終了しておりますので，再度第一次検定から受検してください

2）　技術士法（昭和 58 年法律第 25 号）による第２次試験のうち技術部門を建設部門，上下水道部門，農業部門（選択科目を「農業農村工学」とするものに限る。），森林部門（選択科目を「森林土木」とするものに限る。），水産部門（選択科目を「水産土木」とするものに限る。）又は総合技術監理部門（選択科目を建設部門若しくは上下水道部門に係るもの，「農業農村工学」「森林土木」又は「水産土木」とするものに限る。）に合格した者で，第一次検定の合格を除く２級土木施工管理技術検定・第二次検定の受検資格を有する者（技術士法施行規則の一部を改正する省令（平成 15 年文部科学省令第 36 号）による改正前の第２次試験のうち技術部門を建設部門，水道部門，農業部門（選択科目を「農業土木」とするものに限る），林業部門（選択科目を「森林土木」とするものに限る），又は水産部門（選択科目を「水産土木」とするものに限る。）の合格した者を含む。また，技術士法施行規則の一部を改正する省令（技術士法施行規則の一部を改正する省令（平成 29 年文部科学省令第 45 号）による改正前の第２次試験のうち技術部門を建設部門，上下水道部門，農業部門（選択科目を「農業土木」とするものに限る），森林部門（選択科目を「森林土木」とするものに限る），水産部門（選択科目を「水産土木」とするものに限る。）又は総合技術監理部門（選択科目を建設部門若しくは上下水道部門に係るもの，「農業土木」，「森林土木」又は「水産土木」とするものに限る。）に合格した者を含む。）

（注）　実務経験年数の算定基準日　実務経験年数は，２級第一次検定及び第二次検定同日試験の前日（令和６年10月26日（土））までで計算するものとする。

２級土木施工管理技術検定の概要

１．試験日程

	【前期】第一次検定	【後期】第一次検定・第二次検定
受検申込期間	令和６年３月６日(水)～３月21日(木) (インターネット申込のみ)	インターネット申込・書面申込 令和６年７月３日(水)～７月17日(水)
試験日	令和６年６月２日(日)	令和６年10月27日(日)
合格発表	令和６年７月２日(火)	令和６年12月４日(水)（第一次検定後期のみ） 令和７年２月５日(水)（第一次・第二次検定）

２級土木施工管理技士補の資格取得まで

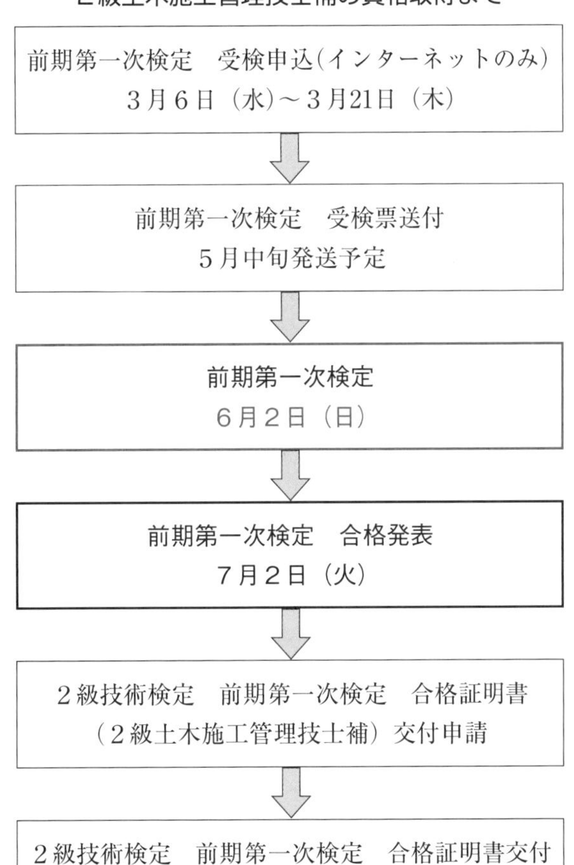

2. 受検資格

第一次検定のみ

令和６年度中における年齢が17歳以上の者【平成20年４月１日以前に生まれた者】

※すでに２級土木施工管理技士の資格を取得済みの方は，再度の受検申込みはできません。

3. 試験地

（前期）

札幌・仙台・東京・新潟・名古屋・大阪・広島・高松・福岡・那覇の10地区

（後期・第二次検定）

札幌・釧路・青森・仙台・秋田・東京・新潟・富山・静岡・名古屋・大阪・松江・岡山・広島・高松・高知・福岡・鹿児島・那覇の19地区

※試験会場は，受検票でお知らせします。

※試験会場は，近郊都市も含みます。

※なお，第一次検定（後期）試験地については，上記試験地に熊本を追加します。

4. 試験の内容

「２級土木施工管理技術検定　令和３年度制度改正について」をご参照ください。

受検資格や試験の詳細については，「受検の手引」をご確認してください。

不明の点等は，下記機関に問い合わせしてください。

5. 試験実施機関

国土交通大臣指定試験機関

一般財団法人　全国建設研修センター　土木試験課

〒187-8540 東京都小平市喜平町 2-1-2

TEL 042-300-6860

ホームページアドレス　https://www.jctc.jp/

電話によるお問い合わせ応対時間　9：00〜17：00

土・日曜日・祝祭日は休業日です。

本書の利用のしかた

本書のp.ⅱ～ⅴに示したように，試験制度の変更により，学科試験・実地試験が第一次検定・第二次検定となりました。

本書には，第一次検定試験問題を専門分野ごとに6編に分け，約400問，第二次検定試験については経験記述例を4例，学科記述は直近5年分の全問を1編としてまとめ掲載しております。

第1編　土木一般　　　第2編　専門土木　　　第3編　土木法規
第4編　共通工学　　　第5編　施工管理法（基礎知識）
第6編　施工管理法（基礎的な能力）　　　第7編　第二次検定

第一次検定試験では，**共通工学**4問と**施工管理法**（基礎知識）7問および**施工管理法**（基礎的な能力）8問は必須問題ですので，第4編と第5編，第6編は，全体をくまなく学習してください。**土木一般**は11問中9問，**専門土木**は20問中6問，**土木法規**は11問中6問の選択問題です。選択問題は，総花的に解答にトライしようとせずに，まずは自分の得意な分野を確実に得点できるようにしてください。

第二次検定試験問題については，平成27年度以降，**経験記述1問**，学科記述のうち**土工2問**，**コンクリート工2問**の計5問が必須問題で，選択問題は⑴，⑵があり，各2問から1問ずつを選択して解答する方式でした。令和3年度の必須問題は5問（経験記述1問，学科記述の内，コンクリート工2問，安全管理1問，土工1問），令和4年度の必須問題は5問（経験記述1問，土工1問，コンクリート1問，施工計画1問，工程管理1問）で，選択問題は⑴，⑵の各2問から1問ずつ選択して解答する方式でした。選択問題の内容は，土工，コンクリート，品質管理，安全管理，工程管理，環境保全と多岐にわたっております。

本書では，解説文の中で，試験によく出題される重要な用語・内容は太字で記述しておりますので，最低限の知識として覚えてください。

第二次検定試験の経験記述は合否を左右する最も大事な問題ですので，記述しようとする工事経験について，本書の例を参考に，品質管理，工程管理，安全管理のそれぞれについて解答を作成して，覚えてください。

学習の成果の確認には，試験日の時間にあわせて，1回目は，各項目の上段から1問目，次回は2問目に取り組んでください。そうすると1回当たり70問くらい解答することになります（試験の出題数は61問，回答数は40問）。80％以上正解でしたら，自信を持って，試験会場にいざ出陣。

目　次

第7章　第二次検定

2級土木施工管理技術検定試験　分野別の出題数と解答数

＊令和３～５年度の出題数で，（　）の数字は，「基礎的な能力」の出題数である。

分野別＼年度別			令和５年度（後期）	令和４年度（後期）	令和３年度（後期）	令和２年度（後期）	令和元年度（前期・後期）
			出題(解答)数	出題(解答)数	出題(解答)数	出題(解答)数	出題(解答)数
必須・全問解答	共通	測量	1	1	1	1	1
		契約・設計	2	2	2	2	2
		建設機械	1	1	1	1	1
	施工管理	施工計画	1	1	1（1）	2	2
		建設機械	（2）	（2）	（1）	1	1
		工程管理	（2）	（2）	（2）	2	2
		安全管理	2（2）	2（2）	2（2）	4	4
		品質管理	2（2）	2（2）	2（2）	4	4
		環境保全	2	2	2	2	2
	計		19	19	19	19	19

分野別		令和５ 出題数	令和５ 解答数	令和４ 出題数	令和４ 解答数	令和３ 出題数	令和３ 解答数	令和２ 出題数	令和２ 解答数	令和元 出題数	令和元 解答数
選択・必要数解答	**土木一般**	11	9	11	9	11	9	11	9	11	9
	土工	4		4		4		4		4	
	コンクリート工	4	9	4	9	4	9	4	9	4	9
	基礎工	3		3		3		3		3	
	専門土木	20	6	20	6	20	6	20	6	20	6
	構造物	3		3		3		3		3	
	河川・砂防	4		4		4		4		4	
	道路・舗装	4		4		4		4		4	
	ダム・トンネル	2	6	2	6	2	6	2	6	2	6
	海岸・港湾	2		2		2		2		2	
	鉄道・地下構造物	3		3		3		3		3	
	上下水道	2		2		2		2		2	
	土木法規	11	6	11	6	11	6	11	6	11	6
	労働基準法	2		2		2		2		2	
	労働安全衛生法	1		1		1		1		1	
	建設業法	1		1		1		1		1	
	道路関係法	1		1		1		1		1	
	河川法	1		1		1		1		1	
	建築基準法	1	6	1	6	1	6	1	6	1	6
	火薬類取締法	1		1		1		1		1	
	騒音規制法	1		1		1		1		1	
	振動規制法	1		1		1		1		1	
	港則法	1		1		1		1		1	
	計	42	21	42	21	42	21	42	21	42	21
必須・選択合計		61	40	61	40	61	40	61	40	61	40

年度	令和５		令和４		令和３		令和２		令和元	
第二次検定 実地試験	必須５	選択４ 解答２	必須５	選択４ 解答２	必須５	選択４ 解答２	必須５	選択４ 解答２	必須５	選択４ 解答２

出題傾向分析表

分類	令和5年度(前)	令和5年度(後)	令和4年度(後)	令和3年度(後)	令和2年度(後)	令和元年度(後)
	第一次検定 土木一般				土木一般	
土工	1. 土工作業用建設機械 2. 法面保護工の工種と目的 3. 盛土の施工 4. 軟弱地盤改良工法	1. 土工作業の種類と使用機械 2. 法面保護工の工種と目的 3. 盛土材料 4. 軟弱地盤改良工法	1. 土工作業用建設機械 2. 土質試験名と結果の利用 3. 盛土工 4. 軟弱地盤の改良，載荷工法	1. 土工作業と使用機械 2. 土質試験名と結果の利用 3. 盛土工 4. 地盤改良工法	1. 土工作業と使用機械 2. 土質試験名と結果の利用 3. 盛土の施工 4. 軟弱地盤の改良工法	1. 試験の名称と結果 2. 土工作業の種類と使用機械 3. 盛土の施工 4. 地下水位低下工法
コンクリート工	5. 混和材料 6. スランプ試験 7. フレッシュコンクリート 8. 鉄筋の加工・組立	5. 骨材の性質 6. 配合設計 7. フレッシュコンクリート 8. 型枠	5. セメント 6. 棒状バイブレータ 7. フレッシュコンクリート 8. 仕上げと養生	5. 混和材 6. 配合設計 7. フレッシュコンクリート 8. 鉄筋の加工・組立	5. 混和材 6. スランプ試験 7. 施工 8. 鉄筋の組立と継手	5. コンクリート用セメント 6. コンクリートの施工 7. コンクリートの施工 8. 型枠・支保工
基礎工	9. 打撃工法（既製杭） 10. 場所打ち杭の工法名と主な資機材 11. 土留めの施工	9. 既製杭の施工 10. 場所打ち杭の施工 11. 土留めの施工	9. 杭打ち機 10. 場所打ち杭工法 11. 土留め工	9. 既製杭の施工 10. 場所打ち杭の各種工法 11. 土留め工の部材名	9. 既製杭の施工 10. 場所打ち杭 11. 土留め工法の部材名称	9. 打込み杭工法 10. 場所打ち杭の特徴 11. 土留め工の部材名称
	専門土木					
構造物	12. 鋼材の応力度とひずみの関係 13. 鋼材の溶接接合 14. コンクリート構造物の耐久性の向上	12. 鋼材 13. 鋼道路橋の架設工法 14. コンクリートの劣化機構と劣化要因	12. 鋼材の特性・用途 13. 鋼道路橋の架設工法 14. コンクリートの劣化機構	12. 鋼材 13. 鋼道路橋の架設工法 14. コンクリートの劣化機構	12. 応力度とひずみの関係 13. 鋼道路橋の架設工法 14. コンクリート構造物の用語	12. 鋼橋の溶接継手 13. 橋梁仮設工法と概要 14. コンクリート構造物の耐久性
河川	15. 河川堤防 16. 河川護岸	15. 河川全般 16. 河川護岸	15. 河川全般 16. 河川護岸	15. 河川堤防の施工 16. 河川護岸	15. 河川全般 16. 河川護岸	15. 河川堤防の施工 16. 河川護岸
砂防	17. 砂防えん堤 18. 地すべり防止工	17. 砂防えん堤 18. 地すべり防止工	17. 砂防えん堤 18. 地すべり防止工	17. 砂防えん堤 18. 地すべり防止工	17. 砂防えん堤 18. 地すべり防止工	17. 砂防えん堤 18. 地すべり防止工
道路・舗装	19. アスファルト舗装の上層路盤の施工 20. アスファルト混合物の施工 21. アスファルト舗装の破損 22. コンクリート舗装全般	19. アスファルト舗装の路床の施工 20. アスファルト混合物の締固め 21. アスファルト舗装の補修工法 22. コンクリート舗装の施工	19. アスファルト舗装の路床の施工 20. アスファルト舗装の締固め施工 21. アスファルト舗装の補修工法 22. 普通コンクリート舗装の施工	19. アスファルト舗装の上層路盤 20. アスファルト舗装の締固め 21. アスファルト舗装の補修工法 22. コンクリート舗装	19. 構築路床の安定処理 20. アスファルト混合物の締固め 21. アスファルト舗装の補修工法 22. コンクリート舗装	19. アスファルト舗装の構築路床 20. アスファルト舗装の施工 21. アスファルト舗装の破損 22. 普通コンクリート舗装
ダム	23. ダムの施工	23. コンクリートダムの施工	23. ダムの施工	23. ダム全般	23. RCD 工法	23. RCD 工法
トンネル	24. 山岳工法における支保工	24. 山岳工法における掘削	24. 山岳工法における掘削	24. 山岳工法における掘削	24. 山岳工法の観察・計測	24. 山岳工法の支保工
海岸	25. 異形ブロックによる消波工	25. 海岸堤防の形式の特徴	25. 傾斜型海岸堤防	25. 海岸堤防の形成	25. 傾斜型海岸堤防	25. 異形コンクリートブロックによる消波工
港湾	26. グラブ浚渫の施工	26. ケーソン式混成堤の施工	26. ケーソン式混成堤の施工	26. ケーソン式混成堤	26. ケーソン式混成堤	26. ケーソン式混成堤

分　類	令和5年度(前)	令和5年度(後)	令和4年度(後)	令和3年度(後)	令和2年度(後)	令和元年度(後)
専　門　土　木						
鉄　道	27．道床及び路盤の施工 28．営業線内工事の工事保安体制	27．鉄道の軌道の用語と説明 28．営業線内及び近接工事	27．鉄道の用語と説明 28．営業線近接工事	27．道床バラスト 28．建築限界と車両限界	27．軌道の用語 28．営業線近接工事	27．路盤の役割 28．営業線近接工事
地下構造物	29．シールド工法	29．シールド工法	29．シールド工法	29．シールド工法	29．シールド工法	29．シールド工法
上下水道	30．上水道用配水管と継手の特徴 31．下水道の剛性管渠の基礎地盤の土質区分と基礎の種類	30．上水道の管布設工 31．下水道のヒューム管の継手の名称	30．上水道の管布設工 31．下水道管渠の接合方式	30．上水道の導水管や配水管 31．下水道管渠の剛性管の基礎工法	30．上水道管きょの据付け 31．下水道の剛性管の基礎地盤と基礎の種類の組合せ	30．上水道の管布設工 31．下水道管の耐震性確保の対策
土　木　法　規						
労働基準法	32．賃金 33．災害補償	32．労働時間・休憩 33．満18歳に満たない者の就労	32．労働時間，休憩，休日，有給休暇 33．災害補償	32．労働時間及び休日 33．年少者の就業	32．労働時間，休憩，年次有給休暇 33．満18歳未満の者の就業	32．賃金の支払い 33．年少者・女性の就業
労働安全衛生法	34．作業主任者の選任	34．作業主任者の選任	34．作業主任者の選任	34．作業主任者の選任	34．作業主任者の選任	34．作業主任者の選任
建設業法	35．建設業法全般	35．主任技術者・管理技術者の職務	35．建設業法全般	35．建設業法全般	35．建設業法全般	35．建設業法全般
道路関係法	36．道路管理者に提出する許可申請書への記載事項	36．車両の最高限度	36．車両の最高限度	36．道路の掘削方法	36．占用の許可	36．道路法全般
河川法	37．河川法全般	37．河川管理者の許可	37．河川法全般	37．河川管理者の許可	37．河川法全般	37．河川管理者の許可
建築基準法	38．建築設備	38．建ぺい率	38．建築基準法全般	38．主要構造部	38．建築物の敷地と道路の関係	38．建築基準法全般
火薬類取締法	39．火薬類の取扱い	39．火薬類の取扱い	39．火薬類の取扱い	39．火薬類の取扱い	39．火薬類の取扱い	39．火薬類の取扱い
騒音規制法	40．地域の指定を行う者	40．特定建設作業	40．特定建設作業	40．実施の届出期限	40．特定建設作業	40．実施に関する届出先
振動規制法	41．特定建設作業の届け出事項	41．規制基準の測定位置	41．特定建設作業	41．特定建設作業	41．測定位置と振動の大きさの関係	41．対象とならない作業
港則法	42．許可申請	42．航路及び航法	42．船舶の航路及び航法	42．船舶の航路及び航法	42．港則法全般	42．港長の許可
共　通　工　学						
測　量	43．トラバース測量の方位角	43．トラバース測量の閉合比	43．トラバース測量の閉合比	43．地盤高	43．地盤高	43．地盤高
契約・設計	44．公共工事標準請負契約約款 45．ブロック積擁壁の断面図	44．設計図書 45．橋の構造図	44．設計図書 45．橋の長さを表す名称	44．公共工事標準請負契約約款 45．道路橋の構造名	44．公共工事標準請負契約約款 45．道路橋の構造の名称	44．公共工事標準請負契約約款 45．道路橋の断面図
建設機械	46．機械名と性能表示の組合せ	46．建設機械の用途	46．建設機械全般	46．建設機械の用途	46．建設機械の用途	46．建設機械全般
施工管理法（基礎知識）						
施工計画	47．事前調査	47．施工計画の作成	47．仮設工事	47．仮設工事	47．仮設工事 48．施工計画作成の留意事項	47．施工計画全般 48．施工体制台帳，施工体系図
建設機械	―――	―――	―――	―――	49．ダンプトラックの時間当たり作業量	49．建設機械の作業

分　類	令和５年度(前)	令和５年度(後)	令和４年度(後)	令和３年度(後)	令和２年度(後)	令和元年度(後)
施工管理法（基礎知識）						
工程管理	―――	―――	―――	―――	50．工程管理全般 51．ネットワーク式工程表	50．工程管理全般 51．クリティカルパスの日数
安全管理	48．労働者の危険を防止するための措置 49．コンクリート構造物の解体作業	48．保護帽の着用作業 49．コンクリート構造物の解体作業	48．地山の掘削作業 49．コンクリート工作物の解体作業	48．地山の掘削作業 49．コンクリート工作物の解体又は破壊作業	52．型枠支保工 53．地山の掘削作業 54．車両系建設機械の作業 55．コンクリート造工作物の解体作業	52．保護帽の使用 53．高さ２m以上の足場 54．移動式クレーン 55．コンクリート造工作物解体作業の危険防止
品質管理	50．工種・品質特性と試験方法の組合せ 51．レディーミクストコンクリートの品質管理	50．品質管理のPDCA 51．レディーミクストコンクリートの受入検査	50．品質管理全般 51．レディーミクストコンクリートの試験結果	50．工種・品質特性・試験方法の組合せ 51．レディーミクストコンクリートの受入検査	56．土木工事の品質管理 57．$\bar{x}-R$ 管理図 58．盛土の締固め 59．レディーミクストコンクリートの受入れ検査	56．$\bar{x}-R$ 管理図 57．ヒストグラム 58．盛土の締固め品質 59．レディーミクストコンクリートの受入れ時の判定基準
環境保全	52．環境保全対策全般 53．建設リサイクル法	52．騒音・振動対策 53．建設リサイクル法	52．騒音・振動対策 53．建設リサイクル法	52．建設工事における環境保全対策 53．建設リサイクル法	60．環境保全対策全般 61．建設リサイクル法	60．地域住民の環境保全対策 61．建設リサイクル法
施工管理法（基礎的な能力）						
施工計画	54．施工体制台帳・施工体系図	―――	―――	54．施工計画の作成		
建設機械	55．ダンプの時間当たり作業量	54．建設機械の走行全般 55．建設機械の作業全般	54．建設機械の走行に必要なコーン指数 55．建設機械の作業内容	55．建設機械の走行に必要なコーン指数		
工程管理	56．工程表全般 57．ネットワーク式工程表	56．工程管理全般 57．ネットワーク式工程表	56．工程表の種類と特徴 57．ネットワーク式工程表	56．工程管理の基本事項 57．ネットワーク式工程表		
安全管理	58．型枠支保工 59．車両系建設機械	58．足場の安全管理 59．移動式クレーン	58．墜落・落下防止 59．車両系建設機械の災害防止	58．足場の安全管理 59．車両系建設機械		
品質管理	60．$\bar{x}-R$ 管理図 61．盛土の締固め	60．管理図 61．盛土の締固め	60．$\bar{x}-R$ 管理図 61．盛土の締固め	60．管理図 61．盛土の締固め		
	第　二　次　検　定				**実　地　試　験**	
経験記述（必須）		1．安全管理又は工程管理について ①　技術的課題 ②　検討した項目と検討理由及び検討内容 ③　現場で実施した対応処置とその評価	1．品質管理又は工程管理について ①　技術的課題 ②　検討した項目と検討理由及び検討内容 ③　現場で実施した対応処置とその評価	1．安全管理又は品質管理について ①　技術的課題 ②　検討した項目と検討理由及び検討内容 ③　現場で実施した対応処置とその評価	1．安全管理または工程管理について ①　技術的課題 ②　検討した項目と検討理由及び検討内容 ③　現場で実施した対応処置とその評価	1．品質管理または工程管理について ①　技術的課題 ②　検討した項目と検討理由及び検討内容 ③　現場で実施した対応処置とその評価
土工（必須） （6．は選択）		4．切土法面の施工	5．盛土材料として望ましい条件 6．土の原位置試験とその結果の利用	4．盛土の締固め作業及び締固め機械 6．盛土の施工	2．切土法面の施工の留意事項 3．軟弱地盤対策工法 6．原位置試験	2．盛土の施工 3．法面保護工の工法名とその目的

分　類	令和5年度(前)	令和5年度(後)	令和4年度(後)	令和3年度(後)	令和2年度(後)	令和元年度(後)
	第　二　次　検　定				実　地　試　験	
コンクリート工 (必　須) (7は選択)		5. 用語の説明 7. 鉄筋の組立及び型枠	4. 養生の役割及び具体的方法	2. フレッシュコンクリートの仕上げ，養生，打継目 5. コンクリートの打込み時又は締固め時の留意事項	4. コンクリートの打込み，締固め，養生 5. 用語と用語の説明	4. 型枠の施工 5. コンクリートの施工に関する語句又は数値
施　工　計　画 (必　須)		―――	3. 事前調査	―――	―――	―――
工　程　管　理 (選　択) (2は必須)		9. 管渠の施工のバーチャート作成	2. 各種工程表	9. 工程表の特徴	9. ボックスカルバート施工のバーチャート作成と工期	9. 工程表の特徴
安　全　管　理 (選　択) (2，3は必須)		2. 地山明り掘削 8. 移動式クレーン作業及び玉掛作業	8. 高所作業時の墜落等による危険の防止対策	3. 移動式クレーン作業の労働災害防止対策 8. 架空線損傷事故の防止	7. 高所作業の安全管理	8. 土止め支保工の組立て作業
品　質　管　理 (選　択)		6. 盛土の締固めの管理方法	7. レディーミクストコンクリートの受入れ検査	7. 鉄筋の組立・型枠・型枠支保工	8. 各種コンクリートの打込み時または養生時の留意事項	6. 盛土の締固め管理 7. レディーミクストコンクリートの受入れ検査
環　境　保　全 (選　択) (3は必須)		3. 建設リサイクル法	9. ブルドーザ，バックホゥ使用時の騒音防止対策	―――	―――	―――

土木一般

● 過去5年間（6回分）の出題内容と出題数 ●

出題内容		年度	令和 5後	5前	4後	3後	2後	元後	計
土工	土質調査（室内試験・原位置試験），土質の知識				1	1	1	1	4
	盛土・締固め施工の管理・留意事項		1	1	1	1	1	1	6
	軟弱地盤対策工法の種類と概要・特徴		1	1	1	1	1	1	6
	土工機械の作業・種類・特徴		1	1	1	1	1	1	6
	法面保護工		1	1					2
		小計	4	4	4	4	4	4	24
コンクリート工	スランプ，フレッシュコンクリート		1	2	1	1	1		6
	配合，w/c，s/a，粗骨材最大寸法，骨材		2			1			3
	混和材・混和剤，セメント・各種コンクリート			1	1	1	1	1	5
	運搬・打込み・締固め・養生				2		1	2	5
	型枠，支保工，鉄筋加工組立		1	1		1	1	1	5
		小計	4	4	4	4	4	4	24
基礎工	場所打ち杭工法		1	1	1	1	1	1	6
	既製杭工法		1	1	1	1	1	1	6
	土留め工		1	1	1	1	1	1	6
		小計	3	3	3	3	3	3	18
合計			11	11	11	11	11	11	

1・1　土　工

●1・1・1　土質調査・原位置試験

出題頻度　低■■■■■□高

1

□□□

土質試験における「試験名」とその「試験結果の利用」に関する次の組合せのうち，**適当でないもの**はどれか。

［試験名］		［試験結果の利用］
(1)	標準貫入試験 ………………………………	地盤の透水性の判定
(2)	砂置換法による土の密度試験 …………………	土の締固め管理
(3)	ポータブルコーン貫入試験 …………………	建設機械の走行性の判定
(4)	ボーリング孔を利用した透水試験 ……………	地盤改良工法の設計

《R4 前－2》

2

□□□

土質試験における「試験名」とその「試験結果の利用」に関する次の組合せのうち，**適当でないもの**はどれか。

［試験名］		［試験結果の利用］
(1)	土の一軸圧縮試験 ……………………………	支持力の推定
(2)	土の液性限界・塑性限界試験 ………………	盛土材料の適否の判断
(3)	土の圧密試験 …………………………………	粘性土地盤の沈下量の推定
(4)	CBR 試験 …………………………………………	岩の分類の判断

《R2 後－2》

3

□□□

土工に用いられる「試験の名称」と「試験結果から求められるもの」に関する次の組合せのうち，**適当でないもの**はどれか。

［試験の名称］		［試験結果から求められるもの］
(1)	スウェーデン式サウンディング試験 ……………	土粒子の粒径の分布
(2)	土の液性限界・塑性限界試験 ………………………	コンシステンシー限界
(3)	土の含水比試験 ………………………………………	土の間げき中に含まれる水の量
(4)	RI 計器による土の密度試験 ………………………	土の湿潤密度

《R1 後－1》

4

□□□

土質調査に関する次の試験方法のうち，**原位置試験**はどれか。

(1)　突き固めによる土の締固め試験

(2)　土の含水比試験

(3)　スウェーデン式サウンディング試験

(4)　土粒子の密度試験

《H30 後－1》

（注）　問題の右下の表示《H30 後－1》は平成 30 年度後期の 1 番の問題を，《R3 前－2》は令和 3 年度前期の 2 番の問題を表している。

土木一般

5

土質試験における「試験名」とその「試験結果の利用」に関する次の組合せのうち，**適当でないもの**はどれか。

[試験名]		[試験結果の利用]
(1)	砂置換法による土の密度試験 …………………	土の締固め管理
(2)	土の一軸圧縮試験 ………………………………	支持力の推定
(3)	ボーリング孔を利用した透水試験 …………	地盤改良工法の設計
(4)	ポータブルコーン貫入試験 …………………	土の粗粒度の判定

《R3 前－2》

解説

1 (1) 標準貫入試験は，**土の硬軟，締まり具合の判定**に用いる。

2 (4) CBR 試験の結果は，**舗装厚さの設計**等に用いる。

3 (1) スウェーデン式サウンディング試験では，**1 m当たり貫入するのに必要な回転数**を求める（記録は，半回転数 Nsw と標記）。

4 (3) **スウェーデン式サウンディング試験**が**原位置試験**である。

5 (4) ポータブルコーン貫入試験は，**トラフィカビリティの判定**に用いる。

試験によく出る重要事項

原位置試験とその利用目的

① **標準貫入試験**：N 値から，地盤の硬軟，地盤支持力の判定。
② **ポータブルコーン貫入試験**：施工機械のトラフィカビリティ（走行性）の判定。コーンペネトロメーターともいう。
③ **ベーン試験**：細粒土の斜面の安定，軟弱地盤の判定。
④ **土の密度試験**：土の締固め管理。測定は，砂置換法・RI 法など。
⑤ **平板載荷試験**：地盤改良の設計，土の締固め管理。

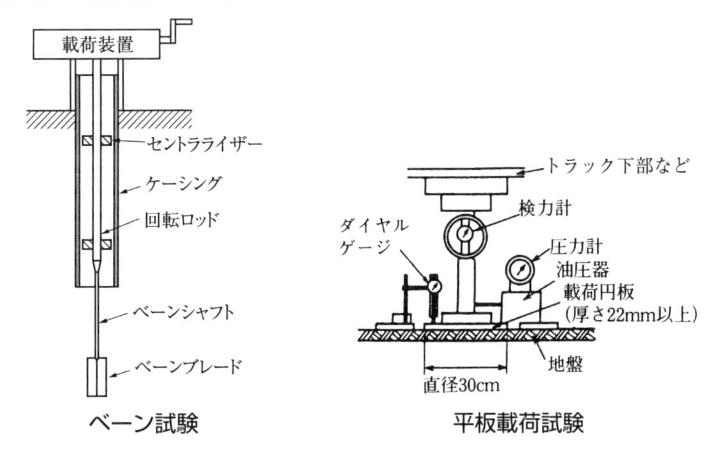

ベーン試験　　平板載荷試験

●1・1・2 土質試験

出題頻度 低■■■□□□高

6

土質試験における「試験名」とその「試験結果の利用」に関する次の組合せのうち，**適当でないもの**はどれか。

［試験名］ ［試験結果の利用］

(1) 砂置換法による土の密度試験 ………… 地盤改良工法の設計

(2) ポータブルコーン貫入試験 ………… 建設機械の走行性の判定

(3) 土の一軸圧縮試験 ……………………… 原地盤の支持力の推定

(4) コンシステンシー試験 ………………… 盛土材料の適否の判断

《R4後－2》

7

土質試験における「試験名」とその「試験結果の利用」に関する次の組合せのうち，**適当でないもの**はどれか。

［試験名］ ［試験結果の利用］

(1) 土の圧密試験 ……………………………… 粘性土地盤の沈下量の推定

(2) ボーリング孔を利用した透水試験 ……… 土工機械の選定

(3) 土の一軸圧縮試験 ……………………… 支持力の推定

(4) コンシステンシー試験 ………………… 盛土材料の選定

《R3後－2》

8

土工に用いられる「試験の名称」とその「試験結果の活用」に関する次の組合せのうち，**適当でないもの**はどれか。

［試験の名称］ ［試験結果の活用］

(1) 突固めによる土の締固め試験 ………… 盛土の締固め管理

(2) 土の圧密試験 …………………………… 地盤の液状化の判定

(3) 標準貫入試験 …………………………… 地盤の支持力の判定

(4) 砂置換による土の密度試験 …………… 土の締まり具合の判定

《R1前－1》

9

土質調査に関する次の試験方法のうち，**室内試験**はどれか。

(1) 土の液性限界・塑性限界試験

(2) ポータブルコーン貫入試験

(3) 平板載荷試験

(4) 標準貫入試験

《H30前－1》

〈p.2～3の解答〉 **正解** **1** (1)，**2** (4)，**3** (1)，**4** (3)，**5** (4)

10 □□□

土質調査に関する次の試験方法のうち，**室内試験**はどれか。

(1) 土の液性限界・塑性限界試験

(2) スウェーデン式サウンディング試験

(3) オランダ式二重管コーン貫入試験

(4) 標準貫入試験

《H27－1》

解説

6 (1) 砂置換法による土の密度試験は，**締固めの施工管理**に用いる。

7 (2) 透水試験の結果は，**透水量の計算**及び**排水工法の検討**に用いる。

8 (2) 圧密試験の結果は，**地盤の沈下量や沈下時間の推定**に利用する。

9 (1) 土の液性限界・塑性限界試験が**室内試験**である。

10 (1) 土の液性限界・塑性限界試験は**室内試験**である。

試験によく出る重要事項

土質試験とその利用目的

① **圧密試験**：粘性土地盤の沈下量・沈下時間の判定。

② **CBR 試験**：路床・路盤の支持力の判定。舗装厚の設計。

③ **突固めによる土の締固め試験**：盛土の締固め管理。試験から，乾燥密度と含水比の関係を示す土の締固め曲線を描き，最大乾燥密度とこれに対応する最適含水比を求める。

④ **一軸圧縮試験**：粘性土地盤の強度・安定性などの判定。

⑤ **粒度試験**：土の分類，材料としての土の判定。

⑥ **透水試験**：湧水量の算定，排水工法・地下水低下対策の検討。採取試料を用いた室内試験での透水係数の測定と，現場での観測井などを利用した透水係数を測定する方法がある。

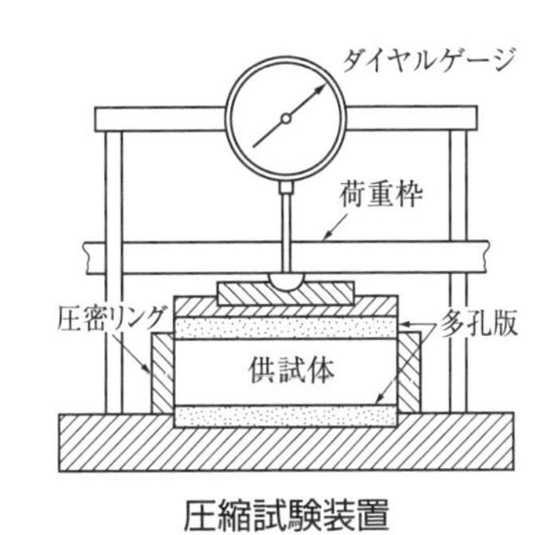

圧縮試験装置

乾燥密度 ρ_d (t/m³)
最大乾燥密度
$\rho_{d\max}$
最適含水比 w_{opt}
含水比 w (%)

土の締固め曲線の例

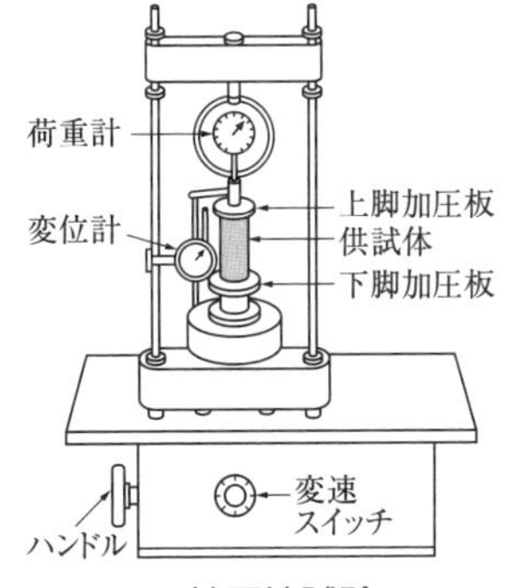

一軸圧縮試験

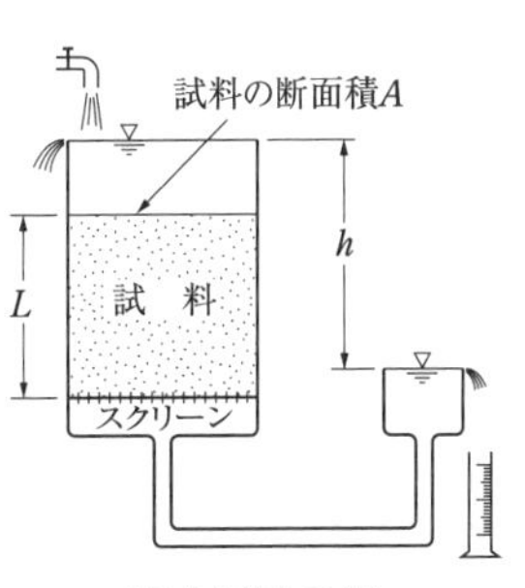

透水試験の例

● 1・1・3 土の変化率と土量計算

出題頻度 低■□□□□□高

11

土量の変化に関する次の記述のうち，**正しいもの**はどれか。

ただし，土量の変化率を $L = 1.25 = \dfrac{\text{ほぐした土量}}{\text{地山の土量}}$

$C = 0.80 = \dfrac{\text{締め固めた土量}}{\text{地山の土量}}$ とする。

(1) 100 m^3 の地山土量をほぐして運搬する土量は，156 m^3 である。

(2) 100 m^3 の盛土に必要な地山の土量は，125 m^3 である。

(3) 100 m^3 の盛土に必要な運搬土量は，125 m^3 である。

(4) 100 m^3 の地山土量を掘削運搬して締め固めると，64 m^3 である。

《H21－2》

12

砂質土からなる 500 m^3 の地山を掘削して締め固める場合に，その土のほぐした土量または締め固めた土量として，**正しいもの**は次のうちどれか。

ただし，土量の変化率は，$L = 1.25$，$C = 0.90$ とする。

(1) ほぐした土量　555 m^3

(2) ほぐした土量　625 m^3

(3) 締め固めた土量　400 m^3

(4) 締め固めた土量　500 m^3

《H19－1》

13

土量の変化に関する次の記述のうち**適当なもの**はどれか。

ただし，土量の変化率を $L = 1.20$，$C = 0.90$ とする。

(1) 1,800 m^3 の盛土をするのに必要な地山土量は，2,160 m^3 である。

(2) 1,800 m^3 の地山土量を掘削して運搬する場合の土量は，2,000 m^3 である。

(3) 1,800 m^3 の盛土をするのに必要な地山をほぐした土量は，2,400 m^3 である。

(4) 1,800 m^3 の地山土量をほぐして締め固めた土量は，1,500 m^3 である。

《H18－2》

14

土量の変化率に関する次の記述のうち，**誤っているもの**はどれか。

ただし，$L = 1.20$　　L ＝ほぐした土量／地山土量

$C = 0.90$ とする。　C ＝締め固めた土量／地山土量

(1) 締め固めた土量 100 m^3 に必要な地山土量は 111 m^3 である。

(2) 100 m^3 の地山土量の運搬土量は 120 m^3 である。

(3) ほぐされた土量 100 m^3 を盛土して締め固めた土量は 75 m^3 である。

(4) 100 m^3 の地山土量を運搬し盛土後の締め固めた土量は 83 m^3 である。

《H24－1》

〈p. 4～5の解答〉　**正解**　**6** (1)，**7** (2)，**8** (2)，**9** (1)，**10** (1)

解説

11 (1)　100 m³ の**地山土量**をほぐすと，100 × 1.25 = 125 m³　である。

(2)　100 m³ の盛土に必要な地山土量は，100/0.8 = 125 m³ である。(2)は正しい。

(3)　100 m³ の盛土に必要な**運搬土量**は，100 × 1.25/0.8 = 156 m³　である。

(4)　100 m³ の地山土量を掘削運搬して締め固めると，100 × 0.8 = 80 m³　である。

12 (1)　地山の土量に対して**ほぐした土量**は，500 × 1.25 = 625 m³　である。

(2)　(1)の説明より，(2)は正しい。

(3)，(4)　地山の土量に対して**締め固めた土量**は，500 × 0.9 = 450 m³　である。

13 (1)　1,800 m³ の盛土をするのに必要な地山土量は，1,800/0.9 = 2,000 m³　である。

(2)　1,800 m³ の地山土量の掘削運搬土量は，1,800 × 1.2 = 2,160 m³　である。

(3)　1,800 m³ の盛土をするのに必要な地山のほぐし土量は，1,800 × 1.2/0.9 = 2,400 m³ である。(3)は適当である。

(4)　1,800 m³ の地山土量をほぐして締め固めた土量は，1,800 × 0.9 = 1,620 m³　である。

土の変化率

名称	L	C
岩　　石	1.30～2.00	1.00～1.50
岩塊・玉石	1.10～1.15	0.95～1.05
礫・礫質土	1.10～1.45	1.00～1.30
砂	1.10～1.20	0.85～1.00
砂　質　土	1.20～1.45	0.85～0.95
粘　質　土	1.25～1.45	0.85～0.95
粘　　土	1.20～1.45	0.85～0.95

14 (4)　100 m³ の地山土量を運搬し盛土後の**締め固めた土量**は 100 × 0.9 = 90 m³ である。(4)は誤っている。

試験によく出る重要事項

地山は，土粒子に適度な間隙をもったまま安定した状態。この土量を 1 とする。

地山をほぐすと土粒子の間隙が大きくなり，土量が地山の 1.20～1.30 倍に増える。
なお，ダンプの積載土量はほぐした土量で表す。

ほぐした土を締固めると土粒子が密になり，土量は地山の 0.85～0.95 倍と少なくなる。

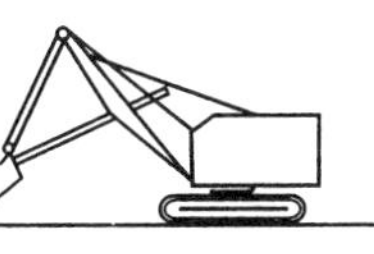
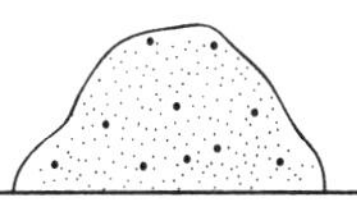

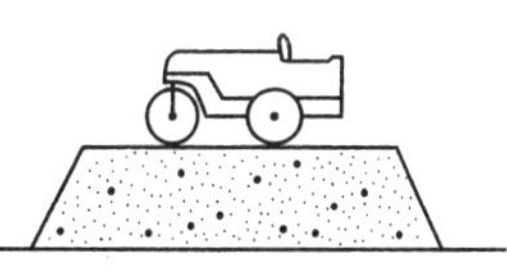

地山1.0　⇒　ほぐした土　L = 1.20～1.30　⇒　締固め後　C = 0.85～0.95

$$L = \frac{\text{ほぐした土量}(\mathrm{m}^3)}{\text{地山の土量}(\mathrm{m}^3)}$$

$$C = \frac{\text{締固め土量}(\mathrm{m}^3)}{\text{地山の土量}(\mathrm{m}^3)}$$

土の変化（砂質土の例）

● 1・1・4 土工機械

出題頻度 低■■■■■■高

15

土の締固めに使用する機械に関する次の記述のうち，**適当でないもの**はどれか。

(1) タイヤローラは，細粒分を適度に含んだ山砂利の締固めに適している。

(2) 振動ローラは，路床の締固めに適している。

(3) タンピングローラは，低含水比の関東ロームの締固めに適している。

(4) ランマやタンパは，大規模な締固めに適している。

《R4 前－1》

16

土工の作業に使用する建設機械に関する次の記述のうち，**適当なもの**はどれか。

(1) バックホゥは，主に機械の位置よりも高い場所の掘削に用いられる。

(2) トラクタショベルは，主に狭い場所での深い掘削に用いられる。

(3) ブルドーザは，掘削・押土及び短距離の運搬作業に用いられる。

(4) スクレーパは，敷均し，締固めの作業に用いられる。

《R4 後－1》

17

土工の作業に使用する建設機械に関する次の記述のうち，**適当なもの**はどれか。

(1) クラムシェルは，シールドの立坑など深い掘削に用いられる。

(2) バックホゥは，主に機械の位置より高い場所の掘削に用いられる。

(3) ブルドーザは，掘削・押土及び長距離の運搬作業に用いられる。

(4) スクレーパは，掘削・積込み，中距離運搬，敷均し，締固めの作業に用いられる。

《R2 後－1》

18

「土工作業の種類」と「使用機械」に関する次の組合せのうち，**適当でないもの**はどれか。

［土工作業の種類］ ［使用機械］

(1) 掘削・積込み …………… クラムシェル

(2) さく岩 …………………… モータグレーダ

(3) 法面仕上げ ……………… バックホゥ

(4) 締固め …………………… タイヤローラ

《R5 後－1》

19

「土工作業の種類」と「使用機械」に関する次の組合せのうち，**適当でないもの**はどれか。

［土工作業の種類］ ［使用機械］

(1) 伐開除根 ………………… バックホゥ

(2) 溝掘り …………………… トレンチャ

〈p. 6～7の解答〉 **正解** **11** (2)，**12** (2)，**13** (3)，**14** (4)

(3) 掘削と積込み …………… トラクタショベル

(4) 敷均しと整地 …………… ロードローラ

《R1後－2》

20 「土工作業の種類」と「使用機械」に関する次の組合せのうち，**適当でないもの**はどれか。

[土工作業の種類]　　[使用機械]

(1) 伐開・除根 …………… タンピングローラ

(2) 掘削・積込み ………… トラクターショベル

(3) 掘削・運搬 …………… スクレーパ

(4) 法面仕上げ …………… バックホウ

《R3後－1》

解説

15 (4) ランマやタンパは，**小規模な締固め**に適している。

16 (1) バックホゥは，主に機械の位置よりも**低い場所の掘削**に用いる。

(2) トラクタショベルは，主に狭い場所での**掘削**，**積込み**に用いられる。

(3) 記述は，適当である。

(4) スクレーパは，**掘削**，**運搬**，**敷均し**作業に用いられる。

17 (1) 記述は，適当である。

(2) **バックホゥ**は，主に機械の位置より**低い場所の掘削**に用いる。

(3) **ブルドーザ**は，掘削・押土及び**短距離の運搬作業**に用いる。

(4) **スクレーパ**は，掘削，中距離運搬，敷均し作業に用いる。

18 (2) さく岩には**リッパドーザ**等を用いる。モータグレーダは整地に用いる機械である。

19 (4) 敷均しと整地には，**モータグレーダ**を用いる。

20 (1) **伐開・除根**には，**ブルドーザ**を用いる。**タンピングローラ**は締固め機械である。

試験によく出る重要事項

土質と締固めの機械の関係

締固め機械	土質との関係
ロードローラ	路床・路盤の締固めや盛土の仕上げに用いられる粒調材料，切込砂利，礫混じり砂などに適している。
タイヤローラ	砂質土・礫混じり砂・山砂利・マサなど細粒分を適度に含んだ締固め容易な土に最適。その他，高含水比粘性土などの特殊の土を除く普通土に適している。
振動ローラ	岩砕・切込砂利・砂質土などに最適。法面の締固めにも用いる。
タンピングローラ	風化岩・土丹，礫混じり粘性土など細粒分は多いが，鋭敏性の低い土に適している。
振動コンパクタ タンパなど	鋭敏な粘性土などを除くほとんどの土に適用できる。他の機械が使用できない狭い場所や法肩などに用いる。

●1·1·5 盛土工

出題頻度 低■■■■■■高

21

道路土工の盛土材料として望ましい条件に関する次の記述のうち，**適当でないもの**はどれか。

(1) 建設機械のトラフィカビリティーが確保しやすいこと。
(2) 締固め後の圧縮性が大きく，盛土の安定性が保てること。
(3) 敷均しが容易で締固め後のせん断強度が高いこと。
(4) 雨水等の浸食に強く，吸水による膨潤性が低いこと。

《R5後-3》

22

道路土工の盛土材料として望ましい条件に関する次の記述のうち，**適当でないもの**はどれか。

(1) 盛土完成後の圧縮性が小さいこと。
(2) 水の吸着による体積増加が小さいこと。
(3) 盛土完成後のせん断強度が低いこと。
(4) 敷均しや締固めが容易であること。

《R4前-3》

23

盛土工に関する次の記述のうち，**適当でないもの**はどれか。

(1) 盛土の基礎地盤は，盛土の完成後に不同沈下や破壊を生じるおそれがないか，あらかじめ検討する。
(2) 建設機械のトラフィカビリティーが得られない地盤では，あらかじめ適切な対策を講じる。
(3) 盛土の敷均し厚さは，締固め機械と施工法及び要求される締固め度などの条件によって左右される。
(4) 盛土工における構造物縁部の締固めは，できるだけ大型の締固め機械により入念に締め固める。

《R3後-3》

24

道路における盛土の施工に関する次の記述のうち，**適当でないもの**はどれか。

(1) 盛土の締固め目的は，完成後に求められる強度，変形抵抗及び圧縮抵抗を確保することである。
(2) 盛土の締固めは，盛土全体が均等になるようにしなければならない。
(3) 盛土の敷均し厚さは，材料の粒度，土質，施工法及び要求される締固め度等の条件に左右される。
(4) 盛土における構造物縁部の締固めは，大型の機械で行わなければならない。

《R5前-3》

〈p.8～9の解答〉 **正解** **15** (4), **16** (3), **17** (1), **18** (2), **19** (4), **20** (1)

25

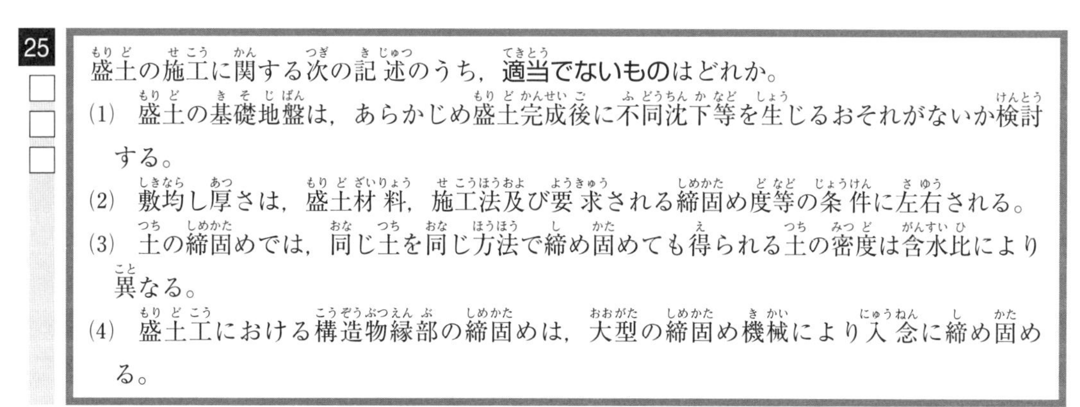

盛土の施工に関する次の記述のうち，**適当でないもの**はどれか。

(1) 盛土の基礎地盤は，あらかじめ盛土完成後に不同沈下等を生じるおそれがないか検討する。

(2) 敷均し厚さは，盛土材料，施工法及び要求される締固め度等の条件に左右される。

(3) 土の締固めでは，同じ土を同じ方法で締め固めても得られる土の密度は含水比により異なる。

(4) 盛土工における構造物縁部の締固めは，大型の締固め機械により入念に締め固める。

《R4 後－3》

26

一般にトラフィカビリティーはコーン指数 qc（kN/m^2）で示されるが，普通ブルドーザ（15 t 級程度）が走行するのに**必要なコーン指数**は，次のうちどれか。

(1) 50（kN/m^2）以上　　(3) 300（kN/m^2）以上

(2) 100（kN/m^2）以上　　(4) 500（kN/m^2）以上

《H30 後－3》

解説

21 (2) 締固め後の**圧縮性が小さく**，盛土の安定性が保てること。

22 (3) 盛土完成後の**せん断強度が高い**こと。

23 (4) 構造物縁部の締固めは，できるだけ**小型の締固め機械**を用いる。

24 (4) 構造物縁部の締固めは，**小型の機械**で行う。

25 (4) 盛土における構造物縁部の締固めは，**小型の締固め機械**により行う。

26 (4) 普通ブルドーザが走行するのに必要な**コーン指数**は，**500（kN/m^2）以上**である。

試験によく出る重要事項

盛土施工の留意事項

① 敷均しは，水平に均等の厚さになるように行う。

② 道路盛土の路体は，1 層の締固め後の仕上がり厚さが 30 cm 以下となるよう，敷均しは 35～45 cm 以下とする。

③ 道路盛土の路床は，1 層の締固め後の仕上がり厚さが 20 cm 以下となるよう，敷均しは 25～30 cm 以下とする。

④ 構造物周辺は，薄く敷均し，偏圧とならないよう，左右均等に締め固める。

● 1･1･6　軟弱地盤対策

出題頻度　低■■■■■■高

27

□□□

軟弱地盤における改良工法に関する次の記述のうち，**適当でないもの**はどれか。

(1)　サンドマット工法は，表層処理工法の１つである。

(2)　バイブロフローテーション工法は，緩い砂質地盤の改良に適している。

(3)　深層混合処理工法は，締固め工法の１つである。

(4)　ディープウェル工法は，透水性の高い地盤の改良に適している。

《R5 前－4》

28

□□□

地盤改良工法に関する次の記述のうち，**適当でないもの**はどれか。

(1)　プレローディング工法は，地盤上にあらかじめ盛土等によって載荷を行う工法である。

(2)　薬液注入工法は，地盤に薬液を注入して，地盤の強度を増加させる工法である。

(3)　ウェルポイント工法は，地下水位を低下させ，地盤の強度を増加を図る工法である。

(4)　サンドマット工法は，地盤を掘削して，良質土に置き換える工法である。

《R3 後－4》

29

□□□

軟弱地盤における次の改良工法のうち，締固め工法に**該当するもの**はどれか。

(1)　ウェルポイント工法

(2)　石灰パイル工法

(3)　バイブロフローテーション工法

(4)　プレローディング工法

《R5 後－4》

30

□□□

軟弱地盤における次の改良工法のうち，締固め工法に**該当するもの**はどれか。

(1)　押え盛土工法

(2)　バーチカルドレーン工法

(3)　サンドコンパクションパイル工法

(4)　石灰パイル工法

《R3 前－4》

31

□□□

軟弱地盤における次の改良工法のうち，載荷工法に**該当するもの**はどれか。

(1)　プレローディング工法

(2)　ディープウェル工法

(3)　サンドコンパクションパイル工法

(4)　深層混合処理工法

《R4 後－4》

〈p.10〜11の解答〉　**正解**　**21** (2)，**22** (3)，**23** (4)，**24** (4)，**25** (4)，**26** (4)

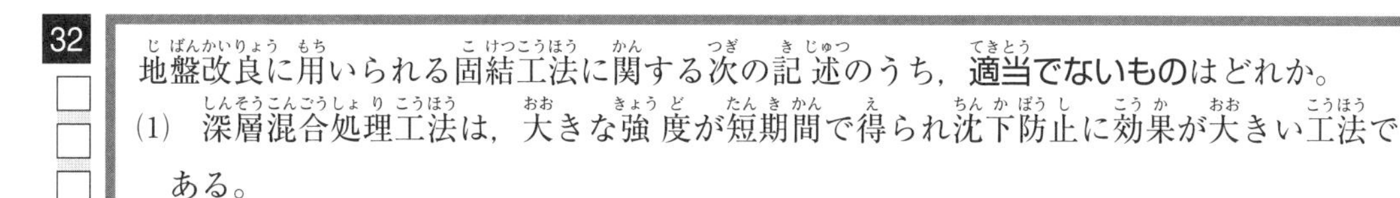

32 □□□

地盤改良に用いられる固結工法に関する次の記述のうち，**適当でないもの**はどれか。

(1) 深層混合処理工法は，大きな強度が短期間で得られ沈下防止に効果が大きい工法である。

(2) 薬液注入工法は，薬液の注入により地盤の透水性を高め，排水を促す工法である。

(3) 深層混合処理工法には，安定材と軟弱土を混合する機械攪拌方式がある。

(4) 薬液注入工法では，周辺地盤等の沈下や隆起の監視が必要である。

《R4 前－4》

解説

27 (3) 深層混合処理工法は，**固結工法**の１つである。

28 (4) サンドマット工法は，地表面に0.5～1.2 m の砂を敷均し，地下水の排水および**トラフィカビリティを確保**する工法である。

29 (3) 締固め工法に該当するのは，**バイブロフローテーション工法**である。

30 (3) サンドコンパクションパイル工法が**締固め工法**である。

31 (1) 載荷工法に該当するのは，**プレローディング工法**である。ディープウェル工法は排水工法，サンドコンパクションパイル工法は突固め工法，深層混合処理工法は固結工法である。

32 (2) 薬液注入工法は，薬液の注入により地盤の**透水性を低く**して，**止水を促す**工法である。

試験によく出る重要事項

軟弱地盤改良工法の概要

① **サンドマット工法**：砂（砂利）を敷き，トラフィカビリティを改善する。

② **載荷重工法**：盛土等で荷重を加えて圧密を促進させ，地盤強度を上げる。

③ **排水工法**：ウェルポイント工法・ディープウェル工法などで地下水を強制排水し，有効応力を増加させる。

④ **サンドドレーン工法・ペーパードレーン工法**：鉛直砂柱やカードボードを設置し，圧密沈下を促進して強度を増加させる。

⑤ **固結工法**：深層混合処理工法はセメント・石灰などと混合・攪拌し，深い層を固化する。薬液注入工法は，砂層地盤中に薬液を注入し，透水性の減少や地盤強度の増加を図る。

⑥ **締固め工法**：振動等を与え，ゆるい砂地盤を締め固める。サンドコンパクションパイル工法・バイブロフローテーション工法・ロッドコンパクション工法・重錘落下工法など。

●1・1・7 法面保護工

出題頻度 低■■□□□□高

33

□ □ □

法面保護工の「工種」とその「目的」の組合せとして，次のうち**適当でないもの**はどれか。

　　［工種］　　　　　　　　［目的］

(1) 種子吹付け工 ………………… 凍上崩落の抑制

(2) ブロック積擁壁工 …………… 土圧に対抗して崩壊防止

(3) モルタル吹付け工 …………… 表流水の浸透防止

(4) 筋芝工 ………………………… 切土面の浸食防止

《R5後－2》

34

□ □ □

法面保護工の「工種」とその「目的」の組合せとして，次のうち**適当でないもの**はどれか。

　　［工種］　　　　　　　　［目的］

(1) 種子吹付け工 ………………… 土圧に対抗して崩壊防止

(2) 張芝工 ………………………… 切土面の浸食防止

(3) モルタル吹付け工 …………… 表流水の浸透防止

(4) コンクリート張工 …………… 岩盤のはく落防止

《R5前－2》

35

□ □ □

法面保護工の「工種」とその「目的」との組合せとして，次のうち**適当でないもの**はどれか。

　　［工種］　　　　　　　　［目的］

(1) 植生マット工 ……………………… 浸食防止

(2) 補強土工 …………………………… 雨水の浸透防止

(3) ブロック積み擁壁工 ……………… 土圧に対抗

(4) コンクリート張工 ………………… 崩落防止

《H21－3》

36

□ □ □

法面保護工の「工種」とその「目的・特徴」との組合せとして，次のうち**適当なもの**はどれか。

　　［工種］　　　　　　　　［目的・特徴］

(1) モルタル吹付工 …………………… 土圧に対する抵抗

(2) 張芝工 ……………………………… すべり土塊の滑動力に対する抵抗

(3) ブロック張工 ……………………… 風化，侵食，表面水の浸透防止

(4) グラウンドアンカー工 …………… 不良土，硬質土法面の侵食防止

《H19－4》

〈p.12～13の解答〉 **正解** **27** (3)，**28** (4)，**29** (3)，**30** (3)，**31** (1)，**32** (2)

土木一般

解説

33 (4) 筋芝工は，盛土法面の**浸食防止**や**部分植生**に用いる。

34 (1) 種子吹付け工は，**法面の浸食防止・緑化**に用いる。土圧には対抗できない。

35 (2) 補強土工は，すべり土塊の**滑動力への抵抗を増強**するために施工する。

36 (1) モルタル吹付工は，**風化・浸食**，**表面水の浸入防止**のために施工する。
(2) 張芝工は，**浸食防止**，**凍土崩壊防止**のために施工する。
(3) 組合せは，適当である。
(4) グラウンドアンカー工は，**すべり土塊の滑動力に対抗**するために施工する。

試験によく出る重要事項

法面の保護は，植物を用いて法面を保護する植生工と，コンクリート・石材等の構造物による法面保護工に分類される。

法面保護工の工種と目的（道路土工法面工，斜面安定施工指針）

分類	工　種	目的・特徴
植生工	種子散布工 客土吹付工 植生基材吹付工 張芝工 植生マット工	浸食防止，凍土崩落抑制，全面植生（緑化）
	植生筋工 筋芝工	盛土法面の浸食防止，部分植生
	植生土のう工	不良土，硬質土法面の浸食防止
	植栽工	景観形成
構造物による法面保護工	編柵工 じゃかご工	法面表層部の浸食や湧水による土砂流出の抑制
	プレキャスト枠工	中詰が土砂やぐり石の空詰めの場合は浸食防止
	モルタル・コンクリート吹付工 石張工 ブロック張工	風化，浸食，表面水の浸透防止
	コンクリート張工 現場打ちコンクリート枠工	法面表層部の崩落防止，多少の土圧を受ける恐れのある個所の土留め，岩盤はく落防止
	石積・ブロック積擁壁工 ふとんかご工 コンクリート擁壁工	ある程度の土圧に対抗
	補強土工（盛土補強土工・切土補強土工） ロックボルト工 グラウンドアンカー工	すべり土塊の滑動力に対抗

1・2 コンクリート工

●1・2・1 各種コンクリート・セメント

出題頻度 低■■□□□□高

1

コンクリートに使用するセメントに関する次の記述のうち，**適当でないもの**はどれか。

(1) セメントは，高い酸性を持っている。

(2) セメントは，風化すると密度が小さくなる。

(3) 早強ポルトランドセメントは，プレストレストコンクリート工事に適している。

(4) 中庸熱ポルトランドセメントは，ダム工事等のマスコンクリートに適している。

《R4後－5》

2

コンクリート用セメントに関する次の記述のうち，**適当でないもの**はどれか。

(1) セメントは，風化すると密度が大きくなる。

(2) 粉末度は，セメント粒子の細かさをいう。

(3) 中庸熱ポルトランドセメントは，ダムなどのマスコンクリートに適している。

(4) セメントは，水と接すると水和熱を発しながら徐々に硬化していく。

《R1後－5》

3

各種コンクリートに関する次の記述のうち，**適当でないもの**はどれか。

(1) 日平均気温が4℃以下となると想定されるときは，寒中コンクリートとして施工する。

(2) 寒中コンクリートで保温養生を終了する場合は，コンクリート温度を急速に低下させる。

(3) 日平均気温が25℃を超えると想定される場合は，暑中コンクリートとして施工する。

(4) 暑中コンクリートの打込みを終了したときは，速やかに養生を開始する。

《R1前－8》

4

各種コンクリートに関する次の記述のうち，**適当でないもの**はどれか。

(1) 暑中コンクリートは，材料を冷やすこと，日光の直射から防ぐこと，十分湿気を与えることなどに注意する。

(2) 部材断面が大きいマスコンクリートでは，セメントの水和熱による温度変化に伴い温度応力が大きくなるため，コンクリートのひび割れに注意する。

〈p.14～15の解答〉 **正解** 33 (4), 34 (1), 35 (2), 36 (3)

(3)　膨張コンクリートは，膨張材を使用し，おもに乾燥収縮にともなうひび割れを防ごうとするものである。
(4)　寒中コンクリートは，ポルトランドセメントとAE剤を使用するのが標準で，単位水量はできるだけ多くする。

《H27－8》

解説

1　(1)　セメントは，**高いアルカリ性**をもっている。

2　(1)　セメントは，風化すると**密度が小さく**なる。

3　(2)　寒中コンクリートで保温養生を終了する場合は，**コンクリート温度をゆっくり低下**させる。

4　(4)　寒中コンクリートは，**早強ポルトランドセメント**，又は**普通ポルトランドセメント**とAE剤を使用するのが標準で，単位水量はできるだけ**少なく**する。

試験によく出る重要事項

1．セメントの種類

①　**早強ポルトランドセメント**：初期強度が大きく，工期を短縮できる。
②　**中庸熱ポルトランドセメント**：水和熱が低く，マスコンクリートに用いられる。
③　**高炉セメント**：長期にわたって強度の増進があり，水和熱が低く，化学抵抗性が大きい。

2．暑中コンクリート

①　日平均気温が25℃を超えるときは，打込み後24時間は露出面を混潤状態にし，養生は，少なくとも5日間以上行う。
②　練混ぜ開始から打ち終わるまで1.5時間以内に行う。
③　コールドジョイントの発生防止のため，減水剤，AE減水剤および流動化剤は遅延型のものを用いる。
④　練上がり温度が10℃上昇すると，所要のスランプを得るために単位水量が2～5％増加する。

3．寒中コンクリート

①　日平均気温が4℃以下のときは，所要の強度（5 N/mm^2）が得られるまでコンクリートの温度を5℃以上に保ち，さらに2日間は0℃以上に保つ。
②　材料は加熱して用いるが，セメントは直接加熱してはならない。
③　普通ポルトランドセメントまたは早強ポルトランドセメントを用い，AEコンクリートとする。混合セメントは用いない。
④　打込み温度は5～20℃の範囲とし，一般に10℃を標準とする。

4．マスコンクリート

①　マスコンクリートとは，一般に広がりのあるスラブは80～100 cm以上，下端が拘束された壁は厚さが50 cm以上のものをいう。
②　フライアッシュ，中庸熱ポルトランドセメント，高炉セメントを用いる。
③　単位セメント量，単位水量をできるだけ少なくし，AE減水剤遅延型を用いる。
④　パイプクーリングの際は，コンクリートの温度と通水温度の差は20℃以下とする。

● 1・2・2 配合設計

出題頻度 低■■■□□□高

5

□□□

レディーミクストコンクリートの配合に関する次の記述のうち，**適当でないもの**はどれか。

(1) 単位水量は，所要のワーカビリティーが得られる範囲内で，できるだけ少なくする。

(2) 水セメント比は，強度や耐久性等を満足する値の中から最も小さい値を選定する。

(3) スランプは，施工ができる範囲内で，できるだけ小さくなるようにする。

(4) 空気量は，凍結融解作用を受けるような場合には，できるだけ少なくするのがよい。

《R4前－6》

6

□□□

コンクリートの配合設計に関する次の記述のうち，**適当でないもの**はどれか。

(1) 打込みの最小スランプの目安は，鋼材の最小あきが小さいほど，大きくなるように定める。

(2) 打込みの最小スランプの目安は，締固め作業高さが大きいほど，小さくなるように定める。

(3) 単位水量は，施工が可能な範囲内で，できるだけ少なくなるように定める。

(4) 細骨材率は，施工が可能な範囲内で，単位水量ができるだけ少なくなるように定める。

《R5後－6》

7

□□□

コンクリートの配合設計に関する次の記述のうち，**適当でないもの**はどれか。

(1) 所要の強度や耐久性を持つ範囲で，単位水量をできるだけ大きく設定する。

(2) 細骨材率は，施工が可能な範囲内で，単位水量ができるだけ小さくなるように設定する。

(3) 締固め作業高さが高い場合は，最小スランプの目安を大きくする。

(4) 一般に鉄筋量が少ない場合は，最小スランプの目安を小さくする。

《R3後－6》

8

□□□

コンクリート標準示方書におけるコンクリートの配合に関する次の記述のうち，**適当でないもの**はどれか。

(1) コンクリートの単位水量の上限は，175 kg/m^3 を標準とする。

(2) コンクリートの空気量は，耐凍害性が得られるように4～7％を標準とする。

(3) 粗骨材の最大寸法は，鉄筋の最小あき及びかぶりの3/4を超えないことを標準とする。

(4) コンクリートの単位セメント量の上限は，200 kg/m^3 を標準とする。

《H30前－6》

〈p.16～17の解答〉 **正解** **1** (1), **2** (1), **3** (2), **4** (4)

9

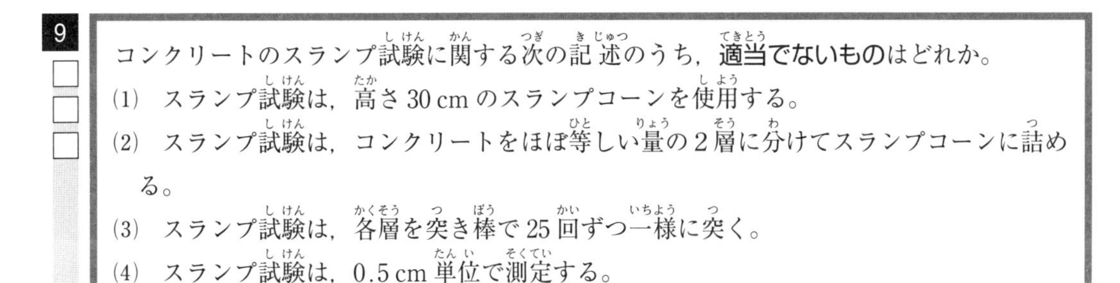
コンクリートのスランプ試験に関する次の記述のうち，**適当でないもの**はどれか。

(1)　スランプ試験は，高さ 30 cm のスランプコーンを使用する。

(2)　スランプ試験は，コンクリートをほぼ等しい量の 2 層に分けてスランプコーンに詰める。

(3)　スランプ試験は，各層を突き棒で 25 回ずつ一様に突く。

(4)　スランプ試験は，0.5 cm 単位で測定する。

《R5 前－6》

解説

5　(4)　空気量は，凍結融解作用を受けるような場合には，所要の強度を確認したうえで**6 %程度とする**のがよい。

6　(2)　締固め作業高さが大きいほど，**大きくなるように**定める。

7　(1)　単位水量を**できるだけ小さく**設定する。

8　(4)　コンクリートの単位セメント量（単位粉体量）は，粗骨材の最大寸法が 20〜25 mm の場合，少なくとも **270 kg/m³ 以上**，粗骨材の最大寸法が 40 mm の場合は，**250 kg/m³ 以上**を標準とする。

9　(2)　コンクリートをほぼ等しい量の**3 層に分けて**スランプコーンに詰める。

試験によく出る重要事項

配合設計

①　**粗骨材**：粗骨材の寸法が小さいほど，水が付着する骨材の表面積が多くなるため，単位水量は増える傾向になる。

②　**空気量**：コンクリートの圧縮強度は，空気量の増加 1 %について 4 ～ 6 %減少する。

③　**水セメント比**：ワーカビリティが得られる範囲で，できるだけ小さくする。鉄筋コンクリートは 55%以下，無筋コンクリートは 60%以下，水密性を要求されるコンクリートは 55%以下としている。

④　**コンクリートの単位水量の上限**：175 kg/m³ が標準である。

⑤　**スランプ値**：打込み作業等に適する範囲内で，できるだけ小さくする。

●1·2·3 骨材・混和材

出題頻度 低■■■■■■高

10

□□□

コンクリートで使用される骨材の性質に関する次の記述のうち，**適当でないもの**はどれか。

(1) すりへり減量が大きい骨材を用いると，コンクリートのすりへり抵抗性が低下する。

(2) 骨材の粗粒率が大きいほど，粒度が細かい。

(3) 骨材の粒形は，扁平や細長よりも球形がよい。

(4) 骨材に有機不純物が多く混入していると，コンクリートの凝結や強度等に悪影響を及ぼす。

《R5 後－5》

11

□□□

コンクリートで使用される骨材の性質に関する次の記述のうち，**適当でないもの**はどれか。

(1) 骨材の品質は，コンクリートの性質に大きく影響する。

(2) 吸水率の大きい骨材を用いたコンクリートは，耐凍害性が向上する。

(3) 骨材に有機不純物が多く混入していると，凝結や強度等に悪影響を及ぼす。

(4) 骨材の粗粒率が大きいほど，粒度が粗い。

《R3 前－5》

12

□□□

コンクリートの耐凍害性の向上を図る混和剤として**適当なもの**は，次のうちどれか。

(1) 流動化剤

(2) 収縮低減剤

(3) AE 剤

(4) 鉄筋コンクリート用防錆剤

《R4 前－5》

13

□□□

コンクリートに用いられる次の混和材料のうち，水和熱による温度上昇の低減を図ることを目的として使用されるものとして，**適当なもの**はどれか。

(1) フライアッシュ

(2) シリカフューム

(3) AE 減水剤

(4) 流動化剤

《R5 前－5》

14

□□□

コンクリートに用いられる次の混和材料のうち，コンクリートの耐凍害性を向上させるために使用する混和材料に**該当するもの**はどれか。

(1) 流動化剤

(2) フライアッシュ

(3) AE 剤

(4) 膨張材

《R3 後－5》

〈p.18～19の解答〉 **正解** **5** (4), **6** (2), **7** (1), **8** (4), **9** (2)

15

コンクリートに用いられる次の混和材料のうち，収縮にともなうひび割れの発生を抑制する目的で使用する混和材料に**該当するもの**はどれか。

(1) 膨張材
(2) AE 剤
(3) 高炉スラグ微粉末
(4) 流動化剤

《R2 後－5》

解説

10 (2) 骨材の粗粒率が大きいほど，**粒度が大きい**。

11 (2) 吸水率が大きい骨材を用いたコンクリートは，**耐凍害性が低下**する。

12 (4) AE 剤による微細な気泡は，耐凍害性を向上させる。

13 (1) **フライアッシュ**が適当である。

14 (3) 耐凍害性を向上させるために使用する混和材料としては，**AE 剤**が該当する。

15 (1) 収縮に伴うひび割れの発生を抑制する混和材料としては，**膨張材**が該当する。

試験によく出る重要事項

1. コンクリート用骨材

① **細骨材**：5 mm 網ふるいを質量で 85%以上通過する骨材。
② **粗骨材**：5 mm 網ふるいを質量で 85%以上とどまる骨材。
③ **粗骨材の最大寸法**：質量で少なくとも骨材の 90%が通過するときの，最小のふるい目の寸法。
④ **粗骨材の粒径**：球形に近いものがよい。

2. 混和材料

① **フライアッシュ**：ワーカビリティーを改善する。
② **膨張剤**：ひび割れを防ぐため，水密性を要する構造物に使用する。
③ **AE 剤**：凍結融解に対する抵抗性は増大するが，強度は低下する。
④ **減水剤**：ワーカビリティーを改善し，強度も増大する。単位水量を減少する。

● 1・2・4　フレッシュコンクリート・レディーミクストコンクリート

出題頻度　低■■■■■■高

16

フレッシュコンクリートに関する次の記述のうち，**適当でないもの**はどれか。

(1)　コンシステンシーとは，変形又は流動に対する抵抗性である。

(2)　レイタンスとは，コンクリート表面に水とともに浮かび上がって沈殿する物質である。

(3)　材料分離抵抗性とは，コンクリート中の材料が分離することに対する抵抗性である。

(4)　ブリーディングとは，運搬から仕上げまでの一連の作業のしやすさである。

《R5後－7》

17

フレッシュコンクリートに関する次の記述のうち，**適当でないもの**はどれか。

(1)　コンシステンシーとは，練混ぜ水の一部が遊離してコンクリート表面に上昇する現象である。

(2)　材料分離抵抗性とは，コンクリート中の材料が分離することに対する抵抗性である。

(3)　ワーカビリティーとは，運搬から仕上げまでの一連の作業のしやすさである。

(4)　レイタンスとは，コンクリート表面に水とともに浮かび上がって沈殿する物質である。

《R5前－7》

18

フレッシュコンクリートの性質に関する次の記述のうち，**適当でないもの**はどれか。

(1)　材料分離抵抗性とは，フレッシュコンクリート中の材料が分離することに対する抵抗性である。

(2)　ブリーディングとは，練混ぜ水の一部が遊離してコンクリート表面に上昇する現象である。

(3)　ワーカビリティーとは，変形又は流動に対する抵抗性である。

(4)　レイタンスとは，コンクリート表面に水とともに浮かび上がって沈殿する物質である。

《R4前－7》

19

フレッシュコンクリートに関する次の記述のうち，**適当でないもの**はどれか。

(1)　ブリーディングとは，練混ぜ水の一部が遊離してコンクリート表面に上昇する現象である。

(2)　ワーカビリティーとは，運搬から仕上げまでの一連の作業のしやすさのことである。

(3)　レイタンスとは，コンクリートの柔らかさの程度を示す指標である。

(4)　コンシステンシーとは，変形又は流動に対する抵抗性である。

《R4後－7》

〈p.20～21の解答〉　**正解**　**10** (2)，**11** (2)，**12** (4)，**13** (1)，**14** (3)，**15** (1)

20

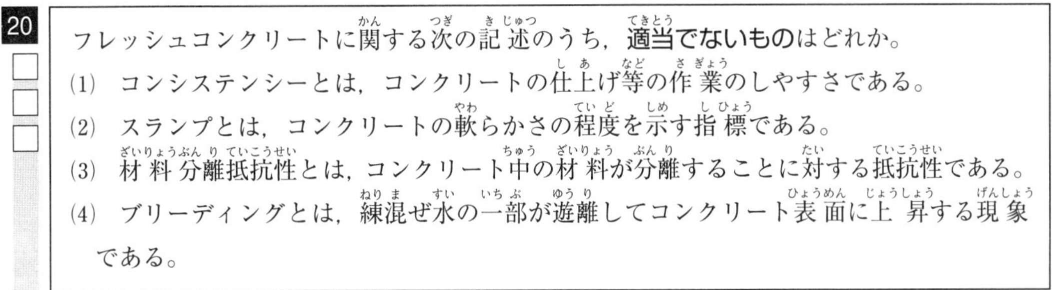

フレッシュコンクリートに関する次の記述のうち，**適当でないもの**はどれか。

(1)　コンシステンシーとは，コンクリートの仕上げ等の作業のしやすさである。

(2)　スランプとは，コンクリートの軟らかさの程度を示す指標である。

(3)　材料分離抵抗性とは，コンクリート中の材料が分離することに対する抵抗性である。

(4)　ブリーディングとは，練混ぜ水の一部が遊離してコンクリート表面に上昇する現象である。

《R3 前－7》

21

フレッシュコンクリートに関する次の記述のうち，**適当でないもの**はどれか。

(1)　スランプとは，コンクリートの軟らかさの程度を示す指標である。

(2)　材料分離抵抗性とは，コンクリートの材料が分離することに対する抵抗性である。

(3)　ブリーディングとは，練混ぜ水の一部の表面水が内部に浸透する現象である。

(4)　ワーカビリティーとは，運搬から仕上げまでの一連の作業のしやすさのことである。

《R3 後－7》

解説

16　(4)　ブリーディングとは，コンクリートの打設後，練混ぜ水の一部が骨材及びセメントの沈降に伴って**コンクリートの表面に浮き出てくる現象**である。

17　(1)　コンシステンシーとは，フレッシュコンクリートの**変形または流動に対する抵抗性**である。

18　(3)　ワーカビリティとは，材料分離を生じることなく**運搬，打込み，締固めなどの作業が容易にできる程度を表す**フレッシュコンクリートの性質である。

19　(3)　コンクリートの柔らかさの程度を示す指標は，**スランプ**である。

20　(1)　コンシステンシーは，フレッシュコンクリートの**変形抵抗性や流動性を表す用語**である。

21　(3)　ブリーディングとは，練混ぜ水の一部が**表面に浮きでてくる現象**である。

試験によく出る重要事項

1.　フレッシュコンクリート

①　**ワーカビリティー**：コンクリートの打込み，締固めなどの作業のしやすさを表す。

②　**コンシステンシー**：コンクリートの変形抵抗性や流動性を表す。

③　**ポンパビリティー**：コンクリートの圧送のしやすさを表す。

④　**フィニッシャビリティー**：コンクリートの仕上げのしやすさを表す。

⑤　**スランプ**：コンクリートの軟らかさの程度を示す指標。

⑥　**ブリーディング**：練混ぜ水の一部がコンクリートの表面に上昇する現象。

⑦　**レイタンス**：コンクリートの表面に浮き出た微粉末や不純物を示す。

2.　レディーミクストコンクリート

①　**購入時の指定項目**：セメントの種類，粗骨材の最大寸法等。

②　**受入れ時の検査項目**：スランプ，強度，空気量，塩化物含有量。

③　**取扱い**：加水してはならない。

● 1・2・5 コンクリートの施工

出題頻度 低■■■■■□高

22

□□□

コンクリートの現場内での運搬と打込みに関する次の記述のうち，**適当でないもの**はどれか。

(1) コンクリートの現場内での運搬に使用するバケットは，材料分離を起こしにくい。

(2) コンクリートポンプで圧送する前に送る先送りモルタルの水セメント比は，使用するコンクリートの水セメント比よりも大きくする。

(3) 型枠内にたまった水は，コンクリートを打ち込む前に取り除く。

(4) 2層以上に分けて打ち込む場合は，上層と下層が一体となるように下層コンクリート中にも棒状バイブレータを挿入する。

《R4前－8》

23

□□□

コンクリート棒状バイブレータで締め固める場合の留意点に関する次の記述のうち，**適当でないもの**はどれか。

(1) 棒状バイブレータの挿入時間の目安は，一般には5～15秒程度である。

(2) 棒状バイブレータの挿入間隔は，一般に50 cm以下にする。

(3) 棒状バイブレータは，コンクリートに穴が残らないようにすばやく引き抜く。

(4) 棒状バイブレータは，コンクリートを横移動させる目的では用いない。

《R4後－6》

24

□□□

コンクリートの施工に関する次の記述のうち，**適当でないもの**はどれか。

(1) コンクリートを練り混ぜてから打ち終わるまでの時間は，外気温が25℃を超えるときは2時間以内を標準とする。

(2) 現場内でコンクリートを運搬する場合，バケットをクレーンで運搬する方法は，コンクリートの材料分離を少なくできる方法である。

(3) コンクリートを打ち重ねる場合は，棒状バイブレータ（内部振動機）を下層コンクリート中に10 cm程度挿入する。

(4) 養生では，散水，湛水，湿布で覆う等して，コンクリートを一定期間湿潤状態に保つことが重要である。

《R3前－6》

25

□□□

コンクリートの施工に関する次の記述のうち，**適当でないもの**はどれか。

(1) コンクリートを打ち重ねる場合には，上層と下層が一体となるように，棒状バイブレータ（内部振動機）を下層のコンクリートの中に10 cm程度挿入する。

(2) コンクリートを打ち込む際は，打上がり面が水平になるように打ち込み，1層当たりの打込み高さを40～50 cm以下とする。

〈p.22～23の解答〉 **正解** **16** (4), **17** (1), **18** (3), **19** (3), **20** (1), **21** (3)

(3) コンクリートの練混ぜから打ち終わるまでの時間は，外気温が25℃を超えるときは1.5時間以内とする。
(4) コンクリートを2層以上に分けて打ち込む場合は，外気温が25℃を超えるときの許容打重ね時間間隔は3時間以内とする。

《R2後－7》

26

コンクリートの施工に関する次の記述のうち，**適当でないもの**はどれか。
(1) コンクリートを打ち重ねる場合には，上層と下層が一体となるように，棒状バイブレータを下層のコンクリート中に10cm程度挿入する。
(2) コンクリートを打ち込む際は，打ち上がり面が水平になるように打ち込み，1層当たりの打込み高さを40～50cm以下とする。
(3) コンクリートの練り混ぜから打ち終わるまでの時間は，外気温が25℃を超えるときは2.5時間以内とする。
(4) コンクリートを2層以上に分けて打ち込む場合は，外気温が25℃を超えるときの許容打重ね時間間隔は2時間以内とする。

《R1後－7》

解説

22 (2) 先送りモルタルの水セメント比は，使用するコンクリートの水セメント比と**同程度**とする。

23 (3) 棒状バイブレータは，コンクリートに穴が残らないように**ゆっくり**引き抜く。

24 (1) 外気温が25℃を超えるときは，練り混ぜてから打ち終わるまでは**1.5時間以内**とする。

25 (4) 外気温が25℃を超えるときの**許容打重ね時間間隔**は**2時間以内**とする。

26 (3) 外気温が25℃を超えるときは**1.5時間以内**とする。

試験によく出る重要事項

コンクリートの打込み・締固め

① **バイブレータ**：コンクリートの横移動に使用してはならない。
② **コンクリートの投入口の高さ**：1.5m以下
③ **高所からのコンクリートの打込み**：原則として縦シュート。
④ **水平打継目が型枠に接する線**：できるだけ，水平な直線。
⑤ **練り混ぜから打ち終わるまでの時間**：外気温が25℃以下のときは2.0時間以内，25℃を超えるときは1.5時間以内。
⑥ **許容打重ね時間**：外気温が25℃以下のときで2.5時間以内，25℃を超えるときは2.0時間以内。
⑦ **打込み時のコンクリート温度**：寒中コンクリートで5から20℃，暑中コンクリートで35℃以下。
⑧ **内部振動機の扱い方**
図に示すとおりである。

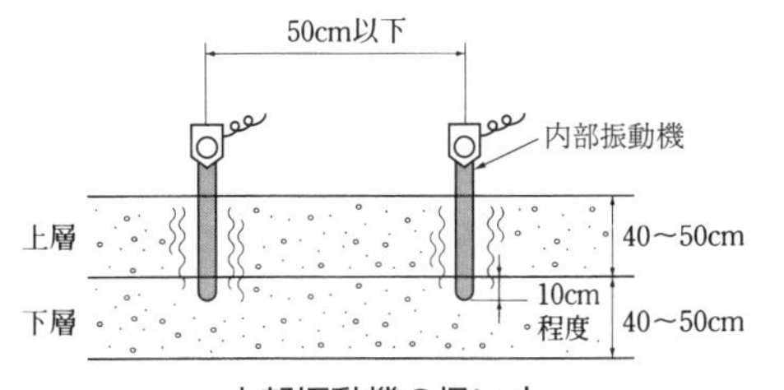

内部振動機の扱い方

● 1·2·6 型枠・支保工・鉄筋の組立

出題頻度 低■■■■■□高

27

□
□
□

型枠に関する次の記述のうち，**適当でないもの**はどれか。

(1) 型枠内面には，剥離剤を塗布することを原則とする。

(2) コンクリートの側圧は，コンクリート条件や施工条件により変化する。

(3) 型枠は，取り外しやすい場所から外していくことを原則とする。

(4) コンクリートのかどには，特に指定がなくても面取りができる構造とする。

《R5後－8》

28

□
□
□

型枠の施工に関する次の記述のうち，**適当なもの**はどれか。

(1) 型枠内面には，セパレータを塗布しておく。

(2) コンクリートの側圧は，コンクリート条件，施工条件によらず一定である。

(3) 型枠の締付け金物は，型枠を取り外した後，コンクリート表面に残してはならない。

(4) 型枠は，取り外しやすい場所から外していくのがよい。

《R3前－8》

29

□
□
□

鉄筋の加工及び組立に関する次の記述のうち，**適当でないもの**はどれか。

(1) 鉄筋は，常温で加工することを原則とする。

(2) 曲げ加工した鉄筋の曲げ戻しは行わないことを原則とする。

(3) 鉄筋どうしの交点の要所は，スペーサで緊結する。

(4) 組立後に鉄筋を長期間大気にさらす場合は，鉄筋表面に防錆処理を施す。

《R5前－8》

30

□
□
□

鉄筋の加工及び組立に関する次の記述のうち，**適当なもの**はどれか。

(1) 型枠に接するスペーサは，原則としてモルタル製あるいはコンクリート製を使用する。

(2) 鉄筋の継手箇所は，施工しやすいように同一の断面に集中させる。

(3) 鉄筋表面の浮きさびは，付着性向上のため，除去しない。

(4) 鉄筋は，曲げやすいように，原則として加熱して加工する。

《R3後－8》

〈p.24～25の解答〉 **正解** **22** (2), **23** (3), **24** (1), **25** (4), **26** (3)

31 鉄筋の組立と継手に関する次の記述のうち，**適当なもの**はどれか。

(1)　継手箇所は，同一の断面に集めないようにする。

(2)　鉄筋どうしの交点の要所は，溶接で固定する。

(3)　鉄筋は，さびを発生させて付着性を向上させるため，なるべく長期間大気にさらす。

(4)　型枠に接するスペーサは，原則としてプラスチック製のものを使用する。

《R2 後－8》

解説

27 (3)　型枠は，**比較的荷重を受けない部分をまず取り外し**，その後，残りの重要な部分を取り外す。

28 (1)　型枠内面には，**剥離剤**を塗布しておく。

(2)　コンクリートの側圧は，コンクリート条件，**施工条件により変化**する。

(3)　記述は，適当である。

(4)　型枠は，**荷重を受けない部分から**外していく。

29 (3)　緊結は，**0.8 mm 以上の焼なまし鉄線**，または，**クリップ**で行う。

30 (1)　記述は，適当である。

(2)　鉄筋の継手箇所は，同一の断面に**集めてはならない**。

(3)　鉄筋表面の浮きさびは，**除去する**。

(4)　鉄筋は，原則として**常温で加工**する。

31 (1)　記述は，適当である。

(2)　鉄筋どうしの交点は，**焼なまし鉄線**又は，**クリップで緊結**する。

(3)　鉄筋は，長期間大気にさらしてはならない。

(4)　型枠に接するスペーサは，**コンクリート製**または，**モルタル製**とする。

試験によく出る重要事項

1.　型枠・支保工

①　**型枠の取外し順序**：まず，荷重を受けない部分を取外し，次に鉛直部材さらに水平部材を取外す。

②　**スペーサ**：型枠に接するスペーサはモルタル製またはコンクリート製を用いる。

③　**型枠の組立て**：ボルトや鋼棒で堅固に組み立てる。

2.　鉄筋の加工・組立て

①　**鉄筋は**，常温で加工する。やむを得ず加熱する場合は，急冷してはならない。

②　**交点は**，0.8 mm 以上の焼きなまし鉄線，または，クリップで緊結する。

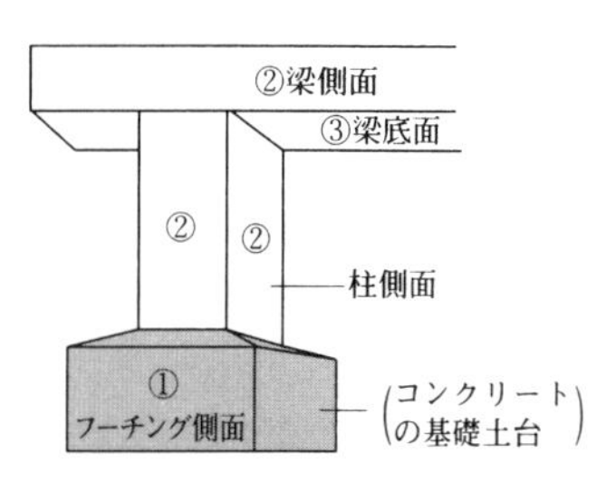

型枠の取外し順序

● 1･2･7　コンクリートの打継目・養生

出題頻度　低■□□□□□高

32

□
□
□

コンクリートの水平打継目の施工に関する次の記述のうち，**適当でないもの**はどれか。

(1)　コンクリートを打ち継ぐ場合，打継面に敷くモルタルの水セメント比は，使用コンクリートの水セメント比より大きくする。

(2)　水平打継目が型枠に接する線は，できるだけ水平な直線になるようにする。

(3)　コンクリートを打ち継ぐ場合は，既に打ち込まれたコンクリートの表面のレイタンス，緩んだ骨材粒などを完全に除き，十分に吸水させる。

(4)　打継目は，できるだけせん断力の小さい位置に設ける。

《H20－7》

33

□
□
□

コンクリートの打継目に関する次の記述のうち，**適当なもの**はどれか。

(1)　打継目は，できるだけせん断力の大きな位置に設け，打継面を部材の圧縮力の作用方向と直交にさせるのを原則とする。

(2)　鉛直打継目の表面処理は，旧コンクリートの表面をワイヤブラシなどで削ったり，表面を粗にしたのち十分乾燥させる。

(3)　水平打継目の処理としては，打継表面の処理時期を大幅に延長できる処理剤を散布することもある。

(4)　海洋構造物の打継目は，塩分による被害を受けるおそれがあるので，できるだけ多く設ける。

《H22－7》

34

□
□
□

コンクリートの仕上げと養生に関する次の記述のうち，**適当でないもの**はどれか。

(1)　密実な表面を必要とする場合は，作業が可能な範囲でできるだけ遅い時期に金ごてで仕上げる。

(2)　仕上げ後，コンクリートが固まり始める前に発生したひび割れは，タンピング等で修復する。

(3)　養生では，コンクリートを湿潤状態に保つことが重要である。

(4)　混合セメントの湿潤養生期間は，早強ポルトランドセメントよりも短くする。

《R4後－8》

35

□
□
□

コンクリートの仕上げと養生に関する次の記述のうち，**適当でないもの**はどれか。

(1)　滑らかで密実な表面を必要とする場合には，コンクリート打込み後，固まらないうちにできるだけ速やかに，木ごてでコンクリート上面を軽く押して仕上げる。

(2)　養生は，十分硬化するまで衝撃や余分な荷重を加えずに風雨，霜，直射日光から露出面を保護することである。

〈p.26～27の解答〉　**正解**　**27** (3)，**28** (3)，**29** (3)，**30** (1)，**31** (1)

(3)　打上り面の表面仕上げは，コンクリートの上面に，しみ出た水がなくなるか又は上面の水を取り除いてから行う。

(4)　湿潤養生は，打込み後のコンクリートを十分に保護し，硬化作用を促進させるとともに乾燥によるひび割れなどができないようにする。

《H24－8》

解説

32　(1)　敷きモルタルの水セメント比は，**使用コンクリートの水セメント比以下**とする。

33　(1)　打継目は，せん断力の**小さな位置**に設け，打継面を部材の圧縮力の作用方向に直交させるのを原則とする。

(2)　鉛直打継目の表面処理は，表面を粗にしたのち十分**湿潤**させる。

(3)　記述は，適当である。

(4)　海洋構造物の打継目は，できるだけ**少なく**する。

34　(4)　混合セメントの湿潤養生期間は，早強ポルトランドセメントよりも**長く**する。

35　(1)　表面仕上げは，指で押してへこみにくい状態に固まった頃，**できるだけ遅い時期**に金ごてでセメントペーストを押し込みながら仕上げる。

試験によく出る重要事項

1．養　生

(1)　養生期間の標準

日平均気温	普通ポルトランドセメント	混合セメントB種	早強ポルトランドセメント
15℃以上	5日	7日	3日
10℃以上	7日	9日	4日
5℃以上	9日	12日	5日

(2)　養生方法

①　**湿潤養生**：露出面をマットや布で覆った上に散水して湿潤状態を保つ。

②　**膜養生**：膜材料を散布し，表面に膜を形成させる。打継目や鉄筋に付着しないように注意して，均一に十分な量を散布する。

③　**高圧蒸気養生**：オートクレーブという高圧容器内において蒸気養生するもので，1日で所要の強度は得られるが，その後の強度の増進は，期待できない。主に工場製品に用いる。

2．打継目

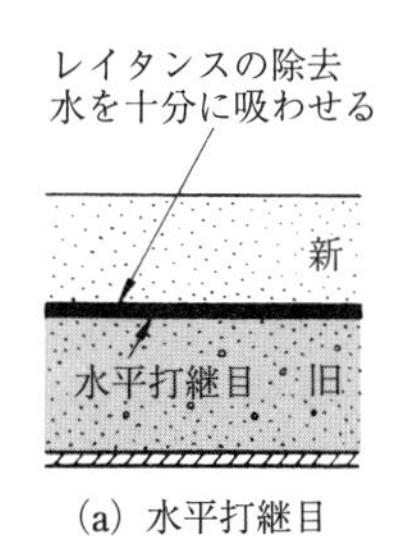

(a) 水平打継目

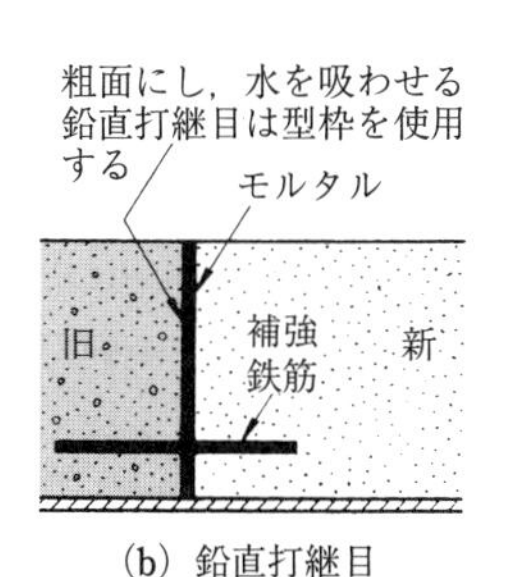

(b) 鉛直打継目

1・3 基礎工

● 1・3・1 既製杭の施工

出題頻度 低■■■■■■高

1 □□□

既製杭の施工に関する次の記述のうち，**適当なもの**どれか。

(1) 打撃による方法は，杭打ちハンマとしてバイブロハンマが用いられている。

(2) 中掘り杭工法は，あらかじめ地盤に穴をあけておき既製杭を挿入する。

(3) プレボーリング工法は，既製杭の中をアースオーガで掘削しながら杭を貫入する。

(4) 圧入による方法は，オイルジャッキ等を使用して杭を地中に圧入する。

《R5後－9》

2 □□□

既製杭の中掘り杭工法に関する次の記述のうち，**適当でないもの**どれか。

(1) 地盤の掘削は，一般に既製杭の内部をアースオーガで掘削する。

(2) 先端処理方法は，セメントミルク噴出攪拌方式とハンマで打ち込む最終打撃方式等がある。

(3) 杭の支持力は，一般に打込み工法に比べて，大きな支持力が得られる。

(4) 掘削中は，先端地盤の緩みを最小限に抑えるため，過大な先掘りを行わない。

《R4前－9》

3 □□□

既製杭工法の杭打ち機の特徴に関する次の記述のうち，**適当でないもの**どれか。

(1) ドロップハンマは，杭の重量以下のハンマを落下させて打ち込む。

(2) ディーゼルハンマは，打撃力が大きく，騒音・振動と油の飛散をともなう。

(3) バイブロハンマは，振動と振動機・杭の重量によって，杭を地盤に押し込む。

(4) 油圧ハンマは，ラムの落下高さを任意に調整でき，杭打ち時の騒音を小さくできる。

《R4後－9》

4 □□□

打撃工法による既製杭の施工に関する次の記述のうち，**適当でないもの**はどれか。

(1) 群杭の場合，杭群の周辺から中央部へと打ち進むのがよい。

(2) 中掘り杭工法に比べて，施工時の騒音や振動が大きい。

(3) ドロップハンマや油圧ハンマ等を用いて地盤に貫入させる。

(4) 打込みに際しては，試し打ちを行い，杭心位置や角度を確認した後に本打ちに移るのがよい。

《R5前－9》

5 □□□

既製杭の打撃工法に用いる杭打ち機に関する次の記述のうち，**適当でないもの**はどれか。

(1) ドロップハンマは，ハンマの重心が低く，杭軸と直角にあたるものでなければならない。

〈p.28～29の解答〉 **正解** **32** (1)，**33** (3)，**34** (4)，**35** (1)

(2) ドロップハンマは，ハンマの重量が異なっても落下高さを変えることで，同じ打撃力を得ることができる。
(3) 油圧ハンマは，ラムの落下高を任意に調整できることから，杭打ち時の騒音を低くすることができる。
(4) 油圧ハンマは，構造自体の特徴から油煙の飛散が非常に多い。

《R3 前－9》

6

既製杭の施工に関する次の記述のうち，**適当でないもの**はどれか。
(1) プレボーリング杭工法は，孔内の泥土化を防止し孔壁の崩壊を防ぎながら掘削する。
(2) 中掘り杭工法は，ハンマで打ち込む最終打撃方式により先端処理を行うことがある。
(3) 中掘り杭工法は，一般に先端開放の既製杭の内部にスパイラルオーガ等を通して掘削する。
(4) プレボーリング杭工法は，ソイルセメント状の掘削孔を築造して杭を沈設する。

《R3 後－9》

解説

1 (1) 打撃による方法は，**主にディーゼルハンマ**が用いられる。
(2) 中掘り杭工法は，既製杭の中を**アースオーガで掘削しながら貫入**する。
(3) プレボーリング工法は，**あらかじめ地盤に穴をあけて**おき既製杭を挿入する。
(4) 記述は，適当である。

2 (3) 杭の支持力は，一般に打込み工法に比べて，**小さい**。

3 (1) ドロップハンマは，杭の重量**以上**のハンマを落下させて打ち込む。

4 (1) 杭群の**中央部から周辺へ**と打ち進む。

5 (4) 油圧ハンマは，構造自体の特徴から**油煙の飛散はない**。

6 (1) **ベントナイト安定液**（人工泥水）を用い，孔壁の崩壊を防ぎながら掘削する。

試験によく出る重要事項

1. **打込み工法**
① **正確性**：常に，杭のずれと傾斜に注意して施工。
② **連続打込み**：打込みは，途中で中断しないで，打ち止りまで連続施工。
③ **打止め**：打止めは，1打あたりの貫入量が2～10 mm を目安。
④ **特徴**：場所打ち杭や中堀り工法に比べて，騒音・振動が大。支持力が大。
2. **中掘り杭工法**
① **先端処理**：セメントミルク噴出方式と最終打撃方式とがある。
② **掘削・沈設中**は，過大な先掘りや拡大掘りをしない。
③ **セメントミルク噴出方式**の先端根固め部は，先掘り・拡大掘りで築造する。
3. **プレボーリング工法**
① **掘削**：掘削ビットの先端から掘削液を吐出しながら削孔する。
② **孔壁保護**：ベントナイト液で孔壁を安定させる。
③ **根固め**：根固め液を注入攪拌後，既製杭を沈設し，杭周辺固定液が杭頭部からあふれることを確認する。

●1·3·2 場所打ち杭工法

出題頻度 低■■■■■■高

7

場所打ち杭の「工法名」と「主な資機材」に関する次の組合せのうち，**適当でないもの**はどれか。

［工法名］　　　　　　　　　　　　［主な資機材］

(1) リバースサーキュレーション工法 ……………… ベントナイト水，ケーシング

(2) アースドリル工法 ……………………………… ケーシング，ドリリングバケット

(3) 深礎工法 ………………………………………… 削岩機，土留材

(4) オールケーシング工法 ………………………… ケーシングチューブ，ハンマーグラブ

《R5 前－10》

8

場所打ち杭の「工法名」と「孔壁保護の主な資機材」に関する次の組合せのうち，**適当なもの**はどれか。

［工法名］　　　　　　　　　　　　［孔壁保護の主な資機材］

(1) 深礎工法 ………………………………………… 安定液（ベントナイト）

(2) オールケーシング工法 ………………………… ケーシングチューブ

(3) リバースサーキュレーション工法 ……… 山留材（ライナープレート）

(4) アースドリル工法 ……………………………… スタンドパイプ

《R4 前－10》

9

場所打ち杭をオールケーシング工法で施工する場合，**使用しない機材**は次のうちどれか。

(1) トレミー管　　　(3) ケーシングチューブ

(2) ハンマグラブ　　(4) サクションホース

《R3 前－10》

10

場所打ち杭の施工に関する次の記述のうち，**適当なもの**はどれか。

(1) オールケーシング工法は，ケーシングチューブを土中に挿入して，ケーシングチューブ内の土を掘削する。

(2) アースドリル工法は，掘削孔に水を満たし，掘削土とともに地上に吸い上げる。

(3) リバースサーキュレーション工法は，支持地盤を直接確認でき，孔底の障害物の除去が容易である。

(4) 深礎工法は，ケーシング下部の孔壁の崩壊防止のため，ベントナイト水を注入する。

《R5 後－10》

11

場所打ち杭の各種工法に関する次の記述のうち，**適当なもの**はどれか。

(1) 深礎工法は，地表部にケーシングを建て込み，以深は安定液により孔壁を安定させる。

(2) オールケーシング工法は，掘削孔全長にわたりケーシングチューブを用いて孔壁を保護する。

(3) アースドリル工法は，スタンドパイプ以深の地下水位を高く保ち孔壁を保護・安定させる。

〈p.30〜31の解答〉 **正解** **1** (4)，**2** (3)，**3** (1)，**4** (1)，**5** (4)，**6** (1)

(4) リバース工法は，湧水が多い場所では作業が困難で，酸欠や有毒ガスに十分に注意する。

《R3後－10》

12 場所打ち杭工法の特徴に関する次の記述のうち，**適当でないもの**はどれか。

(1) 施工時における騒音と振動は，打撃工法に比べて大きい。

(2) 大口径の杭を施工することにより，大きな支持力が得られる。

(3) 杭材料の運搬等の取扱いが容易である。

(4) 掘削土により，基礎地盤の確認ができる。

《R4後－10》

解説

7 (1) リバースサーキュレーション工法の主な資機材は，**スタンドパイプ**である。

8 (1) 深礎工法の主な資機材は，**山留材**（ライナープレート）である。

(2) 組合せは，適当である。

(3) リバースサーキュレーション工法の主な資機材は，**スタンドパイプ**である。

(4) アースドリル工法の主な資機材は，**安定液**（ベントナイト）である。

9 (4) **サクションホース**は，使用しない。リバース工法で用いる。

10 (1) 記述は，適当である。

(2) **リバースサーキュレーション工法**の説明である。

(3) **深礎工法**の説明である。

(4) **アースドリル工法**の説明である。

11 (1) 深礎工法は，**ライナープレート**等を土留めとし，人力で掘削する。

(2) 記述は，適当である。

(3) スタンドパイプ以深は，**ベントナイト安定液**を用い，水位を地下水以上に保ち掘削する。

(4) リバース工法は，地上からの機械掘削なので**酸欠には影響がない**。

12 (1) 施工時における騒音と振動は，打撃工法に比べて**小さい**。

試験によく出る重要事項

場所打ち杭工法の特徴

工法		オールケーシング工法		リバース工法	アースドリル工法	深礎工法
施工要領	掘削・排土方法概要	杭全長にわたりケーシングチューブを揺動圧入または回転圧入しながらハンマグラブで掘削・排土する。		回転ビットで掘削した土砂を，ドリルパイプを介して自然泥水とともに吸上げ（逆循環）排土する。	掘削孔内に安定液を満たして孔壁に水圧をかけ，アースドリルにより掘削・排土する。	ライナープレート，波型鉄板とリング枠，モルタルライニングによる方法で，孔壁の土留めをしながら内部の土砂を掘削・排土する。
	掘削方式	ハンマグラブ		回転ビット	アースドリル	人力等
	孔壁の保護方法	ケーシングチューブ		スタンドパイプと自然泥水	表層ケーシングと安定液	山留め材（ライナープレート）
	標準的杭径〔m〕	揺動式	回転式	0.8～3.0	0.8～3.0	2.0～4.0
		0.8～2.0	0.8～3.0			
	標準的掘削深度〔m〕	20～40	30～50	30～60	30～60	10～20
付帯設備				自然泥水関係の設備（スラッシュタンク）	安定液関係の設備	やぐら バケット巻上げ用ウィンチ

●1·3·3 直接基礎

出題頻度 低■□□□□□高

13

直接基礎の基礎地盤面の施工に関する次の記述のうち，**適当でないもの**はどれか。

(1) 基礎地盤が砂層の場合は，基礎地盤面に凹凸がないよう平らに整地し，その上に割ぐり石や砕石を敷き均す。

(2) 岩盤の基礎地盤を削り過ぎた部分は，基礎地盤面まで掘削した岩くずで埋め戻す。

(3) 岩盤の掘削が基礎地盤面に近づいたときは，手持ち式ブレーカなどで整形し，所定の形状に仕上げる。

(4) 基礎地盤が砂層の場合で作業が完了した後は，湧水・雨水などにより基礎地盤面が乱されないように，割ぐり石や砕石を敷き並べる基礎作業を素早く行う。

《H20－11》

14

橋脚の直接基礎の施工に関する次の記述のうち，**適当でないもの**はどれか。

(1) 基礎底面の計画地盤まで掘削したとき，所定の支持力が得られない可能性がある場合には，平板載荷試験によって支持力を確認するのが一般的である。

(2) 橋脚基礎の支持層が砂質土層の場合には，N値が20程度あれば一般に良質な支持層と考えてよい。

(3) 基礎底面の計画地盤まで掘削したとき，所定の支持力が得られない場合には，良質な支持地盤まで掘削してコンクリートで置き換える方法も有効である。

(4) 基礎地盤が岩盤の場合は，ならしコンクリートと基礎地盤が十分かみ合うように，盤面を平滑な面としないように配慮する必要がある。

《H19－10》

15

基礎地盤及び基礎工に関する次の記述のうち，**適当でないもの**はどれか。

(1) 基礎工の施工にあたっては，周辺環境に与える影響にも十分留意する。

(2) 支持地盤が地表から浅い箇所に得られる場合には，直接基礎を用いる。

(3) 基礎地盤の地質・地層状況，地下水の有無については，載荷試験で調査する。

(4) 直接基礎は，基礎底面と支持地盤を密着させ，十分なせん断抵抗を有するよう施工する。

《H26－11》

16

直接基礎の施工に関する次の記述のうち，**適当でないもの**はどれか。

(1) 砂地盤では，標準貫入試験によるN値が10以上あれば良質な基礎地盤といえる。

(2) 基礎地盤の支持力は，平板載荷試験の結果から確認できる。

(3) 基礎地盤が砂地盤の場合は，栗石や砕石とのかみ合いが期待できるようにある程度の不陸を残して整地し，その上に栗石や砕石を配置する。

(4) 基礎地盤が岩盤の場合は，構造物底面がかみ合うように，基礎地盤面に均しコンクリートを施工する。

《H22－11》

〈p.32～33の解答〉 **正解** **7** (1)，**8** (2)，**9** (4)，**10** (1)，**11** (2)，**12** (1)

解説

13 (2) 岩盤の基礎地盤を削り過ぎた部分は，**貧配合のコンクリートで埋め戻す。**

14 (2) 支持層が砂質土層の場合は，***N* 値が 30 以上**あれば，良質な支持層と考えてよい。

15 (3) 基礎地盤の地質・地層状況は，**標準貫入試験**を行って調査する。

16 (1) 砂地盤では，***N* 値が 30 以上**あれば良質な基礎地盤といえる。

試験によく出る重要事項

直接基礎

(1) 支持層

① 岩盤

② 締まった砂礫層：標準貫入試験で，*N* 値が 30 以上の砂層。ただし，支持層の厚さが直接基礎の幅より大きいこと。

③ 粘性土層：洪積世の地盤で *N* 値が 20 以上。

(2) 基礎底面の処理

① 岩盤，締まった砂礫層では，掘削により生じた浮石などを除去し，均しコンクリートを打設し，貧配合のコンクリートで埋戻す。

② 岩盤の仕上げ面は，ある程度の不陸を残し，平滑な面としないようにする。

③ 砂地盤では，ある程度の不陸を残して整地し，その上に栗石や砕石等を敷き均す。割栗石は砂層に十分たたき込む。その後，均しコンクリートを打設し，良質土で埋戻す。

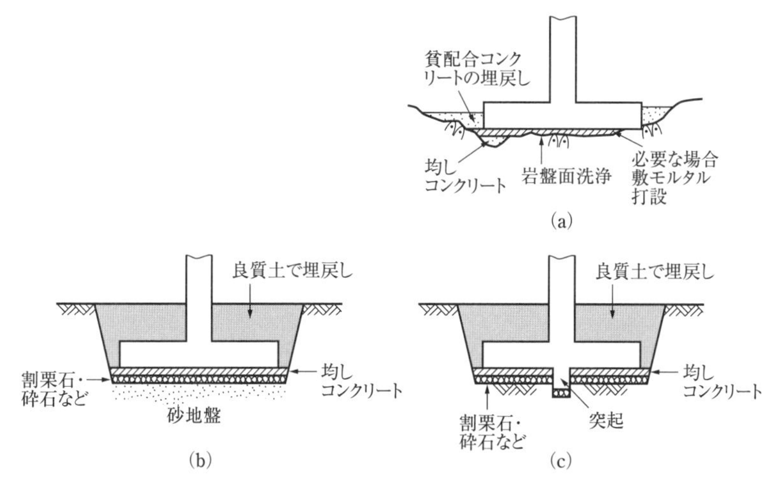

基礎底面の処理

土木一般

● 1·3·4 土留め工法

出題頻度 低■■■■■■高

17

下図に示す土留め工の(イ)，(ロ)の部材名称に関する次の組合せのうち，**適当なもの**はどれか。

(イ) (ロ)

(1) 腹起し ………… 中間杭
(2) 腹起し ………… 火打ちばり
(3) 切ばり ………… 腹起し
(4) 切ばり ………… 火打ちばり

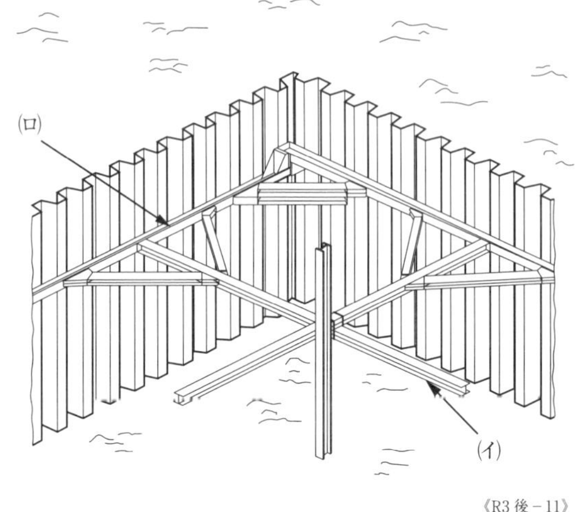

《R3後－11》

18

土留めの施工に関する次の記述のうち，**適当でないもの**はどれか。

(1) 自立式土留め工法は，支保工を必要としない工法である。
(2) アンカー式土留め工法は，引張材を用いる工法である。
(3) ボイリングとは，軟弱な粘土質地盤を掘削した時に，掘削底面が盛り上がる現象である。
(4) パイピングとは，砂質土の弱いところを通ってボイリングがパイプ状に生じる現象である。

《R5後－11》

19

土留め工に関する次の記述のうち，**適当でないもの**はどれか。

(1) 自立式土留め工法は，切梁や腹起しを用いる工法である。
(2) アンカー式土留め工法は，引張材を用いる工法である。
(3) ヒービングとは，軟弱な粘土質地盤を掘削した時に，掘削底面が盛り上がる現象である。
(4) ボイリングとは，砂質地盤で地下水位以下を掘削した時に，砂が吹き上がる現象である。

《R4前－11》

20

土留め工に関する次の記述のうち，**適当でないもの**はどれか。

(1) アンカー式土留め工法は，引張材を用いる工法である。
(2) 切梁式土留め工法には，中間杭や火打ち梁を用いるものがある。
(3) ボイリングとは，砂質地盤で地下水位以下を掘削した時に，砂が吹き上がる現象である。

〈p.34～35の解答〉 **正解** 13 (2)，14 (2)，15 (3)，16 (1)

(4) パイピングとは，砂質土の弱いところを通ってヒービングがパイプ状に生じる現象である。

《R4後－11》

21 土留め壁の「種類」と「特徴」に関する次の組合せのうち，**適当なもの**はどれか。

［種 類］ ［特 徴］

(1) 連続地中壁 …………… あらゆる地盤に適用でき，他に比べ経済的である。
(2) 鋼矢板 ………………… 止水性が高く，施工は比較的容易である。
(3) 柱列杭 ………………… 剛性が小さいため，浅い掘削に適する。
(4) 親杭・横矢板 ………… 地下水のある地盤に適しているが，施工は比較的難しい。

《R3前－11》

解説

17 (3) (イ) **切ばり**，(ロ) **腹起し**，で(3)の組合せが適当である。

18 (3) ボイリングとは，掘削地盤の下面から**砂と水が湧き出す現象**をいう。

19 (1) 自立式土留め工法は，切梁や腹起しを**用いない**工法である。

20 (4) パイピングとは，砂質土の弱いところを通って**ボイリング**がパイプ状に生じる現象である。

21 (1) 連続地中壁は，他の工法に比べて**高い**。
(2) 記述は，適当である。
(3) 柱列杭は，**剛性が大きく**，**深い掘削**に適している。
(4) 親杭・横矢板は，地下水のある地盤に**適さない**が，施工は比較的**やさしい**。

試験によく出る重要事項

土留め支保工は，図に示すように，土留めに作用する土圧等の外力に対抗して土留めの安定を図る仮設構造物であり，腹起し・切梁・火打ち・中間杭等から構成される。

腹起し：土留め壁からの荷重を均等に受け，荷重を切梁に伝達する部材である。

切梁：腹起しを介して伝達された荷重を均等に支え，土留めの安定を保たせる部材である。

火打ち：切梁の座屈長を小さくし，腹起しのスパンを小さくするために用いる部材である。

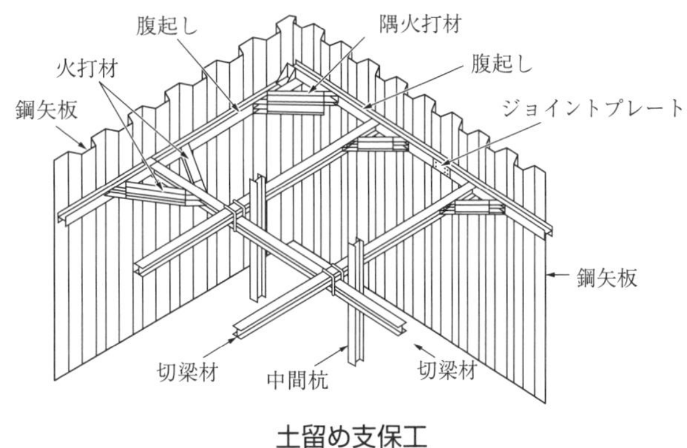

土留め支保工

中間杭：切梁の座屈防止や覆工受桁からの荷重を支持するために用いられる部材である。

〈p.36～37の解答〉　**正解**　**17** (3), **18** (3), **19** (1), **20** (4), **21** (2)

専門土木

●過去5年間（6回分）の出題内容と出題数●

出題内容	年度	令和 5後	令和 5前	令和 4後	令和 3後	令和 2後	令和 元後	計
鋼・コンクリート構造物	鋼材の特性，鋼材の知識	1	1	1	1	1		5
	コンクリートの耐久性，劣化機構，対策	1	1	1	1	1	1	6
	鋼材接合（溶接，ボルト），切断		1				1	2
	鋼橋架設工法	1		1	1	1	1	5
	小計	3	3	3	3	3	3	18
河川・砂防	堤防盛土，基礎等の施工の留意点		1		1		1	3
	堤防各部の名称，用途			1		1		2
	護岸形式，各部の機能，法覆工	1	1	1	1	1	1	6
	砂防えん堤施工の留意点，各部の機能	1	1	1	1	1	1	6
	地すべり防止工の種類と特徴，施工の留意点	1	1	1	1	1	1	6
	河川全般	1						1
	小計	4	4	4	4	4	4	24
道路・舗装	路床・路盤の施工，安定処理	1	1	1	1	1	1	6
	表層・基層の施工（温度，敷均し，締固め管理）	1	1	1	1	1	1	6
	各種舗装，舗装の破損，補修工法	1	1	1	1	1	1	6
	コンクリート舗装（種類，締固め，仕上げ，目地）	1	1	1	1	1	1	6
	小計	4	4	4	4	4	4	24
ダム・トンネル	コンクリートダム，ダムの施工	1	1		1			3
	RCD 工法，フィルダム			1		1	1	3
	山岳トンネル	1	1	1	1	1	1	6
	小計	2	2	2	2	2	2	12
海岸・港湾	堤防各部の名称・機能（根固工，消波工等）			1		1	1	3
	海岸堤防，防波堤の形式と特徴	1	1		1			3
	ケーソン，基礎工，根固工，水中コンクリート	1		1	1	1	1	5
	浚渫船の種類と特徴		1					1
	小計	2	2	2	2	2	2	12
鉄道・地下工事	営業線近接工事	1	1	1	1	1	1	6
	鉄道盛土，路床，路盤工		1				1	2
	軌道変位，曲線部（カント，スラック等），軌道の用語	1		1	1	1		4
	シールド工法，シールド機の機能	1	1	1	1	1	1	6
	小計	3	3	3	3	3	3	18
上下水道	上水道管布設の留意点，管の種類と特徴	1	1	1	1	1	1	6
	下水道管の接合方式，伏せ越し，基礎	1	1	1	1	1		5
	下水道管の埋設，土留め工の留意点						1	1
	小計	2	2	2	2	2	2	12
合計		20	20	20	20	20	20	

2・1　鋼・コンクリート構造物

● 2・1・1　鋼材の性質と鋼材記号

出題頻度　低■■■■■□高

1

下図は，鋼材の引張試験における応力度とひずみの関係を示したものであるが，点Eを表している用語として，**適当なもの**は次のうちどれか。

(1)　比例限度
(2)　弾性限度
(3)　上降伏点
(4)　引張強さ

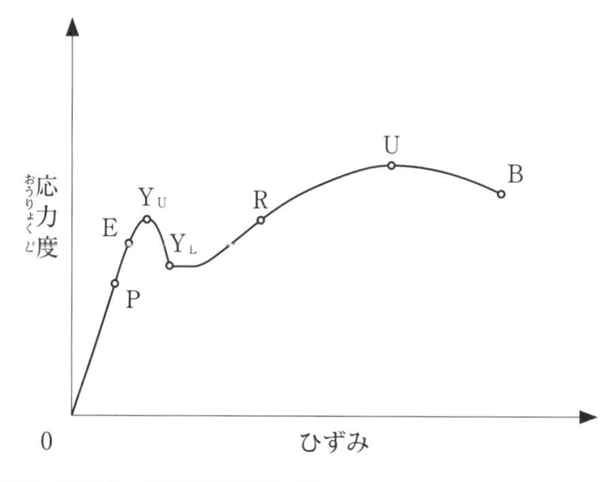

《R2後－12》

2

鋼材に関する次の記述のうち，**適当でないもの**はどれか。

(1)　鋼材は，気象や化学的な作用による腐食により劣化する。
(2)　疲労の激しい鋼材では，急激な破壊が生じることがある。
(3)　鋳鉄や鍛鋼は，橋梁の支承や伸縮継手等に用いられる。
(4)　硬鋼線材は，鉄線として鉄筋の組立や蛇かご等に用いられる。

《R5後－12》

3

鋼材に関する次の記述のうち，**適当でないもの**はどれか。

(1)　鋼材は，応力度が弾性限界に達するまでは弾性を示すが，それを超えると塑性を示す。
(2)　PC鋼棒は，鉄筋コンクリート用棒鋼に比べて高い強さをもっているが，伸びは小さい。
(3)　炭素鋼は，炭素含有量が少ないほど延性や展性は低下するが，硬さや強さは向上する。
(4)　継ぎ目なし鋼管は，小・中径のものが多く，高温高圧用配管等に用いられている。

《R3前－12》

4
□□□

鋼材に関する次の記述のうち，**適当でないもの**はどれか。

(1)　硬鋼線材を束ねたワイヤーケーブルは，吊橋や斜張橋等のケーブルとして用いられる。

(2)　低炭素鋼は，表面硬さが必要なキー，ピン，工具等に用いられる。

(3)　棒鋼は，主に鉄筋コンクリート中の鉄筋として用いられる。

(4)　鋳鋼や鍛鋼は，橋梁の支承や伸縮継手等に用いられる。

《R3 後－12》

5
□□□

鋼材の特性，用途に関する次の記述のうち，**適当でないもの**はどれか。

(1)　低炭素鋼は，延性，展性に富み，橋梁等に広く用いられている。

(2)　鋼材の疲労が心配される場合には，耐候性鋼材等の防食性の高い鋼材を用いる。

(3)　鋼材は，応力度が弾性限度に達するまでは弾性を示すが，それを超えると塑性を示す。

(4)　継続的な荷重の作用による摩耗は，鋼材の耐久性を劣化させる原因になる。

《R4 後－12》

解説

1　(1)　比例限度は，P点である。

(2)　記述は，適当である。

(3)　上降伏点は，Y_U 点である。　(4)　引張強さは，U点である。

2　適当でないものが2つある。

(3)　橋梁の支承や伸縮継手には，**鋳鋼や鋼板**が用いられる。

(4)　硬鋼線材は，**つり橋のワイヤーケーブル等**に用いられる。

3　(3)　炭素鋼は，炭素含有量が少ないほど延性や展性は**向上**するが，硬さや強さは**低下**する。

4　(2)　**高炭素鋼**は，表面硬さが必要なキー，ピン，工具等に用いられる。

5　(2)　**鋼材の腐食が心配される場合**は，耐候性鋼材等の防食性の高い鋼材を用いる。

試験によく出る重要事項

鋼材の性質・特性

①　**低炭素鋼**：橋梁・建築等の一般鋼材。冷間加工性，溶接性がよい。

②　**高炭素鋼**：高強度，低靭性。焼入れで硬化性がさらに大きくなる。

③　**ステンレス鋼**：さびにくくするために，鉄・クロム・ニッケルを混合した合金鋼。

④　**耐候性鋼**：表面に緻密なさび（保護性さび・安定さび）を形成させ，塗装せずにそのまま使用できるようにした合金鋼。

⑤　**応力―ひずみ曲線**：比例限度→弾性限度→上降伏点→下降伏点→引張強さ→破断　の順に変化する。

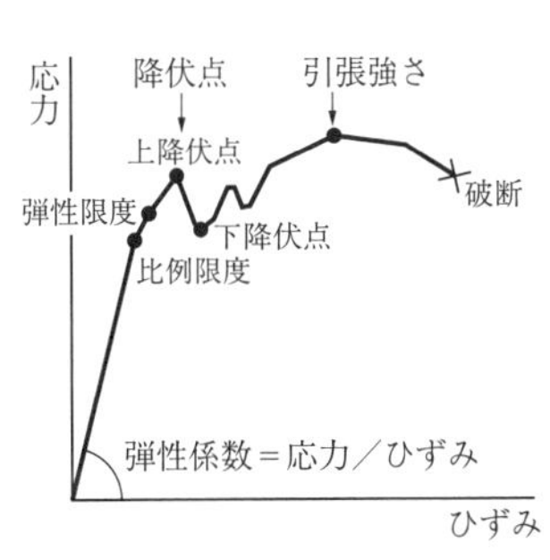

応力―ひずみ曲線（軟鋼）

● 2・1・2　橋梁の架設工法

出題頻度　低■■■■■□高

6
□□□

鋼道路橋における次の架設工法のうち，クレーンを組み込んだ起重機船を架設地点まで進入させ，橋梁を所定の位置に吊り上げて架設する工法として，**適当なもの**はどれか。

(1)　フローティングクレーンによる一括架設工法
(2)　クレーン車によるベント式架設工法
(3)　ケーブルクレーンによる直吊り工法
(4)　トラベラークレーンによる片持ち式架設工法

《R5後－13》

7
□□□

鋼道路橋の架設工法に関する次の記述のうち，市街地や平坦地で桁下空間が使用できる現場において一般に用いられる工法として**適当なもの**はどれか。

(1)　ケーブルクレーンによる直吊り工法
(2)　全面支柱式支保工架設工法
(3)　手延べ桁による押出し工法
(4)　クレーン車によるベント式架設工法

《R4後－13》

8
□□□

鋼道路橋の架設工法に関する次の記述のうち，主に深い谷等，桁下の空間が使用できない現場において，トラス橋などの架設によく用いられる工法として**適当なもの**はどれか。

(1)　トラベラークレーンによる片持式工法
(2)　フォルバウワーゲンによる張出し架設工法
(3)　フローティングクレーンによる一括架設工法
(4)　自走クレーン車による押出し工法

《R3後－13》

9
□□□

鋼道路橋における架設工法のうち，市街地や平坦地で桁下空間やアンカー設備が使用できない現場において一般に用いられる工法として，**適当なもの**は次のうちどれか。

(1)　フローティングクレーンによる一括架設工法
(2)　自走クレーン車によるベント工法
(3)　ケーブルクレーンによる直吊り工法
(4)　手延機による送出し工法

《R2後－13》

10
□□□

橋梁の「架設工法」と「工法の概要」に関する次の組合せのうち，**適当でないもの**はどれか。

［架設工法］　　　　　　　　［工法の概要］

(1)　ベント式架設工法 ……………………… 橋桁を自走クレーンでつり上げ，ベントで仮受けしながら組み立てて架設する。

〈p.40～41の解答〉　**正解**　**1** (2)，**2** (3)，(4)，**3** (3)，**4** (2)，**5** (2)

(2)　一括架設工法 ……………………………	組み立てられた部材を台船で現場までえい航し，フローティングクレーンでつり込み一括して架設する。
(3)　ケーブルクレーン架設工法 …………	橋脚や架設した桁を利用したケーブルクレーンで，部材をつりながら組み立てて架設する。
(4)　送出し式架設工法 ………………………	架設地点に隣接する場所であらかじめ橋桁の組み立てを行って，順次送り出して架設する。

《R1 後－13》

解説

6　(1)　**フローティングクレーンによる一括架設方法**が適当である。

7　(4)　クレーン車による**ベント式架設工法**が一般的である。

8　(1)　トラベラークレーンによる**片持式工法**が用いられる。

9　(4)　記述は，**手延機による送り出し工法**である。

10　(3)　ケーブルクレーン工法は，両岸に塔を建て，そこにケーブルを渡して**吊索で部材を対称に組み立てていく**工法である。

試験によく出る重要事項

鋼橋架設工法の概要

①　**片持式工法**：既設の桁部分をカウンターウエイトとして，桁を逐次継足していく工法。

②　**ケーブル式架設工法**：橋桁をケーブル・鉄塔などの支持設備で支えながら架設する工法。

③　**ベント式架設工法**：橋桁をベントで直接支えながら組み立てる工法。架設管理が容易である。桁下にベントを設置できる空間がある場合に用いる。

④　**フローティングクレーンによる一括架設工法**：起重機船によって，橋梁を一括して吊り上げて架設する工法。

⑤　**引き出し式架設工法**：手延機を連結して架設する工法で，**手延工法・はり出し工法・押出し工法**ともいう。

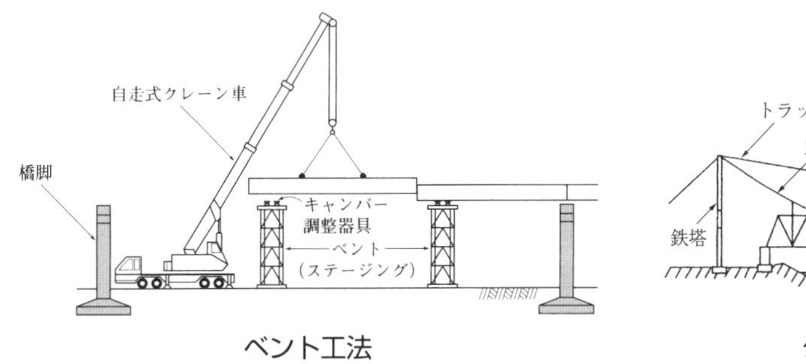

ベント工法

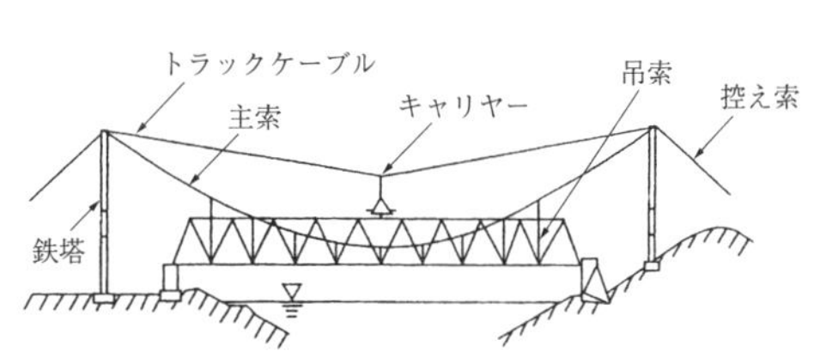

ケーブルクレーン工法

● 2·1·3 鋼材の加工・接合

出題頻度 低■■■■□□高

11

□
□
□

鋼道路橋に用いる高力ボルトに関する次の記述のうち，**適当でないもの**はどれか。

(1) 高力ボルトの軸力の導入は，ナットを回して行うことを原則とする。

(2) 高力ボルトの締付けは，連結板の端部のボルトから順次中央のボルトに向かって行う。

(3) 高力くボルトの長さは，部材を十分に締め付けられるものとしなければならない。

(4) 高力ボルトの摩擦接合は，ボルトの締付けで生じる部材相互の摩擦力で応力を伝達する。

《R4前－13》

12

□
□
□

鋼道路橋に用いる高力ボルトに関する次の記述のうち，**適当でないもの**はどれか。

(1) トルク法による高力ボルトの締付け検査は，トルク係数値が安定する数日後に行う。

(2) トルシア形高力ボルトの本締めには，専用の締付け機を使用する。

(3) 高力ボルトの締付けは，原則としてナットを回して行う。

(4) 耐候性鋼材を使用した橋梁には，耐候性高力ボルトが用いられている。

《R3前－13》

13

□
□
□

鋼材の溶接接合に関する次の記述のうち，**適当なもの**はどれか。

(1) 開先溶接の始端と終端は，溶接欠陥が生じやすいので，スカラップという部材を設ける。

(2) 溶接の施工にあたっては，溶接線近傍を湿潤状態にする。

(3) すみ肉溶接においては，原則として裏はつりを行う。

(4) エンドタブは，溶接終了後，ガス切断法により除去してその跡をグラインダ仕上げする。

《R5前－13》

14

□
□
□

鋼材の溶接継手に関する次の記述のうち，**適当でないもの**はどれか。

(1) 溶接を行う部分は，溶接に有害な黒皮，さび，塗料，油等があってはならない。

(2) 溶接を行う場合には，溶接線近傍を十分に乾燥させる。

(3) 応力を伝える溶接継手には，完全溶込み開先溶接を用いてはならない。

(4) 開先溶接では，溶接欠陥が生じやすいのでエンドタブを取り付けて溶接する。

《R4前－12》

15

□
□
□

鋼橋の溶接継手に関する次の記述のうち，**適当でないもの**はどれか。

(1) 溶接を行う部分には，溶接に有害な黒皮，さび，塗料，油などがあってはならない。

(2) 応力を伝える溶接継手には，開先溶接又は連続すみ肉溶接を用いなければならない。

〈p.42～43の解答〉 **正解** **6** (1), **7** (4), **8** (1), **9** (4), **10** (3)

(3)　溶接継手の形式には，突合せ継手，十字継手などがある。
(4)　溶接を行う場合には，溶接線近傍を十分に湿らせてから行う。

《R1 後－12》

解説

11　(2)　高力ボルトの締付けは，連結板の**中央ボルトから順次端部ボルトに**向かって行う。

12　(1)　トルク法による高力ボルトの締付け検査は，**締付け後速やかに**行う。

13　(1)　**エンドタブ**という部材を設ける。
(2)　**乾燥状態**にする。
(3)　裏はつりは**行わない**。
(4)　記述は，適当である。

14　(3)　応力を伝える溶接継手には，完全溶込み開先溶接を**用いる**。

15　(4)　溶接を行う場合には，溶接線近傍を十分に**乾燥させて**から行う。

試験によく出る重要事項

1.　スカラップ・エンドタブ

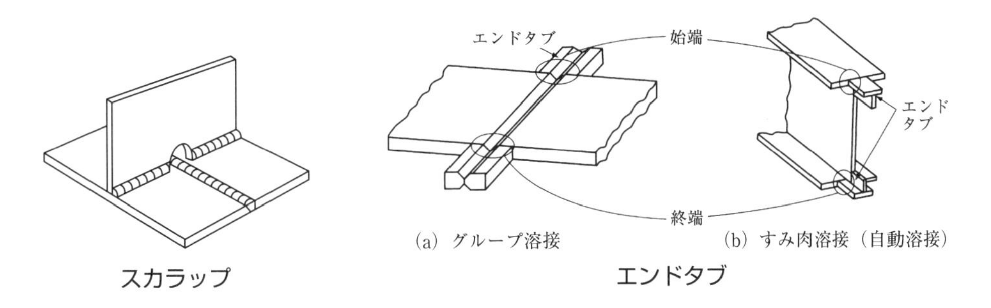

スカラップ　　エンドタブ

2.　ボルト接合

①　**ボルト接合の接触面の表面処理**：接触面を塗装しない場合は，黒皮を除去して粗面とし，接触面の浮錆びや油・泥などを除去する。塗装する場合は，厚膜型無機ジンクリッチペイントを用いる。

②　**肌すき処理**：肌すきとは，異なる板厚の接合で生じるすき間のことをいう。肌すきは，応力の伝達や防錆・防食上好ましくないので，右図に示すテーパーやフィラーを取り付ける。

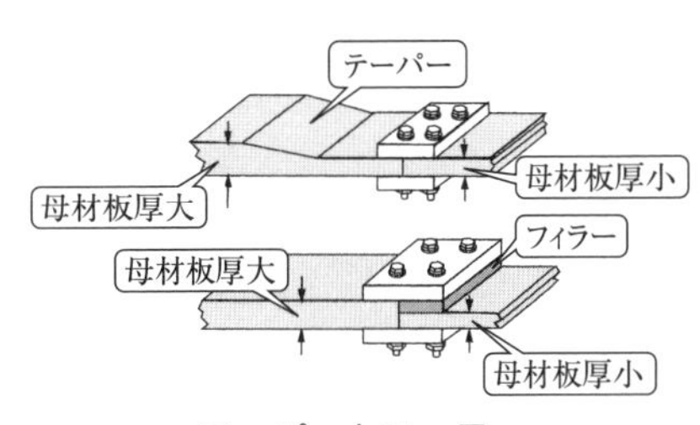

テーパーとフィラー

③　**高力ボルトの締付け順序**：ボルト群の中央から端部に向かって締め付ける。

● 2·1·4　コンクリート構造物

出題頻度　低■■■■■■高

16

コンクリートの劣化機構について説明した次の記述のうち，**適当でないもの**はどれか。

(1)　中性化は，コンクリートのアルカリ性が空気中の炭酸ガスの浸入等で失われていく現象である。

(2)　塩害は，硫酸や硫酸塩等の接触により，コンクリート硬化体が分解したり溶解する現象である。

(3)　疲労は，荷重が繰り返し作用することでコンクリート中にひび割れが発生し，やがて大きな損傷となる現象である。

(4)　凍害は，コンクリート中に含まれる水分が凍結し，氷の生成による膨張圧でコンクリートが破壊される現象である。

《R4後－14》

17

コンクリートの劣化機構に関する次の記述のうち，**適当でないもの**はどれか。

(1)　中性化は，空気中の二酸化炭素が侵入することによりコンクリートのアルカリ性が失われる現象である。

(2)　塩害は，コンクリート中に侵入した塩化物イオンが鉄筋の腐食を引き起こす現象である。

(3)　疲労は，繰返し荷重が作用することで，コンクリート中の微細なひび割れがやがて大きな損傷になる現象である。

(4)　化学的侵食は，凍結や融解の繰返しによってコンクリートが溶解する現象である。

《R3後－14》

18

コンクリートの「劣化機構」と「劣化要因」に関する次の組合せのうち，**適当でないもの**はどれか。

　　［劣化機構］　　　　　［劣化要因］

(1)　アルカリシリカ反応 …………… 反応性骨材

(2)　疲労 ………………………………… 繰返し荷重

(3)　塩害 ………………………………… 凍結融解作用

(4)　化学的侵食 ……………………… 硫酸

《R5後－14》

19

コンクリートに関する次の用語のうち，劣化機構に**該当しないもの**はどれか。

(1)　塩害　　　　　　(3)　アルカリシリカ反応

(2)　ブリーディング　(4)　凍害

《R4前－14》

20

コンクリート構造物の耐久性を向上させる対策に関する次の記述のうち，**適当なもの**はどれか。

(1)　塩害対策として，水セメント比をできるだけ大きくする。

〈p.44～45の解答〉　**正解**　**11** (2),　**12** (1),　**13** (4),　**14** (3),　**15** (4)

(2)　塩害対策として，膨張材を用いる。
(3)　凍害対策として，吸水率の大きい骨材を使用する。
(4)　凍害対策として，AE 減水剤を用いる。
《R5 前－14》

21

コンクリート構造物の耐久性を向上させる対策に関する次の記述のうち，**適当でないもの**はどれか。
(1)　塩害対策として，速硬エコセメントを使用する。
(2)　塩害対策として，水セメント比をできるだけ小さくする。
(3)　凍害対策として，吸水率の小さい骨材を使用する。
(4)　凍害対策として，AE 剤を使用する。
《R1 後－14》

専門土木

解説

16　(2)　硫酸や硫酸塩等の接触により，コンクリート硬化体が分解したり溶解する現象は，**化学的腐食**である。

17　(4)　凍結や融解によりコンクリートがひび割れるのは**凍害**である。

18　(3)　塩害は，**塩化物イオンにより発生**する。

19　(2)　**ブリーディング**は，劣化機構に該当しない。

20　(1)　水セメント比をできるだけ**小さく**する。
(2)　**防錆剤**を用いる。
(3)　吸水率の**小さい骨材**を使用する。
(4)　記述は，適当である。

21　(1)　速硬エコセメントの使用は，**塩害対策にならない**。

試験によく出る重要事項

コンクリートの劣化と対策

①　**コンクリートの中性化**：空気中の二酸化炭素で，コンクリートが中性化する現象。中性化によって内部の鉄筋が腐食し，ひび割れなどの状況が生じる。
対策：水セメント比を 50%以下とし，かぶりを 30 mm 以上とする。
②　**塩害（塩化物イオンの侵入）**：塩化物イオンの侵入によって鉄筋などが腐食し，コンクリートのひび割れが発生する現象。
対策：水セメント比の小さい，密実なコンクリートとする。かぶりを大きくする。エポキシ樹脂鉄筋の使用，表面被覆，電気防食を行うなど。
③　**凍害（凍害融解作用）**：コンクリート中の水分が凍結によって膨張し，微細なひび割れやポップアウトなどの状況が発生する。
対策：AE コンクリートとする。必要な品質が得られる最も小さな水セメント比を採用する。
④　**アルカリ骨材反応（アルカリシリカ反応）**：骨材のシリカ分が，コンクリートのアルカリ性に 反応して膨張し，コンクリートに亀甲状のひび割れ，ゲル化・変色を発生させる現象。
対策：アルカリシリカ反応試験（モルタルバー法・化学法）で区分A「無害」となった骨材を使う。コンクリート中のアルカリ総量を，酸化ナトリウム換算で 3.0 kg/m^3 以下にする。高炉セメントやフライアッシュセメントを使用する。

2·2 河川・砂防

● 2·2·1 河川全般

出題頻度 低■■■■□□高

1

□□□

河川に関する次の記述のうち，**適当でないもの**はどれか。

(1) 河川の流水がある側を堤内地，堤防で守られている側を堤外地という。

(2) 河川堤防断面で一番高い平らな部分を天端という。

(3) 河川において，上流から下流を見て右側を右岸，左側を左岸という。

(4) 堤防の法面は，河川の流水がある側を表法面，その反対側を裏法面という。

《R5後－15》

2

□□□

河川に関する次の記述のうち，**適当なもの**はどれか。

(1) 河川において，下流から上流を見て右側を右岸，左側を左岸という。

(2) 河川には，浅くて流れの速い淵と，深くて流れの緩やかな瀬と呼ばれる部分がある。

(3) 河川の流水がある側を堤外地，堤防で守られている側を堤内地という。

(4) 河川堤防の天端の高さは，計画高水位（H. W. L.）と同じ高さにすることを基本とする。

《R4後－15》

3

□□□

河川に関する次の記述のうち，**適当でないもの**はどれか。

(1) 霞堤は，上流側と下流側を不連続にした堤防で，洪水時には流水が開口部から逆流して堤内地に湛水し，洪水後には開口部から排水される。

(2) 河川堤防における天端は，堤防法面の安定性を保つために法面の途中に設ける平らな部分をいう。

(3) 段切りは，堤防法面に新たに腹付盛土する場合は，法面に水平面切土を行い，盛土と地山とのなじみをよくするために施工する。

(4) 堤防工事には，新しく堤防を構築する工事，既設の堤防を高くするかさ上げや断面積を増やすために腹付けする拡築の工事等がある。

《R3前－15》

4

□□□

河川に関する次の記述のうち，**適当でないもの**はどれか。

(1) 河川の流水がある側を堤内地，堤防で守られている側を堤外地という。

(2) 堤防の法面は，河川の流水がある側を表法面，その反対側を裏法面という。

(3) 河川の横断面図は，上流から下流を見た断面で表し，右側を右岸という。

(4) 堤防の天端と表法面の交点を表法肩という。

《R2後－15》

〈p.46～47の解答〉　**正解**　**16** (2)，**17** (4)，**18** (3)，**19** (2)，**20** (4)，**21** (1)

5

□
□
□

河川に関する次の記 述のうち，**適当でないもの**はどれか。

(1)　河川の流水がある側を堤外地，堤防で守られている側を堤内地という。

(2)　河川において，下流から上流を見て右側を右岸，左側を左岸という。

(3)　堤防の法面は，河川の流水がある側を表法面，その反対側を裏法面という。

(4)　河川堤防の断面で一番高い平らな部分を天端という。

《H30 後－15》

解説

1　(1)　河川の流水がある側を**堤外地**，堤防で守られている側を**堤内地**という。

2　(1)　河川において，**上流から下流を見て**右側を右岸，左側を左岸という。

(2)　河川には，浅くて流れの速い**瀬**と，深くて流れの緩やかな**淵**がある。

(3)　記述は，適当である。

(4)　河川堤防の天端の高さは，計画高水位（H. W. L.）**より高く**（余裕高＋余盛）することを基本とする。

3　(2)　河川堤防における**小段**の説明文である。

4　(1)　河川の流水がある側を**堤外地**，堤防に守られている側を**堤内地**という。

5　(2)　河川において，**上流から下流を見て**右側を右岸，左側を左岸という。

試験によく出る重要事項

堤防断面の名称

河川において，上流から下流を見て右側を右岸，左側を左岸という。

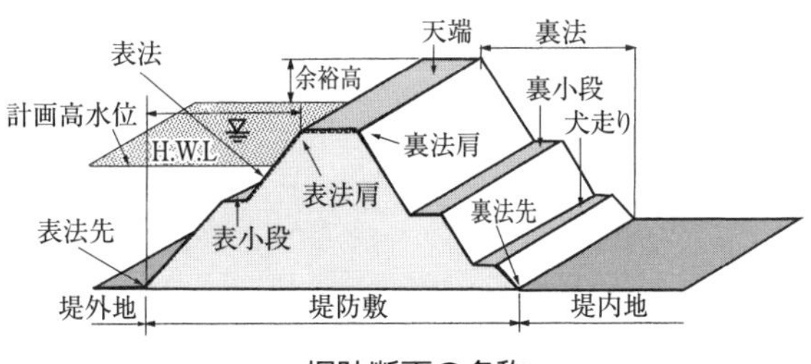

堤防断面の名称

● 2・2・2　河川堤防

出題頻度　低■■■■■■高

6

河川堤防に用いる土質材料に関する次の記述のうち，**適当でないもの**はどれか。

(1) 堤体の安定に支障を及ぼすような圧縮変形や膨張性がない材料がよい。

(2) 浸水，乾燥等の環境変化に対して，法すべりやクラック等が生じにくい材料がよい。

(3) 締固めが十分行われるために単一な粒径の材料がよい。

(4) 河川水の浸透に対して，できるだけ不透水性の材料がよい。

《R4 前－15》

7

河川堤防の施工に関する次の記述のうち，**適当でないもの**はどれか。

(1) 堤防の腹付け工事では，旧堤防との接合を高めるため階段状に段切りを行う。

(2) 引堤工事を行った場合の旧堤防は，新堤防の完成後，ただちに撤去する。

(3) 堤防の腹付け工事では，旧堤防の裏法面に腹付けを行うのが一般的である。

(4) 盛土の施工中は，堤体への雨水の滞水や浸透が生じないよう堤体横断方向に勾配を設ける。

《R5 前－15》

8

河川堤防の施工に関する次の記述のうち，**適当でないもの**はどれか。

(1) 堤防の腹付け工事では，旧堤防との接合を高めるため階段状に段切りを行う。

(2) 堤防の腹付け工事では，旧堤防の表法面に腹付けを行うのが一般的である。

(3) 河川堤防を施工した際の法面は，一般に総芝や筋芝等の芝付けを行って保護する。

(4) 旧堤防を撤去する際は，新堤防の地盤が十分安定した後に実施する。

《R3 後－15》

9

河川堤防の施工に関する次の記述のうち，**適当でないもの**はどれか。

(1) 堤防の法面は，可能な限り機械を使用して十分締め固める。

(2) 引堤工事を行った場合の旧堤防は，新堤防の完成後，ただちに撤去する。

(3) 堤防の施工中は，堤体への雨水の滞水や浸透が生じないよう堤体横断面方向に勾配を設ける。

(4) 堤防の腹付け工事では，旧堤防との接合を高めるため階段状に段切りを行う。

《R1 後－15》

〈p.48〜49の解答〉　**正解**　**1** (1)，**2** (3)，**3** (2)，**4** (1)，**5** (2)

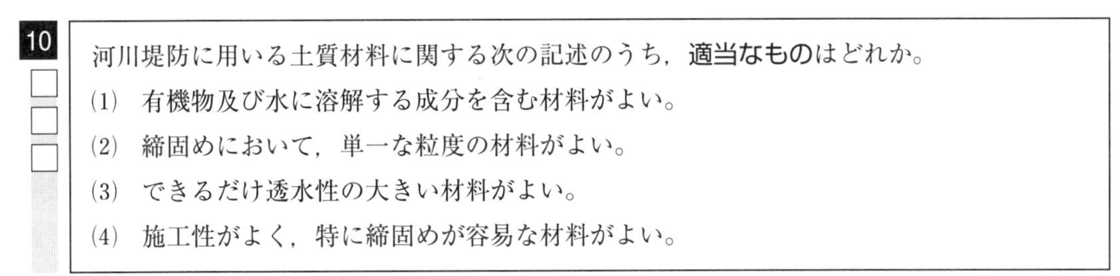
10

河川堤防に用いる土質材料に関する次の記述のうち，**適当なもの**はどれか。

(1) 有機物及び水に溶解する成分を含む材料がよい。

(2) 締固めにおいて，単一な粒度の材料がよい。

(3) できるだけ透水性の大きい材料がよい。

(4) 施工性がよく，特に締固めが容易な材料がよい。

《H30 後－15》

解説

6 (3) 単一な粒径の材料は避け，**粒度分布のよい材料**を用いる。

7 (2) 新堤防の完成後，**3年以上たってから**撤去する。

8 (2) 堤防の腹付け工事では，**裏法面**に腹付けを行うのが一般的である。

9 (2) 引堤工事を行った場合の旧堤防は，新堤防が完成後，**3年以上経ってから**撤去する。

10 (1) 有機物及び水に溶解する成分を**含まない材料**がよい。

(2) 締固めやすい，**粒度配分のよい材料**がよい。

(3) できるだけ透水性の**小さい材料**がよい。

(4) 記述は，適当である。

試験によく出る重要事項

堤防盛土の施工

① **堤防拡築**：堤防断面を増加する腹付けは，旧堤防法面部を幅0.5～1.0mに段切りし，盛り立てる。

② **腹付け**：旧堤防の裏法面に行う裏腹付が原則である。

③ **締固め**：1層の締固め後の仕上り厚さは，30cm以下。

④ **施工中の雨水対策**：堤防の横断方向に3～5%程度の排水勾配を設ける。

⑤ **盛土材料**：締固めが容易で，高い密度が得られる粒度分布のもの。圧縮変形や膨張性がない，せん断強度が大きいもの。できるだけ不透水性であること。

● 2·2·3　河川護岸

出題頻度　低■■■■■■■高

11

河川護岸に関する次の記述のうち，**適当でないもの**はどれか。

(1)　低水護岸は，低水路を維持し，高水敷の洗掘等を防止するものである。

(2)　法覆工は，堤防及び河岸の法面を被覆して保護するものである。

(3)　低水護岸の天端保護工は，流水によって護岸の表側から破壊しないように保護するものである。

(4)　横帯工は，流水方向の一定区間毎に設け，護岸の破壊が他に波及しないようにするものである。

《R5 後－16》

12

河川護岸の施工に関する次の記述のうち，**適当なもの**はどれか。

(1)　根固工は，水衝部等で河床洗掘を防ぎ，基礎工等を保護するために施工する。

(2)　高水護岸は，単断面の河川において高水時に表法面を保護するために施工する。

(3)　護岸基礎工の天端の高さは，洗掘に対する保護のため計画河床高より高く施工する。

(4)　法覆工は，堤防の法勾配が緩く流速が小さな場所では，間知ブロックで施工する。

《R5 前－16》

13

河川護岸に関する次の記述のうち，**適当なもの**はどれか。

(1)　高水護岸は，高水時に表法面，天端，裏法面の堤防全体を保護するものである。

(2)　法覆工は，堤防の法面をコンクリートブロック等で被覆し保護するものである。

(3)　基礎工は，根固工を支える基礎であり，洗掘に対して保護するものである。

(4)　小口止工は，河川の流水方向の一定区間ごとに設けられ，護岸を保護するものである。

《R4 前－16》

14

河川護岸に関する次の記述のうち，**適当でないもの**はどれか。

(1)　基礎工は，洗掘に対する保護や裏込め土砂の流出を防ぐために施工する。

(2)　法覆工は，堤防の法勾配が緩く流速が小さな場所では，間知ブロックで施工する。

(3)　根固工は，河床の洗掘を防ぎ，基礎工・法覆工を保護するものである。

(4)　低水護岸の天端保護工は，流水によって護岸の裏側から破壊しないように保護するものである。

《R4 後－16》

〈p.50～51の解答〉　**正解**　**6**　(3)，**7**　(2)，**8**　(2)，**9**　(2)，**10**　(4)

15 河川護岸に関する次の記述のうち，**適当でないもの**はどれか。

(1) 低水護岸は，低水路を維持し，高水敷の洗掘などを防止するものである。
(2) 低水護岸の天端保護工は，流水によって護岸の裏側から破壊しないように保護するものである。
(3) 法覆工は，堤防及び河岸の法面を被覆して保護するものである。
(4) 縦帯工は，河川の横断方向に設けて，護岸の破壊が他に波及しないよう絶縁するものである。

《R2 後－16》

専門土木

解説

11 (3) 天端保護工は，流水によって護岸の**裏側から**破壊しないように保護するものである。

12 (1) 記述は，適当である。
(2) **複断面の河川**において高水時に表法面を保護するために施工する。
(3) 天端高は，計画河床高又は現況河床高の**いずれか低いものより 0.5～1.0 m さげる**。
(4) 法勾配が緩く流速の小さな場所では，**平板ブロック張り工**で施工する。

13 (1) 高水護岸は，**表法面を保護**するものである。
(2) 記述は，適当である。
(3) 基礎工は，**法面を支える基礎**であり，洗掘に対して保護するものである。
(4) 小口止工は，**新設護岸の上下流端に**設けられ，護岸を保護するものである。

14 (2) 法覆工は，堤防の法勾配が緩く流速が小さな場所では，**芝付け**で施工する。

15 (4) 縦帯工は，**護岸の法肩部**に設置し，**護岸の法肩部の損壊を防止**する構造物である。

試験によく出る重要事項

護岸各部の構造・機能

① **根固工**：基礎工・法覆工を保護する。洗掘に追随できる屈撓性のある構造とする。
② **基礎工**：計画河床高，または，現況河床高の低いものより低くする。
③ **法覆工**：堤防および河岸が，流水に直接接し，洗掘されるのを防ぐ。
④ **天端保護工**：護岸が，裏側から破壊されるのを防ぐ。
⑤ **すり付け工**：侵食により，護岸が上下流から破壊されることを防ぐ。
⑥ **小口止工**：法覆工の上下流端に設置し，護岸を保護する。

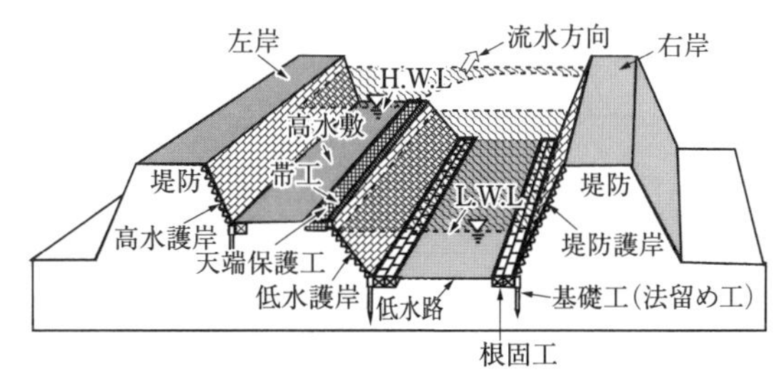

護岸の種類

● 2･2･4　砂防えん堤

出題頻度　低■■■■■■高

16

□□□

下図に示す砂防えん堤を砂礫の堆積層上に施工する場合の一般的な順序として，**適当なものは**次のうちどれか。

(1)　(ロ)→(ニ)→(ハ)・(ホ)→(イ)

(2)　(ニ)→(ロ)→(イ)→(ハ)・(ホ)

(3)　(ロ)→(ニ)→(イ)→(ハ)・(ホ)

(4)　(ニ)→(ロ)→(ハ)・(ホ)→(イ)

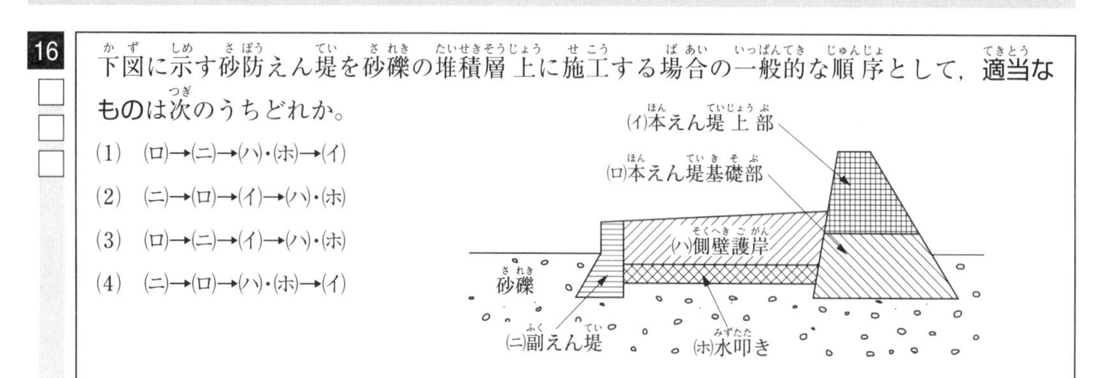

《R3 前－17》

17

□□□

砂防えん堤に関する次の記述のうち，**適当なものは**どれか。

(1)　水通しは，施工中の流水の切換えや堆砂後の本えん堤にかかる水圧を軽減させるために設ける。

(2)　前庭保護工は，本えん堤の洗掘防止のために，本えん堤の上流側に設ける。

(3)　袖は，洪水が越流した場合でも袖部等の破壊防止のため，両岸に向かって水平な構造とする。

(4)　砂防えん堤は，安全性の面から強固な岩盤に施工することが望ましい。

《R5 後－17》

18

□□□

砂防えん堤に関する次の記述のうち，**適当でないものは**どれか。

(1)　袖は，洪水を越流させないようにし，土石等の流下による衝撃に対して強固な構造とする。

(2)　堤体基礎の根入れは，基礎地盤が岩盤の場合は0.5 m以上行うのが通常である。

(3)　前庭保護工は，本えん堤を越流した落下水による前庭部の洗掘を防止するための構造物である。

(4)　本えん堤の堤体下流の法勾配は，一般に1：0.2程度としている。

《R5 前－17》

19

□□□

砂防えん堤に関する次の記述のうち，**適当でないものは**どれか。

(1)　前庭保護工は，堤体への土石流の直撃を防ぐために設けられる構造物である。

(2)　袖は，洪水を越流させないようにし，水通し側から両岸に向かって上り勾配とする。

(3)　側壁護岸は，越流部からの落下水が左右の法面を侵食することを防止するための構造物である。

(4)　水通しは，越流する流量に対して十分な大きさとし，一般にその断面は逆台形である。

《R4 後－17》

〈p.52～53の解答〉　**正解**　**11** (3)，**12** (1)，**13** (2)，**14** (2)，**15** (4)

20 □□□

砂防えん堤に関する次の記述のうち，**適当でないもの**はどれか。

(1)　水抜きは，一般に本えん堤施工中の流水の切替えや堆砂後の浸透水を抜いて水圧を軽減するために設けられる。

(2)　袖は，洪水を越流させないために設けられ，両岸に向かって上り勾配で設けられる。

(3)　水通しの断面は，一般に逆台形で，越流する流量に対して十分な大きさとする。

(4)　水叩きは，本えん堤からの落下水による洗掘の防止を目的に，本えん堤上流に設けられるコンクリート構造物である。

《R4 前－17》

解説

16　(1)　(ロ)　**本えん堤基礎部**，(ニ)　**副えん堤**，(ハ)　**側壁護岸**・(ホ)　**水叩き**，(ニ)　**本えん堤部上部**の順で行う。

17　(1)　水通しは，砂防えん堤の**上流側からの水を越流させるため**に設ける。

(2)　前庭保護工は，本えん堤の**下流側**に設ける。

(3)　袖は，両岸に向かって**上り勾配の構造**とする。

(4)　記述は，適当である。

18　(2)　基礎地盤が岩盤の場合は**1.0 m 以上**行うのが通常である。

19　(1)　前庭保護工は，堤体からの**落下水による洗掘を防ぐ**ために設ける構造物である。

20　(4)　水叩きは，本えん堤からの落下水による洗掘防止の目的で，**本えん堤下流**に設ける。

試験によく出る重要事項

砂防えん提

①　**施工順序**：本えん提基礎部→副えん提→側壁→水叩き→本えん提部上部。

②　**水抜き**：堆砂後の浸透水の排除，施工中の流水の切替え。

③　**前庭保護工**：洗掘防止のために設ける。本えん提下流部に設ける副えん提と水叩き側壁護岸などからなる。

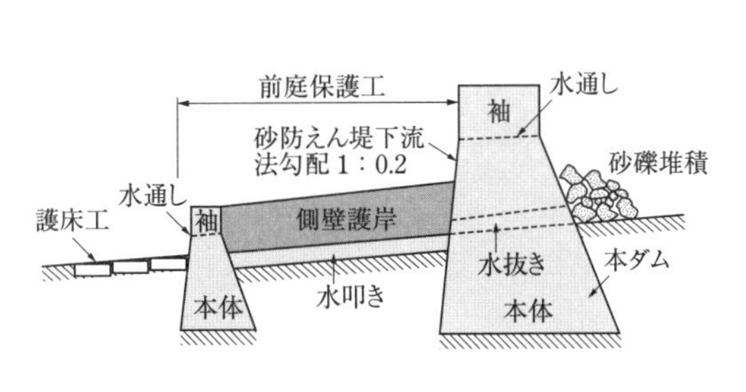

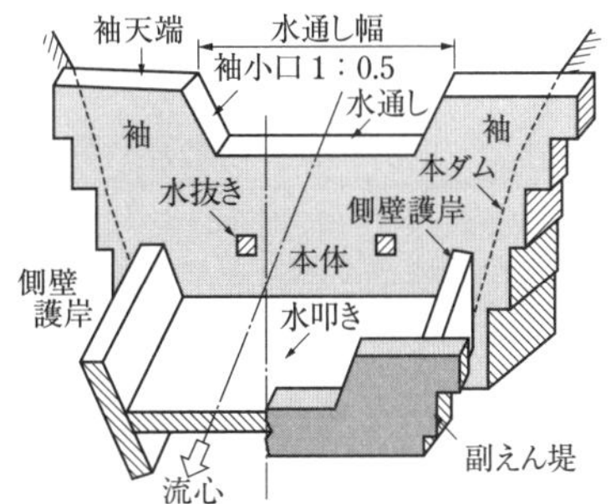

砂防えん堤の構造

● 2·2·5 地すべり防止工

出題頻度 低■■■■■■■高

21

□□□

地すべり防止工に関する次の記述のうち，**適当でないもの**はどれか。

(1) 排水トンネル工は，原則として安定した地盤にトンネルを設け，ここから帯水層に向けてボーリングを行い，トンネルを使って排水する工法であり，抑制工に分類される。

(2) 排土工は，地すべり頭部の不安定な土塊を排除し，土塊の滑動力を減少させる工法であり，抑止工に分類される。

(3) 水路工は，地表の水を水路に集め，速やかに地すべりの地域外に排除する工法であり，抑制工に分類される。

(4) シャフト工は，井筒を山留めとして掘り下げ，鉄筋コンクリートを充塡して，シャフト（杭）とする工法であり，抑止工に分類される。

《R5後－18》

22

□□□

地すべり防止工に関する次の記述のうち，**適当なもの**はどれか。

(1) 杭工は，原則として地すべり運動ブロックの頭部斜面に杭をそう入し，斜面の安定を高める工法である。

(2) 集水井工は，井筒を設けて集水ボーリング等で地下水を集水し，原則としてポンプにより排水を行う工法である。

(3) 横ボーリング工は，地下水調査等の結果をもとに，帯水層に向けてボーリングを行い，地下水を排除する工法である。

(4) 排土工は，土塊の滑動力を減少させることを目的に，地すべり脚部の不安定な土塊を排除する工法である。

《R5前－18》

23

□□□

地すべり防止工に関する次の記述のうち，**適当なもの**はどれか。

(1) 抑制工は，杭等の構造物により，地すべり運動の一部又は全部を停止させる工法である。

(2) 地すべり防止工では，一般的に抑止工，抑制工の順序で施工を行う。

(3) 抑止工は，地形等の自然条件を変化させ，地すべり運動を停止又は緩和させる工法である。

(4) 集水井工の排水は，原則として，排水ボーリングによって自然排水を行う。

《R4後－18》

24

□□□

地すべり防止工に関する次の記述のうち，**適当でないもの**はどれか。

(1) 抑制工は，地下水状態等の自然条件を変化させ，地すべり運動を停止・緩和する工法である。

(2) 水路工は，地表の水を水路に集め，速やかに地すべりの地域外に排除する工法である。

〈p.54～55の解答〉 **正解** **16** (1)，**17** (4)，**18** (2)，**19** (1)，**20** (4)

(3) 排土工は，地すべり脚部の不安定土塊を排除し，地すべりの滑動力を減少させる工法である。
(4) 抑止工は，杭等の構造物によって，地すべり運動の一部又は全部を停止させる工法である。

《R3 前－18》

25 地すべり防止工に関する次の記述のうち，**適当でないもの**はどれか。

(1) 横ボーリング工は，地下水の排除のため，帯水層に向けてボーリングを行う工法である。
(2) 地すべり防止工では，抑止工，抑制工の順に施工するのが一般的である。
(3) 杭工は，鋼管等の杭を地すべり斜面等に挿入して，斜面の安定を高める工法である。
(4) 地すべり防止工では，抑止工だけの施工は避けるのが一般的である。

《R3 後－18》

解説

21 (2) 排土工は，**抑制工**に分類される。

22 (1) 運動ブロックの**下部斜面**に杭をそう入する。
(2) 原則として，**自然流下させる**ことにより排水する。
(3) 記述は，適当である。
(4) **地すべり頭部**の不安定な土塊を排除する。

23 (1) **抑止工**は，杭等の構造物により，地すべり運動の一部又は全部を停止させる。
(2) 地すべり防止工では，一般的に**抑制工，抑止工の順序**で施工を行う。
(3) **抑制工**は，地形等の自然条件を変化させ，地すべり運動を停止又は緩和させる工法である。
(4) 記述は，適当である。

24 (3) **排土工**は，**地すべり上部**の不安定土壌を排除する工法である。

25 (2) 地すべり防止工では，**抑制工，抑止工の順**に施工する。

試験によく出る重要事項

地すべり防止工

地すべり防止工は，抑制工→抑止工の順に行う。抑止工だけの施工は避ける。

① 抑制工：地すべり発生地の地形，地下水の状態などの自然条件を変え，地すべり運動を停止または緩和させることを目的として行う。
② 抑止工：構造物自体の抑止力により，地すべりの連動を停止させる。
③ 杭 工：鋼管などの杭を地すべり面を貫いて不動土塊まで挿入し，斜面の安定度を高める工法。
④ 排土工：地すべり頭部などの不安定な土砂を排除する。
⑤ シャフト工：直径2.5～6.5 m程度の井筒に鉄筋コンクリートを充てんして，抑止杭とする。
⑥ 水路工：地すべり周囲の地表水を速やかに集水し，地すべり地外に排除する。
⑦ 横ボーリング工：帯水層をねらってボーリングを行い，地下水を排除する工法。排水を考えて上向き勾配とする。
⑧ 排水トンネル工：すべり面の下にある安定した土塊にトンネルを設け，ここから帯水層へボーリングを行い，トンネルを使って排水する。
⑨ グランドアンカー工：地すべり末端部に擁壁を設け，PC鋼材によるアンカーを取付け，土塊を安定させる。

2·3 道路・舗装

● 2·3·1 路　床

出題頻度　低■■■■■□高

1

□
□
□

道路のアスファルト舗装における路床の施工に関する次の記述のうち，**適当でないもの**はどれか。

(1) 路床は，舗装と一体となって交通荷重を支持し，厚さは1mを標準とする。
(2) 切土路床では，土中の木根，転石等を表面から30cm程度以内は取り除く。
(3) 盛土路床は，均質性を得るために，材料の最大粒径は100mm以下であることが望ましい。
(4) 盛土路床では，1層の敷均し厚さは仕上り厚で40cm以下を目安とする。

《R5後－19》

2

□
□
□

道路のアスファルト舗装における路床の施工に関する次の記述のうち，**適当でないもの**はどれか。

(1) 盛土路床では，1層の敷均し厚さは仕上り厚で40cm以下を目安とする。
(2) 安定処理工法は，現状路床土とセメントや石灰等の安定材を混合する工法である。
(3) 切土路床では，表面から30cm程度以内にある木根や転石等を取り除いて仕上げる。
(4) 置き換え工法は，軟弱な現状路床土の一部又は全部を良質土で置き換える工法である。

《R4後－19》

3

□
□
□

道路のアスファルト舗装における構築路床の安定処理に関する次の記述のうち，**適当でないもの**はどれか。

(1) 安定材の混合終了後，モータグレーダで仮転圧を行い，ブルドーザで整形する。
(2) 安定材の散布に先立って現状路床の不陸整正や，必要に応じて仮排水溝を設置する。
(3) 所定量の安定材を散布機械又は人力により均等に散布する。
(4) 軟弱な路床土では，安定処理としてセメントや石灰などを混合し，支持力を改善する。

《R2後－19》

〈p.56～57の解答〉　**正解**　**21** (2)，**22** (3)，**23** (4)，**24** (3)，**25** (2)

4

道路のアスファルト舗装における構築路床の安定処理に関する次の記述のうち，**適当でないもの**はどれか。

(1)　粒状の生石灰を用いる場合は，混合させたのち仮転圧し，ただちに再混合をする。

(2)　安定材の散布に先立って，不陸整正を行い必要に応じて雨水対策の仮排水溝を設置する。

(3)　セメント又は石灰などの安定材は，所定量を散布機械又は人力により均等に散布をする。

(4)　混合終了後は，仮転圧を行い所定の形状に整形したのちに締固めをする。

《R1 後－19》

解説

1　(4)　路床は，１層の敷均し厚さは仕上り厚で **20 cm 以下**を目安とする。

2　(1)　盛土路床では，１層の敷均し厚さは仕上り厚で **20 cm 以下**を目安とする。

3　(1)　安定材の混合終了後，**タイヤローラ**で仮転圧を行い，**ブルドーザ**で整形する。

4　(1)　粒状の生石灰を用いる場合は，混合させたのち仮転圧し，生石灰の**消化を待ってから**再混合し転圧する。

試験によく出る重要事項

路床の施工

①　**路床**：路盤下１m の範囲をいう。

②　**安定処理**：設計 CBR が３未満では現状路床土を入れ替える置換え工法，良質土で原地盤に盛り上げる盛土工法，セメントや石灰で処理する安定処理工法により改良する。

設計 CBR が３以上でも，舗装仕上高さの制限がある場合，経済的になる場合，凍結融解対策などの場合は，路床を改良する。

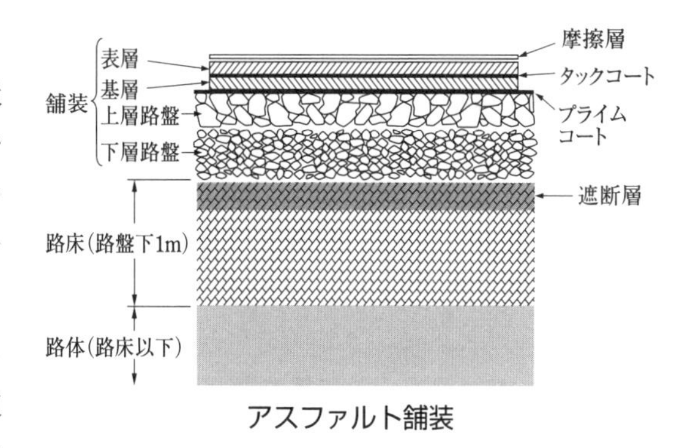

アスファルト舗装

③　**盛土１層の敷均し厚さ**：仕上がり厚で 20 cm 以下を目安とする。

④　**降雨対策**：盛土路床施工後，縁部に，仮排水路を設置する。

⑤　**検査**：路床の締固め不良部分は，ブルーフローリングで確認する。

⑥　**安定処理方式**：一般に路上混合方式で行う。

⑦　**安定処理材料**：砂質土にはセメント，粘性土には石灰が使用される。

⑧　**路上混合方式の作業の流れ**：整形（モータグレーダ・ブルドーザ）→固化材散布（人力・散布機）→路上混合（スタビライザ）→敷均し（モータグレーダ）→転圧（タイヤローラ）→養生

●2·3·2 路　盤

出題頻度　低■■■■■□高

5

道路のアスファルト舗装における下層・上層路盤の施工に関する次の記述のうち，**適当でないもの**はどれか。

(1) 上層路盤に用いる粒度調整路盤材料は，最大含水比付近の状態で締め固める。
(2) 下層路盤に用いるセメント安定処理路盤材料は，一般に路上混合方式により製造する。
(3) 下層路盤材料は，一般に施工現場近くで経済的に入手でき品質規格を満足するものを用いる。
(4) 上層路盤の瀝青安定処理工法は，平坦性がよく，たわみ性や耐久性に富む特長がある。

《R4前－19》

6

道路のアスファルト舗装における上層路盤の施工に関する次の記述のうち，**適当でないもの**はどれか。

(1) 粒度調整路盤は，1層の仕上り厚が15 cm以下を標準とする。
(2) 加熱アスファルト安定処理路盤材料の敷均しは，一般にモータグレーダで行う。
(3) セメント安定処理路盤は，1層の仕上り厚が10～20 cmを標準とする。
(4) 石灰安定処理路盤材料の締固めは，最適含水比よりやや湿潤状態で行う。

《R5前－19》

7

道路のアスファルト舗装における上層路盤の施工に関する次の記述のうち，**適当でないもの**はどれか。

(1) 粒度調整路盤は，材料の分離に留意し，均一に敷き均し，締め固めて仕上げる。
(2) 加熱アスファルト安定処理路盤は，下層の路盤面にプライムコートを施す必要がある。
(3) 石灰安定処理路盤材料の締固めは，最適含水比よりやや乾燥状態で行うとよい。
(4) セメント安定処理路盤材料の締固めは，硬化が始まる前までに完了することが重要である。

《R3後－19》

8

道路のアスファルト舗装における上層路盤の施工に関する次の記述のうち，**適当でないもの**はどれか。

(1) 加熱アスファルト安定処理には，1層の仕上り厚を10 cm以下で行う工法とそれを超えた厚さで仕上げる工法とがある。

〈p.58～59の解答〉　**正解**　**1** (4)，**2** (1)，**3** (1)，**4** (1)

(2) 粒度調整路盤は，材料の分離に留意しながら路盤材料を均一に敷き均し締め固め，1層の仕上り厚は，30 cm 以下を標準とする。
(3) 石灰安定処理路盤材料の締固めは，所要の締固め度が確保できるように最適含水比よりやや湿潤状態で行うとよい。
(4) セメント安定処理路盤材料の締固めは，敷き均した路盤材料の硬化が始まる前までに締固めを完了することが重要である。

《H30 後－19》

9 □□□ 道路のアスファルト舗装における路床，路盤の施工に関する次の記述のうち，**適当でないもの**はどれか。
(1) 盛土路床では，1層の敷均し厚さを仕上り厚さで 40 cm 以下とする。
(2) 切土路床では，土中の木根，転石などを取り除く範囲を表面から 30 cm 程度以内とする。
(3) 粒状路盤材料を使用した下層路盤では，1層の敷均し厚さを仕上り厚さで 20 cm 以下とする。
(4) 路上混合方式の安定処理工を使用した下層路盤では，1層の仕上り厚さを 15～30 cm とする。

《R1 前－19》

解説

5 (1) 上層路盤に用いる粒度調整路盤材料は，**最適含水比**付近の状態で締め固める。

6 (2) 敷均しは，一般に**アスファルトフィニッシャ**を用いる。

7 (3) 石灰安定処理路盤材料の締固めは，最適含水比よりやや**湿潤状態**で行う。

8 (2) 粒度調整路盤の締め固め1層の仕上り厚は，**15 cm 以下**を標準とする。

9 (1) 盛土路床では，1層の仕上り厚さを **20 cm 以下**とする。

試験によく出る重要事項

1. 路盤改良工法

工 法 名	下層路盤	上層路盤	1層の仕上り厚	備 考
粒状路盤工法	○	×	20 cm 以下	
粒度調整工法	×	○	15 cm 以下	振動ローラでは 20 cm を上限
セメント安定処理工法	○	○	15～30 cm	10～20 cm
石灰安定処理工法	○	○	15～30 cm	10～20 cm
瀝青安定処理工法	×	○	10cm以下	
セメント瀝青安定処理工法	×	○		

2. 材料 築造方法

① 下層路盤は現地で入手できる材料を用いる。路上混合方式が一般的である。
② 上層路盤は中央混合方式が一般的である。

●2·3·3 アスファルト舗装の施工・瀝青材料

出題頻度 低■■■■■■高

10

道路のアスファルト舗装におけるアスファルト混合物の締固めに関する次の記述のうち，**適当なもの**はどれか。

(1) 初転圧は，一般に10～12tのタイヤローラで2回（1往復）程度行う。
(2) 二次転圧は，一般に8～20tのロードローラで行うが，振動ローラを用いることもある。
(3) 締固め温度は，高いほうが良いが，高すぎるとヘアクラックが多く見られることがある。
(4) 締固め作業は，敷均し終了後，初転圧，継目転圧，二次転圧，仕上げ転圧の順序で行う。

《R5後－20》

11

道路のアスファルト舗装における締固めの施工に関する次の記述のうち，**適当でないもの**はどれか。

(1) 転圧温度が高過ぎると，ヘアクラックや変形等を起こすことがある。
(2) 二次転圧は，一般にロードローラで行うが，振動ローラを用いることもある。
(3) 仕上げ転圧は，不陸整正やローラマークの消去のために行う。
(4) 締固め作業は，継目転圧，初転圧，二次転圧及び仕上げ転圧の順序で行う。

《R4後－20》

12

道路のアスファルト舗装における締固めに関する次の記述のうち，**適当でないもの**はどれか。

(1) 締固め作業は，継目転圧・初転圧・二次転圧・仕上げ転圧の順序で行う。
(2) 初転圧時のローラへの混合物の付着防止には，少量の水，又は軽油等を薄く塗布する。
(3) 転圧温度が高すぎたり過転圧等の場合，ヘアクラックが多く見られることがある。
(4) 継目は，既設舗装の補修の場合を除いて，下層の継目と上層の継目を重ねるようにする。

《R3後－20》

13

道路のアスファルト舗装におけるアスファルト混合物の締固めに関する次の記述のうち，**適当でないもの**はどれか。

(1) 締固め作業は，継目転圧，初転圧，二次転圧及び仕上げ転圧の順序で行う。
(2) 初転圧は，一般にタンピングローラで行う。
(3) 二次転圧は，一般にタイヤローラで行う。
(4) 仕上げ転圧は，不陸の修正やローラマーク消去のために行う。

《R2後－20》

〈p.60～61の解答〉 **正解** **5** (1), **6** (2), **7** (3), **8** (2), **9** (1)

14
□
□
□

道路のアスファルト舗装の施工に関する次の記述のうち，**適当でないもの**はどれか。

(1)　加熱アスファルト混合物を舗設する前は，路盤又は基層表面のごみ，泥，浮き石等を取り除く。

(2)　現場に到着したアスファルト混合物は，ただちにアスファルトフィニッシャ又は人力により均一に敷き均す。

(3)　敷均し終了後は，継目転圧，初転圧，二次転圧及び仕上げ転圧の順に締め固める。

(4)　継目の施工は，継目又は構造物との接触面にプライムコートを施工後，舗設し密着させる。

《R4 前－20》

解説

10　(1)　初転圧は，一般に 10～12 t の**ロードローラ**で 2 回程度行う。

(2)　二次転圧は，一般に 8 ～20 t の**タイヤローラ**で行うが，振動ローラを用いることもある。

(3)　記述は，適当である。

(4)　締固め作業は，**継目転圧**，**初転圧**，二次転圧，仕上げ転圧の順序で行う。

11　(2)　二次転圧は，一般に**タイヤローラ**で行う。

12　(4)　継目は，下層の継目と上層の継目を**重ねない**ようにする。

13　(2)　初転圧は，一般に**ロードローラ**で行う。

14　(4)　継目の施工は，継目又は構造物との接触面に**タックコート**を施工後，舗設し密着させる。

試験によく出る重要事項

1.　アスファルト混合物の施工

締固め作業は，横断勾配の低いほうから高いほうへ行い，継手転圧→初転圧→二次転圧→仕上げ転圧の順に行う。

初転圧は 110～140 ℃で行い，**二次転圧の終了温度は，70～90 ℃**とする。

交通開放は，舗装表面の温度が **50 ℃以下**になってから行う。

作業別転圧機械

作　業	転　圧　機　械
初　転　圧	10～12 t ロードローラで 2 回（1 往復）
2 次 転 圧	8 ～20 t タイヤローラまたは 6 ～10 t 振動ローラ
仕上げ転圧	タイヤローラあるいは ロードローラで 2 回（1 往復）

2.　プライムコート・タックコート

プライムコートの目的は，路盤表面に浸透させ，路盤とアスファルト混合物のなじみをよくし，降雨による路盤の洗掘，表面水の浸透の防止，路盤から水分の蒸発の防止などである。材料は，**一般にアスファルト乳剤 PK-3 を用い，1 ～ 2 l/m^2 を標準に散布する**。

タックコートは，中間層や基層と，その上の舗装するアスファルト混合物との付着や継目部の付着をよくするために行う。材料は，**一般的にアスファルト乳剤 PK-4 を用い，0.3～0.6 l/m^2 を標準に均等に散布する**。

● 2・3・4 アスファルト舗装の補修

出題頻度 低■■■■■■高

15

道路のアスファルト舗装の補修工法に関する下記の説明文に**該当するもの**は，次のうちどれか。

「局部的なくぼみ，ポットホール，段差等に舗装材料で応急的に充填する工法」

(1) オーバーレイ工法
(2) 打換え工法
(3) 切削工法
(4) パッチング工法

《R4 後－21》

16

道路のアスファルト舗装の補修工法に関する次の記述のうち，**適当でないもの**はどれか。

(1) オーバーレイ工法は，既設舗装の上に，加熱アスファルト混合物以外の材料を使用して，薄い封かん層を設ける工法である。

(2) 打換え工法は，不良な舗装の一部分，又は全部を取り除き，新しい舗装を行う工法である。

(3) 切削工法は，路面の凹凸を削り除去し，不陸や段差を解消をする工法である。

(4) パッチング工法は，局部的なひび割れやくぼみ，段差等を応急的に舗装材料で充填する工法である。

《R5 後－21》

17

道路のアスファルト舗装の補修工法に関する次の記述のうち，**適当でないもの**はどれか。

(1) オーバーレイ工法は，不良な舗装の全部を取り除き，新しい舗装を行う工法である。

(2) パッチング工法は，ポットホール，くぼみを応急的に舗装材料で充てんする工法である。

(3) 切削工法は，路面の凸部を切削除去して不陸や段差を解消する工法である。

(4) シール材注入工法は，比較的幅の広いひび割れに注入目地材等を充填する工法である。

《R3 後－21》

18

道路のアスファルト舗装の補修工法に関する次の記述のうち，**適当でないもの**はどれか。

(1) 打換え工法は，不良な舗装の一部分，または全部を取り除き，新しい舗装を行う工法である。

(2) 切削工法は，路面の凸部を切削して不陸や段差を解消する工法である。

(3) オーバーレイ工法は，ポットホール，段差などを応急的に舗装材料で充てんする工法である。

(4) 表面処理工法は，既設舗装の表面に薄い封かん層を設ける工法である。

《R2 後－21》

〈p.62～63の解答〉 **正解** **10** (3)，**11** (2)，**12** (4)，**13** (2)，**14** (4)

19
□
□
□

道路のアスファルト舗装の破損に関する次の記述のうち，**適当なもの**はどれか。

(1)　道路縦断方向の凹凸は，不定形に生じる比較的短いひび割れで主に表層に生じる。
(2)　ヘアクラックは，長く生じるひび割れで路盤の支持力が不均一な場合や舗装の継目に生じる。
(3)　わだち掘れは，道路横断方向の凹凸で車両の通過位置が同じところに生じる。
(4)　線状ひび割れは，道路の延長方向に比較的長い波長でどこにでも生じる。

《R4 前－21》

解説

15　(4)　設問の記述は，**パッチング工法**である。

16　(1)　オーバーレイ工法は，既設舗装の上に，**厚さ 3 cm 以上の加熱アスファルト混合物層を舗設する工法**である。

17　(1)　不良な舗装の全部を取り除き，新しい舗装を行うのは**打換え工法**である。オーバーレイ工法は，既設舗装の上に厚さ 3 cm 以上の加熱アスファルト混合物層を舗設する工法である。

18　(3)　ポットホール，段差などを応急的に舗装材料で充てんする工法は，**パッチング工法**である。

19　(3)　わだち掘れは，**道路横断方向**の凹凸で車両の通過位置と同じところに生ずる。

試験によく出る重要事項

維持・補修工法とその概要

①　**打換え工法**：既設舗装部の打換えで，路床を含む場合もある。
②　**オーバレイ工法**：既設舗装上に厚さ 3 cm 以上の加熱アスファルト混合層を施工する。
③　**パッチング工法**：道路の局部的な小穴（ポットホール），くぼみ，段差などを応急的に充てんする工法で，運搬や舗装に便利な，常温アスファルト混合物が使用される。
④　**シール材注入工法**：　比較的幅の広いひび割れに注人目地材を充てんする。
⑤　**路上再生路盤工法**：既設のアスファルト混合層を現位置で破砕し，同時にこれをセメントアスファルト乳剤などの添加材と混合し，締め固めて安定処理した路盤を新たにつくるものである。
⑥　**切削工法**：路面の不陸修正のために，凸部等を切削除去する工法をいう。
⑦　**表面処理工法**：既設舗装上に，加熱アスファルト混合物以外の材料で，厚さ 3 cm 未満の封かん層を設ける工法で，シールコートやスラリーシール，樹脂系表面処理などの工法がある。

2·3·5　コンクリート舗装

出題頻度　低■■■■■■高

20

□□□

道路のコンクリート舗装の施工に関する次の記述のうち，**適当でないものはどれか。**

(1)　普通コンクリート舗装の路盤は，厚さ30 cm以上の場合は上層と下層に分けて施工する。

(2)　普通コンクリート舗装の路盤は，コンクリート版が膨張・収縮できるよう，路盤上に厚さ2 cm程度の砂利を敷設する。

(3)　普通コンクリート版の縦目地は，版の温度変化に対応するよう，車線に直交する方向に設ける。

(4)　普通コンクリート版の縦目地は，ひび割れが生じても亀裂が大きくならないためと，版に段差が生じないためにダミー目地が設けられる。

《R5後－22》

21

□□□

道路のコンクリート舗装における施工に関する次の記述のうち，**適当でないものはどれか。**

(1)　極めて軟弱な路床は，置換工法や安定処理工法等で改良する。

(2)　路盤厚が30 cm以上のときは，上層路盤と下層路盤に分けて施工する。

(3)　コンクリート版に鉄網を用いる場合は，表面から版の厚さの1/3程度のところに配置する。

(4)　最終仕上げは，舗装版表面の水光りが消えてから，滑り防止のため膜養生を行う。

《R4前－22》

22

□□□

道路のコンクリート舗装に関する次の記述のうち，**適当でないものはどれか。**

(1)　普通コンクリート舗装は，温度変化によって膨張・収縮するので目地が必要である。

(2)　コンクリート舗装は，主としてコンクリートの引張抵抗で交通荷重を支える。

(3)　普通コンクリート舗装は，養生期間が長く部分的な補修が困難である。

(4)　コンクリート舗装は，アスファルト舗装に比べて耐久性に富む。

《R5前－22》

23

□□□

道路のコンクリート舗装に関する次の記述のうち，**適当でないものはどれか。**

(1)　コンクリート版に温度変化に対応した目地を設ける場合，車線方向に設ける横目地と車線に直交して設ける縦目地がある。

(2)　コンクリートの打込みは，一般的には施工機械を用い，コンクリートの材料分離を起こさないように，均一に隅々まで敷き広げる。

(3)　コンクリートの最終仕上げとして，コンクリート舗装版表面の水光りが消えてから，ほうきやブラシ等で粗仕上げを行う。

〈p.64～65の解答〉　**正解**　**15** (4)，**16** (1)，**17** (1)，**18** (3)，**19** (3)

(4)　コンクリートの養生は，一般的に初期養生として膜養生や屋根養生，後期養生として被覆養生及び散水養生等を行う。

《R3後－22》

24　道路の普通コンクリート舗装における施工に関する次の記述のうち，**適当なもの**はどれか。

(1)　コンクリート版が温度変化に対応するように，車線に直交する横目地を設ける。

(2)　コンクリートの打込みにあたって，フィニッシャーを用いて敷き均す。

(3)　敷き広げたコンクリートは，フロートで一様かつ十分に締め固める。

(4)　表面仕上げの終わった舗装版が所定の強度になるまで乾燥状態を保つ。

《R4後－22》

解説

20　(3)　縦目地は，**走行車線に平行する方向**に設ける。

21　(4)　最終仕上げは，舗装版表面の水光りが消えてから，滑り防止の**粗仕上げ**を行う。

22　(2)　主としてコンクリートの**曲げ抵抗**で交通荷重を支える。

23　(1)　車線方向に設ける目地を**縦目地**，直角方向に設ける目地を**横目地**という。

24　(1)　記述は，適当である。

(2)　コンクリートの打込みにあたって，**スプレッダ**を用いて敷き均す。

(3)　**コンクリートフィニッシャ**で一様かつ十分に締め固める。

(4)　表面仕上げの終わった舗装版が所定の強度になるまで**湿潤状態**を保つ。

試験によく出る重要事項

コンクリート舗装

①　**コンクリート舗装**：表層にコンクリート版を用いた舗装。

②　**コンクリート版の種類**：普通コンクリート版，連続鉄筋コンクリート版，転圧コンクリート版などがある。

③　**鉄網**：鉄網は，版の上面から$\frac{1}{3}$の探さの位置に設置する。

④　**鉄網の継手**：重ね継手は，焼なまし鉄線で結束。縁部補強鉄筋は，鉄筋径の30倍以上の重ね継手とし，2箇所以上結束する。

⑤　**締固め**：一般にコンクリートフィニッシヤで行う。敷均しはスプレッダを用いる。

⑥　**表面仕上げ**：荒仕上げ→平坦仕上げ→粗面仕上げ→養生　の順に行う。

⑦　**初期養生**：表面仕上げ終了直後から，コンクリート表面を荒さないで養生作業ができるまでの間の養生。初期養生は，三角屋根養生と膜養生とが一般的である。

⑧　**打換え**：目地で区切られた区画を単位として打換えなどを行う。

⑨　**目地**：連続コンクリート版は，横目地を設けない。転圧コンクリート版は，縦・横に目地溝をつくり，目地材を充填する。

2・4 ダム・トンネル

● 2・4・1 ダム

出題頻度 低■■■■■■高

1

コンクリートダムの施工に関する次の記述のうち，**適当でないもの**はどれか。

(1) 転流工は，ダム本体工事にとりかかるまでに必要な工事で，工事用道路や土捨場等の工事を行うものである。

(2) 基礎掘削工は，基礎岩盤に損傷を与えることが少なく，大量掘削に対応できるベンチカット工法が一般的である。

(3) 基礎処理工は，セメントミルク等を用いて，ダムの基礎岩盤の状態が均一ではない弱部の補強，改良を行うものである。

(4) RCD工法は，単位水量が少なく，超硬練りに配合されたコンクリートを振動ローラで締め固める工法である。

《R5後－23》

2

ダムに関する次の記述のうち，**適当でないもの**はどれか。

(1) 転流工は，比較的川幅が狭く，流量が少ない日本の河川では仮排水トンネル方式が多く用いられる。

(2) ダム本体の基礎掘削工は，基礎岩盤に損傷を与えることが少なく，大量掘削に対応できるベンチカット工法が一般的である。

(3) 重力式コンクリートダムの基礎処理は，カーテングラウチングとブランケットグラウチングによりグラウチングする。

(4) 重力式コンクリートダムの堤体工は，ブロック割してコンクリートを打ち込むブロック工法と堤体全面に水平に連続して打ち込むRCD工法がある。

《R3後－23》

3

コンクリートダムにおけるRCD工法に関する次の記述のうち，**適当でないもの**はどれか。

(1) RCD工法では，コンクリートの運搬は一般にダンプトラックを使用し，ブルドーザで敷き均し，振動ローラなどで締め固める。

(2) RCD用コンクリートは，硬練りで単位セメント量が多いため，水和熱が小さく，ひび割れを防止するコンクリートである。

(3) RCD工法でのコンクリート打設後の養生は，スプリンクラーやホースなどによる散水養生を実施する。

(4) RCD工法での水平打継ぎ目は，各リフトの表面が構造的な弱点とならないように，一般的にモータースイーパーなどでレイタンスを取り除く。

《R2後－23》

〈p.66～67の解答〉 **正解** **20** (3)，**21** (4)，**22** (2)，**23** (1)，**24** (1)

4

フィルダムに関する次の記述のうち，**適当でないもの**はどれか。

(1) フィルダムは，その材料に大量の岩石や土などを使用するダムであり，岩石を主体とするダムをロックフィルダムという。

(2) フィルダムは，コンクリートダムに比べて大きな基礎岩盤の強度を必要とする。

(3) 中央コア型ロックフィルダムでは，一般的に堤体の中央部に遮水用の土質材料を用いる。

(4) フィルダムは，ダム近傍でも材料を得やすいため，運搬距離が短く経済的に材料調達を行うことができる。

《R1 前－23》

解説

1 (1) 転流工は，ダムの施工が乾いた状態で行えるよう，**河川の流路を変更して流水を導くための仮排水路などの仮設構造物を，本体施工に先立って建設**するものである。

2 (3) 重力式コンクリートダムの基礎処理は，**コンソリデーショングラウチング**とブランケットグラウチングによりグラウチングする。

3 (2) RCD 用コンクリートは，**硬練りで単位セメント量が少なく**，水和熱が小さく，ひび割れを防止するコンクリートである。

4 (2) フィルダムは，コンクリートダムに比べて大きな**基礎岩盤の強度を必要としない**。

試験によく出る重要事項

1. グラウチング

① **コンソリデーショングラウチング**：基礎岩盤の強度や変形性を改良する。地表からおおむね5～10 mの比較的浅い範囲を対象に行われる。

② **ブランケットグラウチング**：フィルダムの遮水ゾーンと基礎岩盤との連結部分で実施する。遮水性を高める。

③ **カーテングラウチング**：地山にカーテン状の難透水ゾーンを形成する。貯留水の浸透流出を抑え，基礎地盤のパイピングを防止する。

2. コンクリートダム工法

① **柱状工法**（ブロック工法）：縦継目と横継目をもつブロック単位で高低差をつけた柱状に打ち上げていく。1リフト高は1.5 m を標準に，中5日あけてブロックごとに打設する。

② **RCD**（Roller Compacted Dam-Concrete）**工法**：セメント量の少ないゼロスランプの超硬練りのコンクリートをブルドーザで敷き均し，振動ローラなどで締め固める。

● 2・4・2　トンネル

出題頻度　低■■■■■■高

5

□□□

トンネルの山岳工法における掘削に関する次の記述のうち，**適当でないもの**はどれか。

(1)　機械掘削は，発破掘削に比べて騒音や振動が比較的少ない。

(2)　発破掘削は，主に地質が軟岩の地山に用いられる。

(3)　全断面工法は，トンネルの全断面を一度に掘削する工法である。

(4)　ベンチカット工法は，一般的にトンネル断面を上下に分割して掘削する工法である。

《R5 後－24》

6

□□□

トンネルの山岳工法における掘削に関する次の記述のうち，**適当でないもの**はどれか。

(1)　吹付けコンクリートは，吹付けノズルを吹付け面に対して直角に向けて行う。

(2)　ロックボルトは，特別な場合を除き，トンネル横断方向に掘削面に対して斜めに設ける。

(3)　発破掘削は，地質が硬岩質の場合等に用いられる。

(4)　機械掘削は，全断面掘削方式と自由断面掘削方式に大別できる。

《R4 後－24》

7

□□□

トンネルの山岳工法における掘削に関する次の記述のうち，**適当でないもの**はどれか。

(1)　ベンチカット工法は，トンネル全断面を一度に掘削する方法である。

(2)　導坑先進工法は，トンネル断面を数個の小さな断面に分け，徐々に切り広げていく工法である。

(3)　発破掘削は，爆破のためにダイナマイトや ANFO 等の爆薬が用いられる。

(4)　機械掘削は，騒音や振動が比較的少ないため，都市部のトンネルにおいて多く用いられる。

《R3 後－24》

8

□□□

トンネルの山岳工法における支保工に関する次の記述のうち，**適当でないもの**はどれか。

(1)　吹付けコンクリートの作業においては，はね返りを少なくするために，吹付けノズルを吹付け面に斜めに保つ。

(2)　ロックボルトは，掘削によって緩んだ岩盤を緩んでいない地山に固定し，落下を防止するなどの効果がある。

(3)　鋼アーチ式（鋼製）支保工は，H 型鋼材などをアーチ状に組み立て，所定の位置に正確に建て込む。

(4)　支保工は，掘削後の断面維持，岩石や土砂の崩壊防止，作業の安全確保のために設ける。

《R1 後－24》

〈p.68～69の解答〉　**正解**　**1** (1)，**2** (3)，**3** (2)，**4** (2)

9

トンネルの山岳工法の観察・計測に関する次の記述のうち，**適当でないもの**はどれか。

(1) 観察・計測の頻度は，掘削直前から直後は疎に，切羽が離れるに従って密に設定する。

(2) 観察・計測は，掘削にともなう地山の変形などを把握できるように計画する。

(3) 観察・計測の結果は，施工に反映するために，計測データを速やかに整理する。

(4) 観察・計測の結果は，支保工の妥当性を確認するために活用できる。

《R2 後－24》

解説

5 (2) 発破掘削は，主に地質が**硬岩の地山**に用いられる。

6 (2) ロックボルトは，特別な場合を除き，トンネル横断方向に掘削面に対して**直角**に設ける。

7 (1) ベンチカット工法は，トンネル断面を**上半分と下半分に分けて**掘削する方法である。設問は，全断面掘削工法である。

8 (1) 吹付けコンクリートの作業においては，吹付けノズルを吹付け面に**直角**に保つ。

9 (1) 観察・計測の頻度は，掘削直前から**直後は密**に，切羽が離れるに従って**疎**に設定する。

試験によく出る重要事項

トンネル掘削工法

① **ベンチカット工法**：断面を上下２分割してベンチ状に掘削する工法。切羽を増やす多段ベンチカット工法は，切羽の安定を確保しやすい。

② **発破掘削工法**：硬岩から軟岩の地山に用いる。

③ **導坑先進工法**：地質が不安定な地山で採用される。導坑の位置により，底設・側壁・頂設などに分かれる。

④ **全断面掘削工法**：一般に，トンネルボーリングマシン（TBM）が使用される。

標準的な掘削工法

掘削工法				
全断面工法	ベンチカット工法			側壁導坑先進工法
	ロングベンチカット工法	ショートベンチカット工法	ミニベンチカット工法	
①	① ② ベンチ長 $>5D$	① ② $D<$ ベンチ長 $\leqq 5D$	① ② ベンチ長 $<D$	② ① ③ ①

2·5　海岸・港湾

●2·5·1 海　岸

出題頻度　低■■■■■■高

1

海岸堤防の形式の特徴に関する次の記述のうち，**適当でないもの**はどれか。

(1) 直立型は，比較的良好な地盤で，堤防用地が容易に得られない場合に適している。
(2) 傾斜型は，比較的軟弱な地盤で，堤体土砂が容易に得られる場合に適している。
(3) 緩傾斜型は，堤防用地が広く得られる場合や，海水浴場等に利用する場合に適している。
(4) 混成型は，水深が割合に深く，比較的良好な地盤に適している。

《R5後－25》

2

下図は傾斜型海岸堤防の構造を示したものである。図の(イ)～(ハ)の構造名称に関する次の組合せのうち，**適当なもの**はどれか。

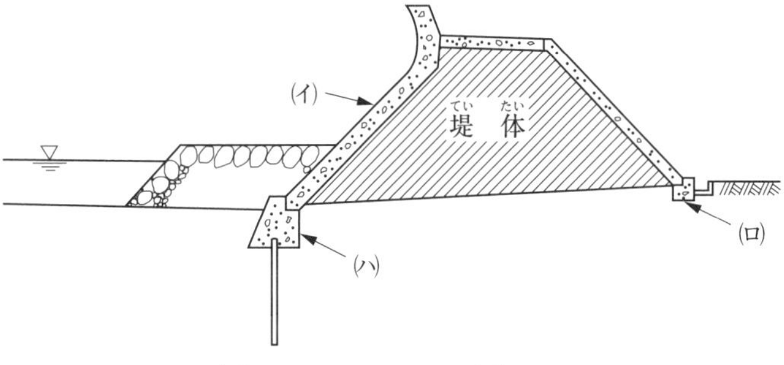

	(イ)		(ロ)		(ハ)
(1)	裏法被覆工	……………	根留工	……………	基礎工
(2)	表法被覆工	……………	基礎工	……………	根留工
(3)	表法被覆工	……………	根留工	……………	基礎工
(4)	裏法被覆工	……………	基礎工	……………	根留工

《R4後－25》

3

海岸堤防の形式に関する次の記述のうち，**適当でないもの**はどれか。

(1) 緩傾斜型は，堤防用地が広く得られる場合や，海水浴場等に利用する場合に適している。
(2) 混成型は，水深が割合に深く，比較的軟弱な基礎地盤に適している。
(3) 直立型は，比較的良好な地盤で，堤防用地が容易に得られない場合に適している。
(4) 傾斜型は，比較的軟弱な地盤で，堤体土砂が容易に得られない場合に適している。

《R3後－25》

〈p.70～71の解答〉　**正解**　**5** (2)，**6** (2)，**7** (1)，**8** (1)，**9** (1)

4

港湾の防波堤に関する次の記述のうち，**適当でないもの**はどれか。

(1)　直立堤は，傾斜堤より使用する材料は少ないが，波の反射が大きい。

(2)　直立堤は，地盤が堅固で，波による洗掘のおそれのない場所に用いられる。

(3)　混成堤は，捨石部と直立部の両方を組み合わせることから，防波堤を小さくすることができる。

(4)　傾斜堤は，水深の深い大規模な防波堤に用いられる。

《H29－26》

解説

1　(4)　混成堤は，水深が割合に深く，**比較的軟弱な地盤**に適している。

2　(3)　構造の名称は，下図より，(イ)は**表法被覆工**，(ロ)は**根留工**，(ハ)は**基礎工**である。

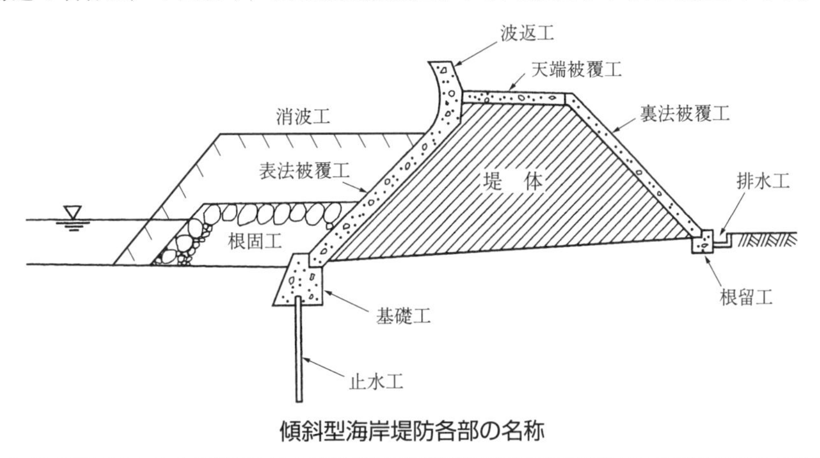

傾斜型海岸堤防各部の名称

3　(4)　傾斜型は，比較的軟弱な地盤で**堤体土砂が容易に得られる**場合に適している。

4　(4)　傾斜堤は，水深の深い大規模な防波堤には**用いられない**。

5

海岸における異形コンクリートブロックによる消波工に関する次の記述のうち，**適当でないもの**はどれか。

(1)　消波工は，波の打上げ高さを小さくすることや，波による圧力を減らすために堤防の前面に設けられる。

(2)　異形コンクリートブロックは，ブロックとブロックの間を波が通過することにより，波のエネルギーを減少させる。

(3)　乱積みは，荒天時の高波を受けるたびに沈下し，徐々にブロックどうしのかみ合わせが悪くなり不安定になってくる。

(4)　層積みは，規則正しく配列する積み方で整然と並び外観が美しく，設計どおりの据付けができ安定性がよい。

《R1後－25》

6

海岸堤防の異形コンクリートブロックによる消波工の施工に関する次の記述のうち，**適当なもの**はどれか。

(1)　乱積みは，荒天時の高波を受けるたびに沈下し，徐々にブロックのかみ合わせが悪くなり不安定になってくる。

(2)　層積みは，規則正しく配列する積みかたで外観も美しいが，ブロックの安定性が劣る。

(3)　乱積みは，層積みと比べて据付けが容易であり，据付け時のブロックの安定性がよい。

(4)　層積みは，乱積みに比べて据付けに手間がかかり，海岸線の曲線部などの施工が難しい。

《H30前－25》

7

海岸堤防の消波工の施工に関する次の記述のうち，**適当でないもの**はどれか。

(1)　異形コンクリートブロックを層積みで施工する場合は，すえつけ作業がしやすく，海岸線の曲線部も容易に施工できる。

(2)　消波工に一般に用いられる異形コンクリートブロックは，ブロックとブロックの間を波が通過することにより，波のエネルギーを減少させる。

(3)　異形コンクリートブロックは，海岸堤防の消波工のほかに，海岸の侵食対策としても多く用いられる。

(4)　消波工は，波の打上げ高さを小さくすることや，波による圧力を減らすために堤防の前面に設けられる。

《H29－25》

〈p.72～73の解答〉　**正解**　**1** (4),　**2** (3),　**3** (4),　**4** (4)

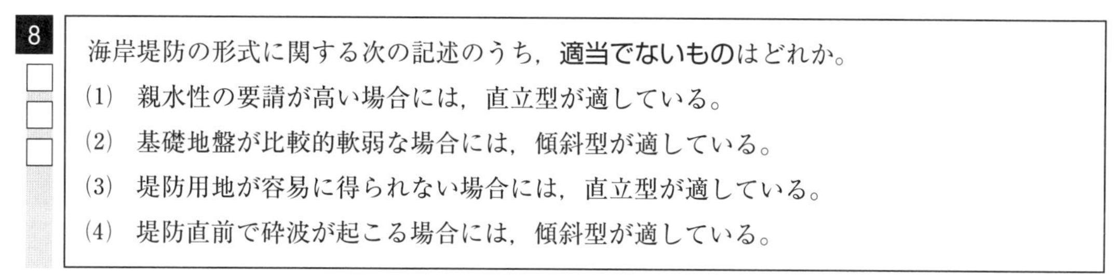
8

海岸堤防の形式に関する次の記述のうち，**適当でないもの**はどれか。

(1)　親水性の要請が高い場合には，直立型が適している。

(2)　基礎地盤が比較的軟弱な場合には，傾斜型が適している。

(3)　堤防用地が容易に得られない場合には，直立型が適している。

(4)　堤防直前で砕波が起こる場合には，傾斜型が適している。

《H25－25》

解説

5　(3)　乱積みは，荒天時の高波を受けるたびに沈下し，徐々にブロックどうしの**かみ合わせがよくなり安定化**する。

6　(1)　**乱積み**は，荒天時の高波を受けるたびに沈下し，**かみ合わせがよく**なる。

(2)　**層積み**は，規則正しく配列する積み方で外観も美しく，ブロックの**安定性もよい**。

(3)　乱積みは，層積みと比べて据付けは容易だが，据付け時の**安定性が悪い**。

(4)　記述は，適当である。

7　(1)　異形コンクリートブロックを**乱積み**で施工する場合は，すえつけ作業がしやすく，海岸線の曲線部も容易に施工できる。

8　(1)　親水性の要請が高い場合は，**緩傾斜型**が適している。

試験によく出る重要事項

海岸堤防

①　直立型堤防：設置用地が少なくてすむ。基礎地盤が良好であること。

②　傾斜型堤防：基礎地盤が軟弱でも，設置が可能である。砕波に対応できる。

③　混成型堤防：水深が深いところや軟弱地盤でも，設置が可能である。

④　根固工：基礎工と縁切りする。

⑤　消波工：乱積みと層積みとがある。天端幅は，ブロック2個並び以上が必要である。

●2·5·2 港　湾

出題頻度　低■■■■■■■高

9

□□□

ケーソン式混成堤の施工に関する次の記述のうち，**適当でないもの**はどれか。

(1)　ケーソンの底面が据付け面に近づいたら，注水を一時止め，潜水士によって正確な位置を決めたのち，ふたたび注水して正しく据え付ける。

(2)　据え付けたケーソンは，できるだけゆっくりケーソン内部に中詰めを行って，ケーソンの質量を増し，安定性を高める。

(3)　ケーソンは，波が静かなときを選び，一般にケーソンにワイヤをかけて引き船により据付け，現場までえい航する。

(4)　中詰め後は，波によって中詰め材が洗い出されないように，ケーソンの蓋となるコンクリートを打設する。

《R5 後－26》

10

□□□

ケーソン式混成堤の施工に関する次の記述のうち，**適当でないもの**はどれか。

(1)　ケーソンは，えい航直後の据付けが困難な場合には，波浪のない安定した時期まで沈設して仮置きする。

(2)　ケーソンは，海面がつねにおだやかで，大型起重機船が使用できるなら，進水したケーソンを据付け場所までえい航して据え付けることができる。

(3)　ケーソンは，注水開始後，着底するまで中断することなく注水を連続して行い，速やかに据え付ける。

(4)　ケーソンの中詰め後は，波により中詰め材が洗い流されないように，ケーソンのふたとなるコンクリートを打設する。

《R4 後－26》

11

□□□

ケーソン式混成堤の施工に関する次の記述のうち，**適当でないもの**はどれか。

(1)　据え付けたケーソンは，すぐに内部に中詰めを行って，ケーソンの質量を増し，安定性を高める。

(2)　ケーソンのそれぞれの隔壁には，えい航，浮上，沈設を行うため，水位を調整しやすいように，通水孔を設ける。

(3)　中詰め後は，波によって中詰め材が洗い出されないように，ケーソンの蓋となるコンクリートを打設する。

(4)　ケーソンの据付けにおいては，注水を開始した後は，中断することなく注水を連続して行い，速やかに据え付ける。

《R3 後－26》

〈p.74～75の解答〉　**正解**　**5** (3),　**6** (4),　**7** (1),　**8** (1)

12

グラブ浚渫の施工に関する次の記述のうち，**適当なもの**はどれか。

(1)　グラブ浚渫船は，岸壁等の構造物前面の浚渫や狭い場所での浚渫には使用できない。

(2)　非航式グラブ浚渫船の標準的な船団は，グラブ浚渫船と土運船の２隻で構成される。

(3)　余掘りは，計画した浚渫の範囲を一定した水深に仕上げるために必要である。

(4)　浚渫後の出来形確認測量には，音響測深機は使用できない。

《R5前－26》

解説

9　(2)　据え付けたケーソンは，できるだけ**短時間で中詰めを行う。**

10　(3)　ケーソンは，注水開始後，**着底する前に注水を中断して据付位置を確認し，再度注水**し，速やかに据え付ける。

11　(4)　ケーソンの据付けは，注水開始後，**着底直前に一端注入を中断**し，位置を確認後，いっきに据え付ける。

12　(1)　グラブ浚渫船は，狭い場所での浚渫に**使用できる。**

(2)　船団は，グラブ浚渫船と土運船，**曳船，揚錨船**で構成される。

(3)　記述は，適当である。

(4)　出来形確認測量には，**音響測深機を用いる。**

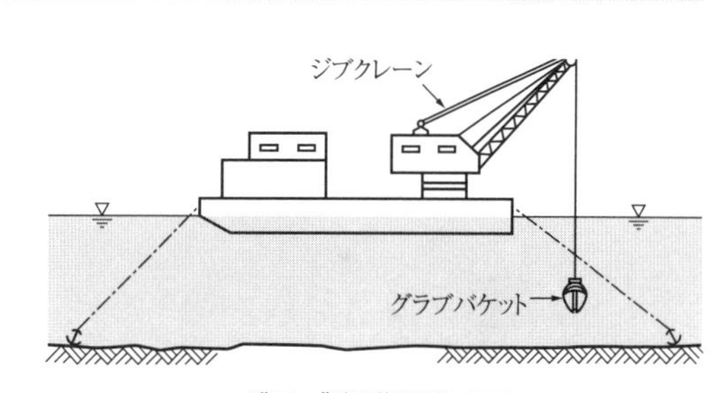

グラブ浚渫船模式図

試験によく出る重要事項

防波堤形式

①　直立堤：良好な地盤に適する。

②　傾斜堤：水深が浅い場所，小規模な防波堤，軟弱地盤に適する。

③　混成堤：水深が深い場所，軟弱地盤に適する。捨石部と直立部との境界付近に波力が集中し，洗掘されやすい。

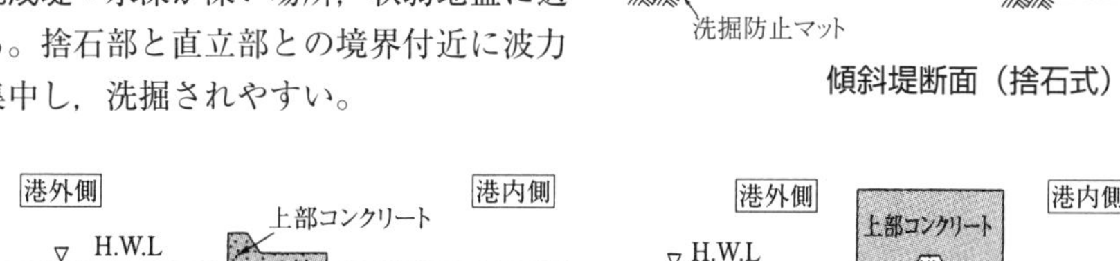

傾斜堤断面（捨石式）

ケーソン式混成堤（軟弱地盤例）

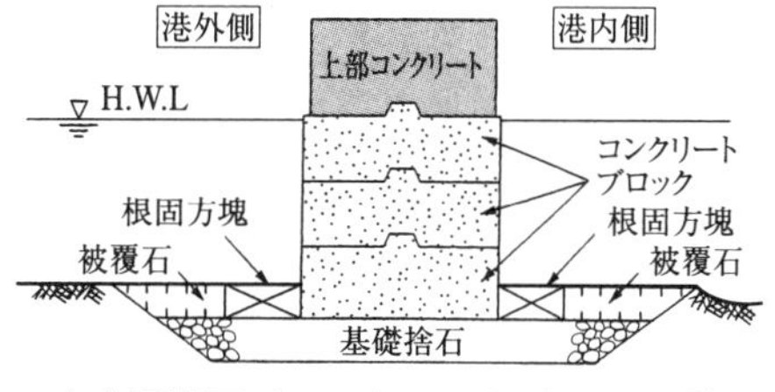

直立堤断面（コンクリートブロック式）

専門土木

2·6 鉄 道

● 2·6·1 軌道の構造

出題頻度 低■■■■■■高

1

鉄道の「軌道の用語」と「説明」に関する次の組合せのうち，**適当でないもの**はどれか。

［軌道の用語］　　　　　　［説明］

(1) スラック ……… 曲線部において列車の通過を円滑にするために軌間を縮小する量のこと

(2) カント ………… 曲線部において列車の転倒を防止するために曲線外側レールを高くすること

(3) 軌間 …………… 両側のレール頭部間の最短距離のこと

(4) スラブ軌道 …… プレキャストのコンクリート版を用いた軌道のこと

《R5 後－27》

2

鉄道工事における道床及び路盤の施工上の留意事項に関する次の記述のうち，**適当でないもの**はどれか。

(1) バラスト道床は，安価で施工・保守が容易であるが定期的な軌道の修正・修復が必要である。

(2) バラスト道床は，耐摩耗性に優れ，単位容積質量やせん断抵抗角が小さい砕石を選定する。

(3) 路盤は，軌道を支持するもので，十分強固で適当な弾性を有し，排水を考慮する必要がある。

(4) 路盤は，使用材料により，粒度調整砕石を用いた強化路盤，良質土を用いた土路盤等がある。

《R5 前－27》

3

鉄道工事における道床バラストに関する次の記述のうち，**適当でないもの**はどれか。

(1) 道床の役割は，マクラギから受ける圧力を均等に広く路盤に伝えることや，排水を良好にすることである。

(2) 道床に用いるバラストは，単位容積重量や安息角が小さく，吸水率が大きい，適当な粒径，粒度を持つ材料を使用する。

(3) 道床バラストに砕石が用いられる理由は，荷重の分布効果に優れ，マクラギの移動を抑える抵抗力が大きいためである。

(4) 道床バラストを貯蔵する場合は，大小粒が分離ならびに異物が混入しないようにしなければならない。

《R3 後－27》

〈p.76～77の解答〉 **正解** **9** (2), **10** (3), **11** (4), **12** (3)

4

鉄道の路盤の役割に関する次の記述のうち，**適当でないもの**はどれか。

(1) 軌道を十分強固に支持する。

(2) まくら木を緊密にむらなく保持する。

(3) 路床への荷重の分散伝達をする。

(4) 排水勾配を設け道床内の水を速やかに排除する。

《R1 後－27》

5

鉄道の道床バラストに関する次の記述のうち，道床バラストに砕石が使われる理由として**適当でないもの**はどれか。

(1) 荷重の分布効果に優れている。

(2) 列車荷重や振動に対して崩れにくい。

(3) 保守の省力化に優れている。

(4) マクラギの移動を抑える抵抗力が大きい。

《H30 後－27》

解説

1 (1) スラックとは，曲線部において列車の通過を円滑にするために**外側レールを基準に内側レールを内側（円の中心方向）へ広げること**。

2 (2) バラスト道床は，耐摩耗性に優れ，単位容積質量やせん断抵抗角が**大きな砕石**を選定する。

3 (2) 道床に用いるバラストは，単位容積重量や安息角が**大きく**，吸水率が**小さい**適当な粒径，粒度の材料を使用する。

4 (2) まくら木を緊密に保持するのは，**バラストなどの道床**である。

5 (3) バラスト軌道は**省力化軌道に比べ，保守の省力化に劣る**。

試験によく出る重要事項

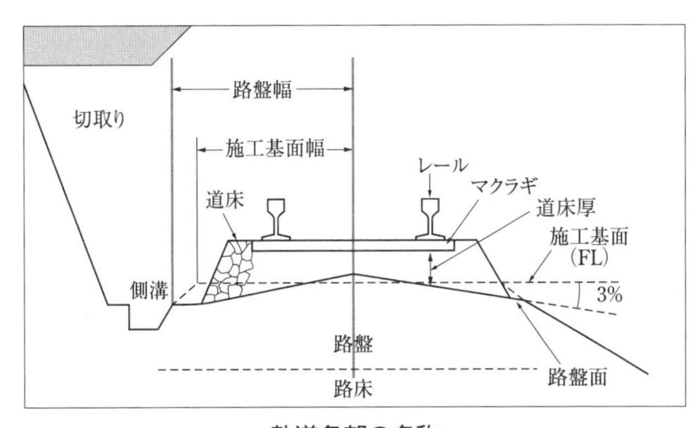

軌道各部の名称

6

□□□

鉄道工事における砕石路盤に関する次の記述のうち，**適当でないもの**はどれか。

(1)　砕石路盤は，軌道を安全に支持し，路床へ荷重を分散伝達し，有害な沈下や変形を生じないなどの機能を有する必要がある。

(2)　砕石路盤の施工管理においては，路盤の層厚，平坦性，締固めの程度などが確保できるよう留意する。

(3)　砕石路盤の施工は，材料の均質性や気象条件などを考慮して，所定の仕上り厚さ，締固めの程度が得られるようにする。

(4)　砕石路盤は，噴泥が生じにくい材料の多層の構造とし，圧縮性が大きい材料を使用する。

《H27－27》

7

□□□

鉄道の道床，路盤，路床に関する次の記述のうち，**適当でないもの**はどれか。

(1)　線路は，レールや道床などの軌道とこれを支える基礎の路盤から構成される。

(2)　路盤は，使用する材料により良質土を用いた土路盤，粒度調整砕石を用いたスラグ路盤がある。

(3)　バラスト道床の砕石は，強固で耐摩耗性に優れ，せん断抵抗角の大きいものを選定する。

(4)　路床は，路盤の荷重が伝わる部分であり，切取地盤の路床では路盤下に排水層を設ける。

《H28－27》

8

□□□

「鉄道の用語」と「説明」に関する次の組合せのうち，**適当でないもの**はどれか。

	［鉄道の用語］		［説明］
(1)	線路閉鎖工事	………	線路内で，列車や車両の進入を中断して行う工事のこと
(2)	軌間	…………………	レールの車輪走行面より下方の所定距離以内における左右レール頭部間の最短距離のこと
(3)	緩和曲線	…………	鉄道車両の走行を円滑にするために直線と円曲線，又は二つの曲線の間に設けられる特殊な線形のこと
(4)	路盤	…………………	自然地盤や盛土で構築され，路床を支持する部分のこと

《R4後－27》

〈p.78～79の解答〉　**正解**　**1** (1)，**2** (2)，**3** (2)，**4** (2)，**5** (3)

解説

6 (4) 砕石路盤は，噴泥が生じにくく，**圧縮性の小さい材料**を使用する。

7 (2) 鉄道に用いられる路盤は，使用する材料により，土路盤（良質土，クラシャーラン）と**強化路盤**（スラグ路盤，砕石路盤等）がある。

8 (4) 路盤は**砕石やアスファルト混合物などで構成**され，**道床を支持**する部分である。

試験によく出る重要事項

軌道の変位など

① **カント**：外側レールを内側レールより高くする。
② **スラック**：外側レールを基準に，軌間を内方に拡大する。
③ **高低変位**：レール頭頂面の長さ方向での凹凸をいう。
④ **平面性変位**：軌道の平面に対するねじれの状態をいう。
⑤ **水準変位**：，左右レールの高さの差をいう。
⑥ **通り変位**：レール側面の長さ方向への凹凸をいう。
⑦ **マルチプルタイタンパ**：道床つき固め用軌道車。軌道修正は，道床つき固めで行う。
⑧ **線路こう上作業**：こう上量が 50 mm 以上となるときは，線路閉鎖を行う。

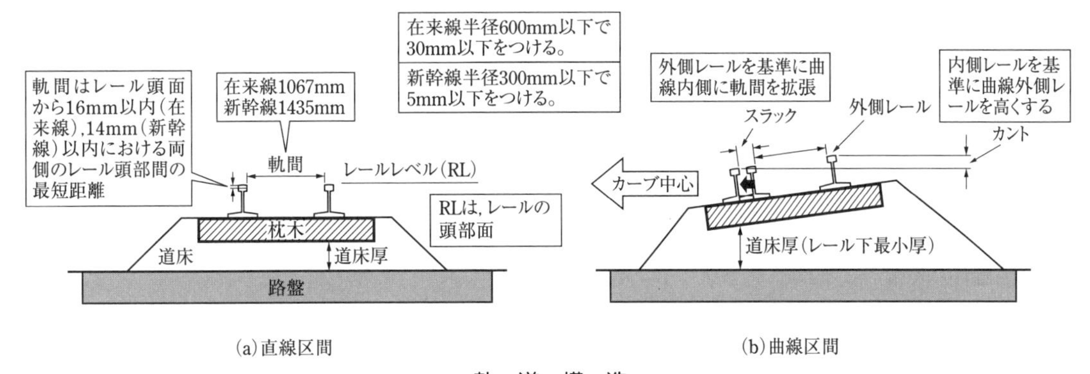

(a)直線区間　(b)曲線区間

軌　道　構　造

● 2・6・2　営業線近接工事

出題頻度　低■■■■■■高

9

□□□

鉄道の営業線近接工事に関する次の記述のうち，**適当でないもの**はどれか。

(1)　保安管理者は，工事指揮者と相談し，事故防止責任者を指導し，列車の安全運行を確保する。

(2)　重機械の運転者は，重機械安全運転の講習会修了証の写しを添えて，監督員等の承認を得る。

(3)　複線以上の路線での積みおろしの場合は，列車見張員を配置し，車両限界をおかさないように材料を置かなければならない。

(4)　列車見張員は，信号炎管・合図灯・呼笛・時計・時刻表・緊急連絡表を携帯しなければならない。

《R4後－28》

10

□□□

鉄道営業線における建築限界と車両限界に関する次の記述のうち，**適当でないもの**はどれか。

(1)　建築限界とは，建造物等が入ってはならない空間を示すものである。

(2)　曲線区間における建築限界は，車両の偏いに応じて縮小しなければならない。

(3)　車両限界とは，車両が超えてはならない空間を示すものである。

(4)　建築限界は，車両限界の外側に最小限必要な余裕空間を確保したものである。

《R3後－28》

11

□□□

鉄道（在来線）の営業線内及びこれに近接した工事に関する次の記述のうち，**適当でないもの**はどれか。

(1)　重機械による作業は，列車の近接から通過の完了まで建築限界をおかさないよう注意して行う。

(2)　工事場所が信号区間では，バール・スパナ・スチールテープ等の金属による短絡を防止する。

(3)　営業線での安全確保のため，所要の防護策を設け定期的に点検する。

(4)　重機械の運転者は，重機械安全運転の講習会修了証の写しを添え，監督員等の承認を得る。

《R5後－28》

12

□□□

鉄道（在来線）の営業線内工事における工事保安体制に関する次の記述のうち，**適当でないもの**はどれか。

(1)　列車見張員は，工事現場ごとに専任の者を配置しなければならない。

(2)　工事管理者は，工事現場ごとに専任の者を常時配置しなければならない。

〈p.80～81の解答〉　**正解**　**6** (4)，**7** (2)，**8** (4)

(3) 軌道作業責任者は，工事現場ごとに専任の者を配置しなければならない。
(4) 軌道工事管理者は，工事現場ごとに専任の者を常時配置しなければならない。

《R5 前－28》

13 鉄道（在来線）の営業線路内及び営業線近接工事の保安対策に関する次の記述のうち，**適当でないもの**はどれか。

(1) 列車接近合図を受けた場合は，列車見張員による監視を強化し安全に作業を行うこと。
(2) 重機械の使用を変更する場合は，必ず監督員などの承諾を受けて実施すること。
(3) ダンプ荷台やクレーンブームは，これを下げたことを確認してから走行すること。
(4) 工事用自動車を使用する場合は，工事用自動車運転資格証明書を携行すること。

《R2 後－28》

解説

9 (3) 複線以上の路線での積みおろしの場合は，列車見張員を配置し，**建築限界**をおかさないように材料を置かなければならない。

10 (2) 曲線区間における建築限界は，車両の偏位に応じて**拡大**しなければならない。

11 (1) 重機械による作業は，列車の近接から通過の完了まで**中止する**。

12 (3) 軌道作業責任者は，**作業集団ごとに**専任の者を配置しなければならない。

13 (1) 列車接近合図を受けた場合は，**列車の近接から通過の完了まで作業を中止**する。

試験によく出る重要事項

営業線近接工事

① **工事の一時中止**：乗務員に不安を与えるおそれのある工事は，列車の接近時から通過するまでの間，施工を一時中止する。
② **線路閉鎖工事**：定めた区間に列車を侵入させない保安処置をとった工事。
③ **作業表示標識**：列車進行方向の左側，乗務員の見やすい位置に建植する。設置においては，建築限界を侵すことのないようにする。
④ **列車見張員**：上下すべての線に，それぞれ配置する。
⑤ **作業員の歩行**：接触事故を防止するため，施工基面上を列車に向かって歩かせる。

2·7　地下工事

出題頻度　低■■■■■■高

1

シールド工法に関する次の記述のうち，**適当でないもの**はどれか。

(1)　泥水式シールド工法は，泥水を循環させ，泥水によって切羽の安定を図る工法である。

(2)　泥水式シールド工法は，掘削した土砂に添加材を注入して強制的に撹拌し，流体輸送方式によって地上に搬出する工法である。

(3)　土圧式シールド工法は，カッターチャンバー内に掘削した土砂を充満させ，切羽の土圧と平衡を保つ工法である。

(4)　土圧式シールド工法は，掘削した土砂をスクリューコンベヤで排土する工法である。

《R5後－29》

2

シールド工法に関する次の記述のうち，**適当でないもの**はどれか。

(1)　シールド工法は，開削工法が困難な都市の下水道工事や地下鉄工事等で用いられる。

(2)　シールド掘進後は，セグメント外周にモルタル等を注入し，地盤の緩みと沈下を防止する

(3)　シールドのフード部は，トンネル掘削する切削機械を備えている。

(4)　密閉型シールドは，ガーダー部とテール部が隔壁で仕切られている。

《R5前－29》

3

シールド工法に関する次の記述のうち，**適当でないもの**はどれか。

(1)　シールド工法は，開削工法が困難な都市の下水道工事や地下鉄工事をはじめ，海底道路トンネルや地下河川の工事等で用いられる。

(2)　シールド工法に使用される機械は，フード部，ガーダー部，テール部からなる。

(3)　泥水式シールド工法では，ずりがベルトコンベアによる輸送となるため，坑内の作業環境は悪くなる。

(4)　土圧式シールド工法は，一般に粘性土地盤に適している。

《R4後－29》

4

シールド工法に関する次の記述のうち，**適当でないもの**はどれか。

(1)　シールドのフード部には，切削機構を備えている。

(2)　シールドのガーダー部には，シールドを推進させるジャッキを備えている。

(3)　シールドのテール部には，覆工作業ができる機構を備えている。

(4)　フード部とガーダー部がスキンプレートで仕切られたシールドを密閉型シールドという。

《R3後－29》

〈p.82～83の解答〉　**正解**　**9** (3)，**10** (2)，**11** (1)，**12** (3)，**13** (1)

5

□□□

シールド工法に関する次の記述のうち，**適当でないもの**はどれか。

(1)　シールド工法は，開削工法が困難な都市の下水道，地下鉄，道路工事などで多く用いられる。

(2)　開放型シールドは，フード部とガーダー部が隔壁で仕切られている。

(3)　シールド工法に使用される機械は，フード部，ガーダー部，テール部からなる。

(4)　発進立坑は，シールド機の掘削場所への搬入や掘削土の搬出などのために用いられる。

《R1 前－29》

6

□□□

シールド工法に関する次の記述のうち，**適当でないもの**はどれか。

(1)　泥水式シールド工法は，巨礫の排出に適している工法である。

(2)　土圧式シールド工法は，切羽の土圧と掘削土砂が平衡を保ちながら掘進する工法である。

(3)　土圧シールドと泥土圧シールドの違いは，添加材注入装置の有無である。

(4)　泥水式シールド工法は，切削された土砂を泥水とともに坑外まで流体輸送する工法である。

《R1 後－29》

解説

1　(2)　泥水式シールド工法は，掘削した土砂を**泥水とともに排泥管**で流体輸送する。添加剤は泥土圧式シールドで使用する。

2　(4)　密閉型シールドは，**フード部とガーダー部**が隔壁で仕切られている。

3　(3)　泥水式シールド工法では，ずりが排泥管による輸送となるため，坑内の**作業環境は良く**なる。

4　(4)　フード部とガーダー部を**隔壁**で仕切られたシールドを密閉型シールドという。

5　(2)　開放型シールドは，フート部とガーダー部は**隔壁で仕切られていない**。

6　(1)　泥水式シールド工法は，巨礫の排出に**適していない**。

試験によく出る重要事項

シールド工法

①　**圧気式シールド**：空気圧（圧気）を加えることによって，湧水を防止しながら推進する工法である。透水性の低いシルトや粘土には効果的であるが，砂質土や砂礫の場合には，補助工法を用いないと湧水を止めることはできない。

②　**土圧式シールド**：掘削した土砂を回転カッターヘッドに充満して，切羽土圧と均衡させながら推進して，スクリューコンベアで排土する。

③　**泥水加圧式シールド**：加圧された泥水により，切羽の崩壊や湧水を阻止する工法である。流水となった掘削土を泥水配水管で排出し，水と泥とを地上で分離し，水を再度カッター前面に圧送する。

2·8　上下水道

● 2·8·1　上水道

出題頻度　低■■■■■■高

1

上水道に用いる配水管と継手の特徴に関する次の記述のうち，**適当でないもの**はどれか。

(1)　鋼管の継手の溶接は，時間がかかり，雨天時には溶接に注意しなければならない。

(2)　ポリエチレン管の融着継手は，雨天時や湧水地盤での施工が困難である。

(3)　ダクタイル鋳鉄管のメカニカル継手は，地震の変動への適応が困難である。

(4)　硬質塩化ビニル管の接着した継手は，強度や水密性に注意しなければならない。

《R5 後－30》

2

上水道の管布設工に関する次の記述のうち，**適当なもの**はどれか。

(1)　鋼管の運搬にあたっては，管端の非塗装部分に当て材を介して支持する。

(2)　管の布設にあたっては，原則として高所から低所に向けて行う。

(3)　ダクタイル鋳鉄管は，表示記号の管径，年号の記号を下に向けて据え付ける。

(4)　鋳鉄管の切断は，直管及び異形管ともに切断機で行うことを標準とする。

《R5 前－30》

3

上水道の導水管や配水管の特徴に関する次の記述のうち，**適当でないもの**はどれか。

(1)　ステンレス鋼管は，強度が大きく，耐久性があり，ライニングや塗装が必要である。

(2)　ダクタイル鋳鉄管は，強度が大きく，耐腐食性があり，衝撃に強く，施工性がよい。

(3)　硬質塩化ビニル管は，耐腐食性や耐電食性にすぐれ，質量が小さく加工性がよい。

(4)　鋼管は，強度が大きく，強靭性があり，衝撃に強く，加工性がよい。

《R3 後－30》

4

上水道管きょの据付けに関する次の記述のうち，**適当でないもの**はどれか。

(1)　管を掘削溝内につり下ろす場合は，溝内のつり下ろし場所に作業員を立ち入らせない。

(2)　管のつり下ろし時に土留め用切ばりを一時取り外す必要がある場合は，必ず適切な補強を施す。

(3)　鋼管の据付けは，管体保護のため基礎に砕石を敷き均して行う。

(4)　管の据付けに先立ち，十分管体検査を行い，亀裂その他の欠陥がないことを確認する。

《R2 後－30》

〈p.84～85の解答〉　**正解**　**1** (2)，**2** (4)，**3** (3)，**4** (4)，**5** (2)，**6** (1)

5
□□□

上水道の管きょの継手に関する次の記述のうち，**適当でないもの**はどれか。
(1) ダクタイル鋳鉄管の接合に使用するゴム輪を保管する場合は，紫外線などにより劣化するので極力室内に保管する。
(2) 接合するポリエチレン管を切断する場合は，管軸に対して切口が斜めになるように切断する。
(3) ポリエチレン管を接合する場合は，削り残しなどの確認を容易にするため，切削面にマーキングをする。
(4) ダクタイル鋳鉄管の接合にあたっては，グリースなどの油類は使用しないようにし，ダクタイル鋳鉄管用の滑剤を使用する。

《H29－30》

解説

1 (3) ダクタイル鋳鉄管のメカニカル継手は，**地震の変動への適応ができる**。

2 (1) 記述は，適当である。
(2) 管の布設は，**低所から高所に向けて**行う。
(3) ダクタイル鋳鉄管は，表示記号の管径，年号の記号を**上に向けて**据え付ける。
(4) **異形管は切断してはいけない**。

3 (1) ステンレス鋼管は，強度が大きく，耐久性があり，ライニングや塗装が**不要**である。

4 (3) 鋼管の据付けは，管体保護のため**基礎に砂**を敷き均して行う。

5 (2) 接合するポリエチレン管を切断する場合は，管軸に対して**切口が直角**になるように切断する。

試験によく出る重要事項

1. 上水道

① **配水本管の埋設**：道路の中央より，土かぶり1.2 m以上とし，やむを得ないときには0.6 m以上とする。表示記号の管径・年号を上に向ける。
② **配水支管の埋設**：歩道，または，車道の片側に敷設する。歩道埋設の土かぶりは，90 cm程度を標準とし，やむを得ない場合は，50 cm以上とする。
③ **埋設物との離れ**：配水管が他の埋設物と接近する場合には，30 cm以上あける。
④ **配水管の据付け**：据付けは，受口を上流に向け，下流（低所）から上流（高所）に向かって施工する。
⑤ **ダクタイ鋳鉄管の切断**：管軸に直角とし，異形部を避ける。

2. 配水管の種類

① **鋳鉄管**：強度が大きく，耐食性がある。管内部に錆こぶが発生する。
② **ダクタイル鋳鉄管**：強度が大きく，耐食性がある。強靭性に富む。管内部に錆こぶが発生する。
③ **鋼管**：軽い。引張り強さやたわみ性が大，溶接が可能，ライニング管以外は腐食に弱い。
④ **水道用硬質塩化ビニル管**：耐食性が大で，価格が安い。電食の恐れがない。内面粗度が変化しない。衝撃・熱・紫外線に弱い。
⑤ **ステンレス鋼管**：管体強度が大きく，耐久性がある。ライニング・塗装が不要。

●2・8・2　下水道

出題頻度　低■■■■■■高

6

下水道の剛性管渠を施工する際の下記の「基礎地盤の土質区分」と「基礎の種類」の組合せとして，**適当なもの**は次のうちどれか。

［基礎地盤の土質区分］

(イ)　軟弱土（シルト及び有機質土）

(ロ)　硬質土（硬質粘土，礫混じり土及び礫混じり砂）

(ハ)　極軟弱土（非常に緩いシルト及び有機質土）

［基礎の種類］

砂基礎　　コンクリート基礎　　鉄筋コンクリート基礎

	(イ)	(ロ)	(ハ)
(1)	砂基礎	コンクリート基礎	鉄筋コンクリート基礎
(2)	コンクリート基礎	砂基礎	鉄筋コンクリート基礎
(3)	鉄筋コンクリート基礎	砂基礎	コンクリート基礎
(4)	砂基礎	鉄筋コンクリート基礎	コンクリート基礎

《R5後－31》

7

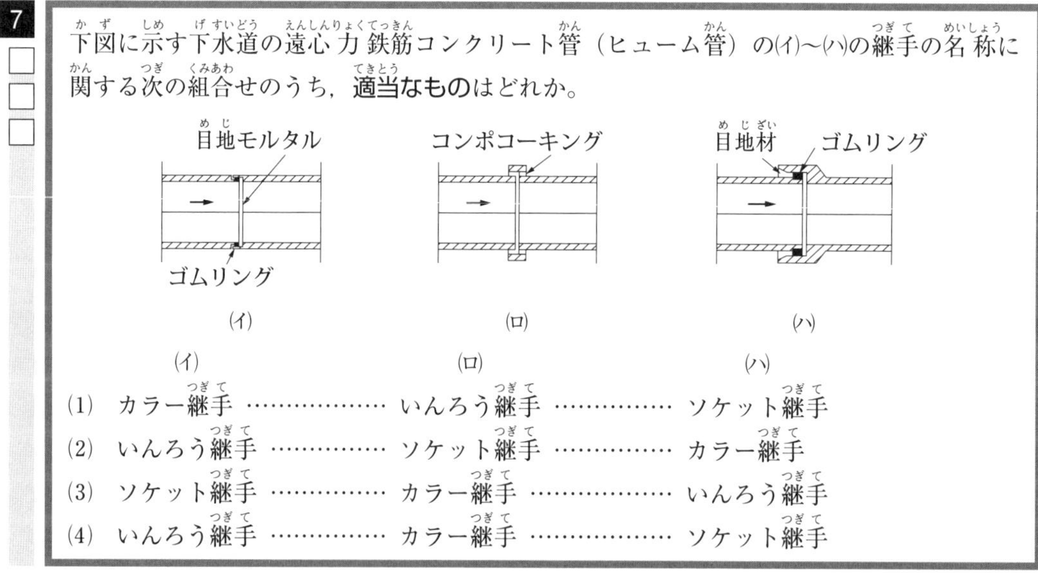

下図に示す下水道の遠心力鉄筋コンクリート管（ヒューム管）の(イ)～(ハ)の継手の名称に関する次の組合せのうち，**適当なもの**はどれか。

	(イ)	(ロ)	(ハ)
(1)	カラー継手	いんろう継手	ソケット継手
(2)	いんろう継手	ソケット継手	カラー継手
(3)	ソケット継手	カラー継手	いんろう継手
(4)	いんろう継手	カラー継手	ソケット継手

《R5前－31》

〈p.86～87の解答〉　**正解**　**1** (3)，**2** (1)，**3** (1)，**4** (3)，**5** (2)

8
□□□

下水道管路の耐震性能を確保するための対策に関する次の記述のうち，**適当でないもの**はどれか。

(1)　マンホールと管きょとの接続部における可とう継手の設置。
(2)　応力変化に抵抗できる管材などの選定。
(3)　マンホールの沈下のみの抑制。
(4)　埋戻し土の液状化対策。

《R1後－31》

9
□□□

下水道の管きょの接合に関する次の記述のうち，**適当でないもの**はどれか。

(1)　段差接合は，緩い勾配の地形でのヒューム管の管きょなどの接続に用いられる。
(2)　管底接合は，上流が上がり勾配の地形に適し，ポンプ排水の場合は有利である。
(3)　階段接合は，急な勾配の地形での現場打ちコンクリート構造の管きょなどの接続に用いられる。
(4)　管頂接合は，下流が下り勾配の地形に適し，下流ほど管きょの埋設深さが増して工事費が割高になる場合がある。

《H29－31》

解説

6　(2)　(イ)　軟弱土はコンクリート基礎　(ロ)　硬質土は砂基礎　(ハ)　極軟弱土は鉄筋コンクリート基礎　の組合せが適当である。

7　(4)　(イ)　いんろう継手　(ロ)　カラー継手　(ハ)　ソケット継手

8　(3)　マンホールだけでなく，**管きょの沈下も抑制**する。

9　(1)　段差接合は，**急な勾配**の地形で用いられる。

試験によく出る重要事項

管きょには，剛性管渠（きょ）と可とう性管渠（きょ）があり，地盤条件にあわせて種々の基礎が用いられる。管きょの種類と基礎工の関係を下表に示す。

管渠の種類と基礎工の関係

地盤＼管種	剛性管		可とう性管	
	鉄筋コンクリート管	陶管	硬質塩化ビニル管・強化プラスチック複合管	ダクタイル鋳鉄管・鋼管
硬質土 硬質粘土・礫混じり土・礫混じり砂 普通土 砂・ローム・砂質粘土	砂基礎 砕石基礎 枕土台基礎	砂基礎 砕石基礎 枕土台基礎	砂基礎 砕石基礎	砂基礎
軟弱土 シルト・有機質土	はしご胴木基礎 コンクリート基礎	砕石基礎 コンクリート基礎	砂基礎 ベッドシート基礎 ソイルセメント基礎 砕石基礎	砕石基礎
極軟弱土 非常にゆるいシルトおよび有機質土	はしご胴木基礎 鳥居基礎 鉄筋コンクリート基礎	鉄筋コンクリート基礎	ベッドシート基礎 ソイルセメント基礎 はしご胴木基礎 鳥居基礎 布基礎	砂基礎 はしご胴木基礎 布基礎

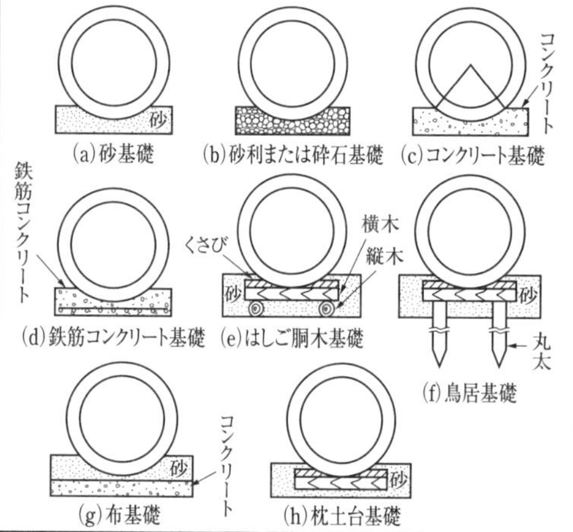

(a)砂基礎　(b)砂利または砕石基礎　(c)コンクリート基礎　(d)鉄筋コンクリート基礎　(e)はしご胴木基礎　(f)鳥居基礎　(g)布基礎　(h)枕土台基礎

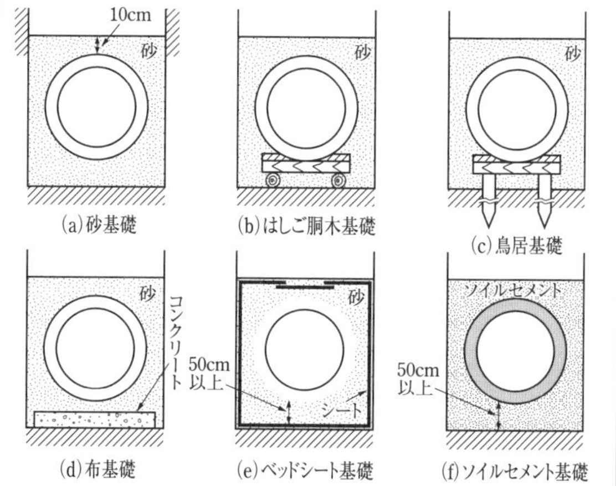

(a)砂基礎　(b)はしご胴木基礎　(c)鳥居基礎　(d)布基礎　(e)ベッドシート基礎　(f)ソイルセメント基礎

〈p.88～89の解答〉　**正解**　**6** (2),　**7** (4),　**8** (3),　**9** (1)

土木法規

● 過去5年間（6回分）の出題内容と出題数 ●

	出題内容	令和 5後	5前	4後	3後	2後	元後	計
労働法関係法	労働契約，労働時間，休憩，就業規則，災害補償	1	1	2	1	1		6
	女性，年少者の就業制限	1			1	1	1	4
	解雇，賃金		1				1	2
	作業主任者	1	1	1	1	1	1	6
	小計	3	3	3	3	3	3	18
国土交通省関係法	技術者制度（主任技術者等），建設業法	1	1	1	1	1	1	6
	道路の占用		1		1	1		3
	通行制限，車両制限令	1		1			1	3
	河川管理者の許可，河川法	1	1	1	1	1	1	6
	用語（建築設備，主要構造物，建ぺい率等）	1	1	1	1	1	1	6
	小計	4	4	4	4	4	4	24
火薬類取締法	火薬の取扱い	1	1	1	1	1	1	6
	小計	1	1	1	1	1	1	6
騒音・振動規制法	騒音規制法の特定建設作業	1		1		1		3
	振動規制法の特定建設作業	1	1	1	1	1	1	6
	地域指定，届出，基準		1		1		1	3
	小計	2	2	2	2	2	2	12
港則法	船舶航路，航法	1	1	1	1	1	1	6
	小計	1	1	1	1	1	1	6
合計		11	11	11	11	11	11	

3・1 労働基準法

● 3・1・1 労働時間・休日・賃金

出題頻度　低■■■■■■■高

1

労働時間，休憩，年次有給休暇に関する次の記述のうち，労働基準法上，**誤っているもの**はどれか。

(1) 使用者は，労働者に対して，労働時間が8時間を超える場合には少なくとも1時間の休憩時間を労働時間の途中に与えなければならない。

(2) 使用者は，労働者に対して，原則として毎週少なくとも1回の休日を与えなければならない。

(3) 使用者は，労働組合との協定により，労働時間を延長して労働させる場合でも，延長して労働させた時間は1箇月に150時間未満でなければならない。

(4) 使用者は，雇入れの日から6箇月間継続勤務し全労働日の8割以上出勤した労働者には，10日の有給休暇を与えなければならない。

《R4後－32》

2

労働時間及び休日に関する次の記述のうち，労働基準法上，**正しいもの**はどれか。

(1) 使用者は，労働者に対して，毎週少なくとも1回の休日を与えるものとし，これは4週間を通じ4日以上の休日を与える使用者についても適用する。

(2) 使用者は，坑内労働においては，労働者が坑口に入った時刻から坑口を出た時刻までの時間を，休憩時間を除き労働時間とみなす。

(3) 使用者は，労働者に休憩時間を与える場合には，原則として，休憩時間を一斉に与え，自由に利用させなければならない。

(4) 使用者は，労働者を代表する者との書面又は口頭による定めがある場合は，1週間に40時間を超えて，労働者を労働させることができる。

《R3後－32》

3

労働時間，休憩に関する次の記述のうち，労働基準法上，**誤っているもの**はどれか。

(1) 使用者は，原則として労働者に，休憩時間を除き1週間に40時間を超えて，労働させてはならない。

(2) 災害その他避けることのできない事由によって，臨時の必要がある場合は，使用者は，行政官庁の許可を受けて，労働時間を延長することができる。

(3) 使用者は，労働時間が8時間を超える場合においては労働時間の途中に少なくとも45分の休憩時間を，原則として，一斉に与えなければならない。

(4) 労働時間は，事業場を異にする場合においても，労働時間に関する規定の適用について通算する。

《R5後－32》

4

賃金に関する次の記述のうち，労働基準法上，**誤っているもの**はどれか。

(1)　賃金とは，労働の対償として使用者が労働者に支払うすべてのものをいう。

(2)　未成年者の親権者又は後見人は，未成年者の賃金を代って受け取ることができる。

(3)　賃金の最低基準に関しては，最低賃金法の定めるところによる。

(4)　賃金は，原則として，通貨で，直接労働者に，その全額を支払わなければならない。

《R5前－32》

5

賃金の支払いに関する次の記述のうち，労働基準法上，**誤っているもの**はどれか。

(1)　賃金とは，賃金，給料，手当，賞与その他名称の如何を問わず，労働の対償として使用者が労働者に支払うすべてのものをいう。

(2)　賃金は，通貨で，直接又は間接を問わず労働者に，その全額を毎月1回以上，一定の期日を定めて支払わなければならない。

(3)　使用者は，労働者が女性であることを理由として，賃金について，男性と差別的取扱いをしてはならない。

(4)　平均賃金とは，これを算定すべき事由の発生した日以前3箇月間にその労働者に対し支払われた賃金の総額を，その期間の総日数で除した金額をいう。

《R3前－32》

土木法規

解説

1　(3)　使用者は，労働組合との協定により，労働時間を延長して労働させる場合でも，延長して労働させた時間は1箇月について**45時間未満**，1年について**360時間未満**でなければならない。

2　(1)　4週間を通じ4日以上の休日を与える使用者には**適用されない**。

(2)　**休憩時間を含め**労働時間とみなす。

(3)　記述は，正しい。

(4)　**労働者の過半数を超える代表者と書面による協定**が必要である。

3　(3)　労働時間が8時間を超える場合は，労働時間の途中に少なくとも**1時間**の休憩時間を，原則として一斉に与えなければならない。

4　(2)　未成年者の親権者又は後見人は，未成年者の賃金を代って**受けとることはできない**。

5　(4)　平均賃金とは，事由の発生した日以前3箇月間にその労働者に支払われた賃金の総額から**一定の範囲に属さないものなどを控除**した金額を，その期間の総日数で除した金額をいう。

●3・1・2　災害補償

出題頻度　低■■■■□□高

6

□
□
□

災害補償に関する次の記述のうち，労働基準法上，**誤っているもの**はどれか。

(1)　労働者が業務上疾病にかかった場合においては，使用者は，必要な療養費用の一部を補助しなければならない。

(2)　労働者が業務上負傷し，又は疾病にかかった場合の補償を受ける権利は，差し押さえてはならない。

(3)　労働者が業務上負傷し治った場合に，その身体に障害が存するときは，使用者は，その障害の程度に応じて障害補償を行わなければならない。

(4)　労働者が業務上死亡した場合においては，使用者は，遺族に対して，遺族補償を行わなければならない。

《R5前－33》

7

□
□
□

災害補償に関する次の記述のうち，労働基準法上，**誤っているもの**はどれか。

(1)　労働者が業務上負傷し，又は疾病にかかった場合においては，使用者は，その費用で必要な療養を行い，又は必要な療養の費用を負担しなければならない。

(2)　労働者が重大な過失によって業務上負傷し，かつ使用者がその過失について行政官庁へ届出た場合には，使用者は障害補償を行わなくてもよい。

(3)　労働者が業務上負傷した場合，その補償を受ける権利は，労働者の退職によって変更されることはない。

(4)　業務上の負傷，疾病又は死亡の認定等に関して異議のある者は，行政官庁に対して，審査又は事件の仲裁を申し立てることができる。

《R4後－33》

8

□
□
□

災害補償に関する次の記述のうち，労働基準法上，**正しいもの**はどれか。

(1)　労働者が業務上死亡した場合は，使用者は，遺族に対して，平均賃金の5年分の遺族補償を行わなければならない。

(2)　労働者が業務上の負傷，又は疾病の療養のため，労働することができないために賃金を受けない場合は，使用者は，労働者の賃金を全額補償しなければならない。

(3)　療養補償を受ける労働者が，療養開始後3年を経過しても負傷又は疾病がなおらない場合は，使用者は，その後の一切の補償を行わなくてよい。

(4)　労働者が重大な過失によって業務上負傷し，且つその過失について行政官庁の認定を受けた場合は，使用者は，休業補償又は障害補償を行わなくてもよい。

《R3前－33》

〈p.92～93の解答〉　**正解**　**1** (3)，**2** (3)，**3** (3)，**4** (2)，**5** (4)

9

災害補償に関する次の記述のうち，労働基準法上，**正しいもの**はどれか。

(1) 労働者が業務上負傷し療養のため，労働することができないために賃金を受けない場合には，使用者は，平均賃金の全額の休業補償を行わなければならない。

(2) 労働者が業務上負傷し治った場合に，その身体に障害が残ったときは，使用者は，その障害が重度な場合に限って，障害補償を行わなければならない。

(3) 労働者が重大な過失によって業務上負傷し，且つ使用者がその過失について行政官庁の認定を受けた場合においては，休業補償又は障害補償を行わなくてもよい。

(4) 労働者が業務上負傷した場合に，労働者が災害補償を受ける権利は，この権利を譲渡し，又は差し押さえることができる。

《R1 前－33》

解説

6 (1) 使用者は，必要な療養費用を**全額負担**しなければならない。

7 (2) 労働者が重大な過失によって業務上負傷し，かつ使用者がその過失について行政官庁の**認定を受けた場合**は，使用者は障害補償を行わなくともよい。

8 (1) 平均賃金の**1000 日分**の遺族補償を行わなければならない。

(2) 平均賃金の**60%**を休業補償として支払わなければならない。

(3) 療養開始後3年を経過しても負傷又は疾病がなおらない場合，使用者は，**1200 日分の打切り補償**を行えば，その後補償を行わなくともよい。

(4) 記述は，正しい。

9 (1) 平均賃金の**60%以上**の休業補償を行わなければならない。

(2) その**障害の程度に応じて**，障害補償を行わなければならない。

(3) 記述は，正しい。

(4) 労働者が災害補償を受ける権利は，**譲渡**することも，**差し押さえることもできない**。

● 3･1･3　就業規則・就業制限

出題頻度　低■■■■■□高

10
□
□
□

就業規則に関する記述のうち，労働基準法上，**誤っているもの**はどれか。

(1) 使用者は，常時使用する労働者の人数にかかわらず，就業規則を作成しなければならない。

(2) 就業規則は，法令又は当該事業場について適用される労働協約に反してはならない。

(3) 使用者は，就業規則の作成又は変更について，労働者の過半数で組織する労働組合がある場合にはその労働組合の意見を聴かなければならない。

(4) 就業規則には，賃金（臨時の賃金等を除く）の決定，計算及び支払いの方法等に関する事項について，必ず記載しなければならない。

《R4前－32》

11
□
□
□

年少者の就業に関する次の記述のうち，労働基準法上，**正しいもの**はどれか。

(1) 使用者は，児童が満15歳に達する日まで，児童を使用することはできない。

(2) 親権者は，労働契約が未成年者に不利であると認められる場合においても，労働契約を解除することはできない。

(3) 後見人は，未成年者の賃金を未成年者に代って請求し受け取らなければならない。

(4) 使用者は，満18才に満たない者に，運転中の機械や動力伝導装置の危険な部分の掃除，注油をさせてはならない。

《R4前－33》

12
□
□
□

年少者の就業に関する次の記述のうち，労働基準法上，**誤っているもの**はどれか。

(1) 使用者は，満18才に満たない者について，その年齢を証明する戸籍証明書を事業場に備え付けなければならない。

(2) 親権者又は後見人は，未成年者に代って使用者との間において労働契約を締結しなければならない。

(3) 満18才に満たない者が解雇の日から14日以内に帰郷する場合は，使用者は，必要な旅費を負担しなければならない。

(4) 未成年者は，独立して賃金を請求することができ，親権者又は後見人は，未成年者の賃金を代わって受け取ってはならない。

《R3後－33》

〈p.94～95の解答〉　**正解**　**6** (1)，**7** (2)，**8** (4)，**9** (3)

13

満18才に満たない者の就労に関する次の記述のうち，労働基準法上，**誤っているもの**はどれか。

(1)　使用者は，毒劇薬，又は爆発性の原料を取り扱う業務に就かせてはならない。

(2)　使用者は，その年齢を証明する後見人の証明書を事業場に備え付けなければならない。

(3)　使用者は，動力によるクレーンの運転をさせてはならない。

(4)　使用者は，坑内で労働させてはならない。

《R5後－33》

解説

10　(1)　使用者は，常時使用する労働者が**10人以上**の場合，就業規則を作成しなければならない。

11　(1)　児童が**満15歳に達した日以後の最初の3月31日が終了するまで**，使用できない。

(2)　親権者は労働契約が不利であると認められる場合は，労働契約を**解除できる**。

(3)　後見人は，未成年者の賃金を未成年者に代って請求し**受け取ることはできない**。

(4)　記述は，正しい。

12　(2)　親権者又は後見人は，未成年者に代って労働契約を**締結してはならない**。

13　(2)　使用者は，その年齢を証明する**戸籍証明書**を事業場に備え付けなければならない。

試験によく出る重要事項

就業制限

1.　**重量取扱い業務の禁止**（年少者労働基準規則第7条）

年　　齢	断続作業の場合の重量	断続作業の場合の重量
満16歳未満	女12 kg，男15 kg	女8 kg，男10 kg
満16歳以上満18歳未満	女25 kg，男30 kg	女15 kg，男20 kg
満18歳以上の女性	30 kg	20 kg

2.　**妊産婦等の就業制限業務**[*1]（抜粋）

業　務　範　囲	妊婦	産婦	その他の女性
①　深夜業の業務（妊産婦が請求をしたとき。）	△	△	○
②　坑内労働（一部の業務の従事者を除く。）	×	×	×
③　吊り上げ荷重が5t以上のクレーン，デリックの運転	×	△	○
④　クレーン，デリックの玉掛けの業務[*2]	×	△	○
⑤　土砂が崩壊するおそれのある場所または深さが5m以上の地穴における業務	×	○	○
⑥　高さ5m以上の墜落のおそれのあるところにおける業務	×	○	○
⑦　さく岩機・鋲打機等，身体に著しい振動を与える機械・器具を用いて行う業務	×	×	○

＊1.　×…就かせてはならない業務　　△…申し出た場合，就かせてはならない業務
　　○…就かせてもさしつかえない業務

2.　2人以上の者によって行う玉掛けの業務における補助作業の業務を除く。

3・2 労働安全衛生法

● 3・2・1 作業主任者

出題頻度 低■■■■■□高

1

労働安全衛生法上，作業主任者の選任を必要としない作業は，次のうちどれか。

(1) 土止め支保工の切りばり又は腹起こしの取付け又は取り外しの作業
(2) 高さが5m以上のコンクリート造の工作物の解体又は破壊の作業
(3) 既製コンクリート杭の杭打ちの作業
(4) 掘削面の高さが2m以上となる地山の掘削の作業

《R5後－34》

2

労働安全衛生法上，事業者が，技能講習を修了した作業主任者を選任しなければならない作業として，**該当しないもの**は次のうちどれか。

(1) 高さが3mのコンクリート橋梁上部構造の架設の作業
(2) 型枠支保工の組立て又は解体の作業
(3) 掘削面の高さが2m以上となる地山の掘削の作業
(4) 土止め支保工の切りばり又は腹起こしの取付け又は取り外しの作業

《R5前－34》

3

事業者が，技能講習を修了した作業主任者でなければ就業させてはならない作業に関する次の記述のうち，労働安全衛生法上，**該当しないもの**はどれか。

(1) 高さが3m以上のコンクリート造の工作物の解体又は破壊の作業
(2) 掘削面の高さが2m以上となる地山の掘削の作業
(3) 土止め支保工の切りばり又は腹起こしの取付け又は取り外しの作業
(4) 型枠支保工の組立て又は解体の作業

《R4前－34》

4

作業主任者の選任を必要としない作業は，労働安全衛生法上，次のうちどれか。

(1) 土止め支保工の切りばり又は腹起こしの取付け又は取り外しの作業
(2) 掘削面の高さが2m以上となる地山の掘削の作業
(3) 道路のアスファルト舗装の転圧の作業
(4) 高さが5m以上のコンクリート造の工作物の解体又は破壊の作業

《R4後－34》

〈p.96～97の解答〉　正解　**10** (1)，**11** (4)，**12** (2)，**13** (2)

5

労働安全衛生法上，作業主任者の選任を**必要としない**作業は，次のうちどれか。
(1)　高さが2m以上の構造の足場の組立て，解体又は変更の作業
(2)　土止め支保工の切りばり又は腹起しの取付け又は取り外しの作業
(3)　型枠支保工の組立て又は解体の作業
(4)　掘削面の高さが2m以上となる地山の掘削作業

《R3後－34》

解説

1　(3)　既製コンクリート杭の杭打ち作業は，作業主任者の**選任を必要としない**。

2　(1)　高さが3mのコンクリート橋梁上部構造の架設の作業は，作業主任者の**選任を必要としない**。（5m以上なら選任が必要である。）

3　(1)　高さが3m以上のコンクリート造の工作物の解体又は破壊の作業は**該当しない**。高さ5m**以上**は該当する。

4　(3)　道路のアスファルト舗装の転圧の作業は，作業主任者の**選任の必要がない**。

5　(1)　高さが2mの場合は必要としない。5m以上の場合は，作業主任者の**選任が必要**である。

試験によく出る重要事項

作業主任者一覧

	名　称	選任すべき作業
①	高圧室内作業主任者（免）	高圧室内作業
②	ガス溶接作業主任者（免）	アセチレン等を用いて行う金属の溶接・溶断・加熱作業
③	コンクリート破砕器作業主任者（技）	コンクリート破砕器を用いて行う破砕作業
④	地山掘削作業主任者（技）	掘削面の高さが2m以上となる地山掘削作業
⑤	土留め支保工作業主任者（技）	土止め支保工の切梁・腹起しの取付け・取外し作業
⑥	型枠支保工の組立等作業主任者（技）	型枠支保工の組立解体作業
⑦	足場の組立等作業主任者（技）	吊り足場・張出し足場または高さ5m以上の構造の足場の組立・解体作業（ゴンドラを除く）
⑧	鉄骨の組立等作業主任者（技）	建築物の骨組または塔であって，橋梁の上部構造で金属製部材で構成される5m以上のものの組立・解体作業
⑨	酸素欠乏危険作業主任者（技）	酸素欠乏・硫化水素危険場所における作業
⑩	ずい道等の掘削等作業主任者（技）	ずい道等の掘削作業またはこれに伴うずり積み，ずい道支保工の組立，ロックボルトの取付け，もしくはコンクリートの吹付け作業
⑪	ずい道等の覆工作業主任者（技）	ずい道等の覆工作業
⑫	コンクリート造の工作物の解体等作業主任者(技)	その高さが5m以上のコンクリート造の工作物の解体または破壊の作業
⑬	コンクリート橋架設作業主任者（技）	上部構造の高さが5m以上のものまたは支間が30m以上であるコンクリート造の橋梁の架設・解体，変更作業
⑭	鋼橋架設等作業主任者（技）	上部構造の高さが5m以上のものまたは支間が30m以上である金属製の部材により構成される橋梁の架設・解体または変更の作業

（免）　免許を受けた者　　（技）　技能講習を終了した者

● 3·2·2 計画の届出，教育

出題頻度　低■■■□□□高

6

事業者が労働者に対して特別の教育を行わなければならない業務に関する次の記述のうち，労働安全衛生法上，**該当しないもの**はどれか。

(1)　エレベーターの運転の業務

(2)　つり上げ荷重が1t未満の移動式クレーンの運転の業務

(3)　つり上げ荷重が5t未満のクレーンの運転の業務

(4)　アーク溶接作業の業務

《R3前－34》

7

事業者が労働者に対して特別の教育を行わなければならない業務に関する次の記述のうち，労働安全衛生法上，**該当しないもの**はどれか。

(1)　アーク溶接機を用いて行う金属の溶接，溶断等の業務

(2)　赤外線装置を用いて行う透過写真の撮影の業務

(3)　高圧室内作業に係る業務

(4)　建設用リフトの運転の業務

《H29－34》

8

労働基準監督署長に工事開始の14日前までに**計画の届出が必要のない工事**は，労働安全衛生法上，次のうちどれか。

(1)　ずい道の内部に労働者が立ち入るずい道の建設の仕事

(2)　最大支間50mの橋梁の建設の仕事

(3)　掘削の深さが8mである地山の掘削の作業を行う仕事

(4)　圧気工法による作業を行う仕事

《H27－34》

9

労働安全衛生法上，労働基準監督署長に工事開始の14日前までに**計画の届出を必要としない仕事**は，次のうちどれか。

(1)　掘削の深さが7mである地山の掘削の作業を行う仕事

(2)　圧気工法による作業を行う仕事

(3)　最大支間の50mの橋梁の建設等の仕事

(4)　ずい道等の内部に労働者が立ち入るずい道等の建設等の仕事

《H30後－34》

〈p.98～99の解答〉　**正解**　**1** (3),　**2** (1),　**3** (1),　**4** (3),　**5** (1)

10

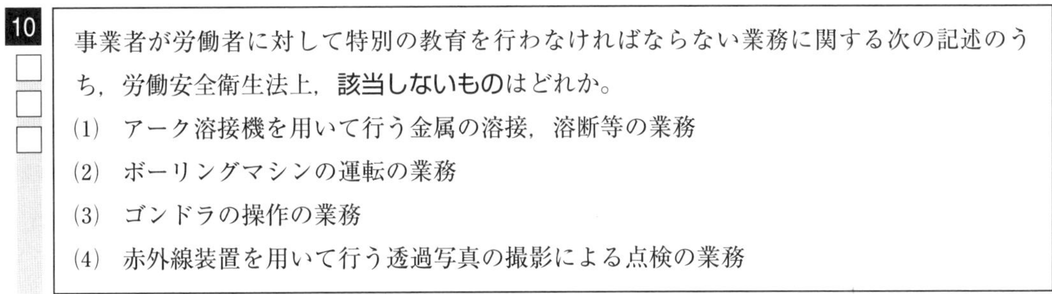

事業者が労働者に対して特別の教育を行わなければならない業務に関する次の記述のうち，労働安全衛生法上，**該当しないもの**はどれか。

(1)　アーク溶接機を用いて行う金属の溶接，溶断等の業務

(2)　ボーリングマシンの運転の業務

(3)　ゴンドラの操作の業務

(4)　赤外線装置を用いて行う透過写真の撮影による点検の業務

《R1 前－34》

解説

6　(1)　**エレベーターの運転の業務**は，特別な教育の業務に該当しない。

7　(2)　**透過写真の撮影の業務**は，特別な教育を行う必要がない。

8　(3)　掘削の深さが 10 m **以上の場合は，届け出る必要**がある。

9　(1)　掘削の深さが 10 m**以上の場合は届け出る必要**がある。

10　(4)　**透過写真の撮影による点検の業務**は，特別の教育を行う必要はない。

試験によく出る重要事項

1.　14 日前までに労働基準監督署長に届出の必要な工事

①　**高さ 31 m**を超える建築物または工作物（橋梁を除く）の建設，改造，解体または破壊（以下「建設等」という）の工事。

②　**最大支間 50 m以上**の橋梁の建設等の工事。

③　最大支間 30 m以上 50 m未満の橋梁の上部構造の建設等の工事。

④　ずい道などの建設等の工事（内部に労働者が立ち入らないものを除く）。

⑤　**掘削の高さまたは深さが 10 m以上**である地山の掘削の作業（掘削機械を用いる作業で，掘削面の下方に労働者が立ち入らないものは除く）を行う工事。

⑥　圧気工法による作業を行う工事。

2.　事業者行わなければならない安全衛生教育

①　労働者を雇い入れたとき。

②　危険または有害な業務で，法令に定めるものに労働者を就かせるとき。

③　労働者の作業内容を変更したとき。

3・3 建設業法

出題頻度 低■■■■■■高

1

建設業法に関する次の記述のうち，**誤っているもの**はどれか。

(1) 建設業とは，元請，下請その他いかなる名義をもってするかを問わず，建設工事の完成を請け負う営業をいう。
(2) 建設業者は，当該工事現場の施工の技術上の管理をつかさどる主任技術者を置かなければならない。
(3) 建設工事の施工に従事する者は，主任技術者がその職務として行う指導に従わなければならない。
(4) 公共性のある施設に関する重要な工事である場合，請負代金の額にかかわらず，工事現場ごとに専任の主任技術者を置かなければならない。

《R4後－35》

2

建設業法に関する次の記述のうち，**誤っているもの**はどれか。

(1) 建設工事の請負契約が成立した場合，必ず書面をもって請負契約書を作成する。
(2) 建設業者は，請け負った建設工事を，一括して他人に請け負わせてはならない。
(3) 主任技術者は，工事現場における工事施工の労務管理をつかさどる。
(4) 建設業者は，施工技術の確保に努めなければならない。

《R3後－35》

3

建設業法に関する次の記述のうち，**誤っているもの**はどれか。

(1) 建設業者は，請負契約を締結する場合，主な工種のみの材料費，労務費等の内訳により見積りを行うことができる。
(2) 元請負人は，作業方法等を定めるときは，事前に，下請負人の意見を聞かなければならない。
(3) 現場代理人と主任技術者はこれを兼ねることができる。
(4) 建設工事の施工に従事する者は，主任技術者又は監理技術者がその職務として行う指導に従わなければならない。

《R3前－35》

4

主任技術者及び監理技術者の職務に関する次の記述のうち，建設業法上，**正しいもの**はどれか。

(1) 当該建設工事の下請契約書の作成を行わなければならない。
(2) 当該建設工事の下請代金の支払いを行わなければならない。
(3) 当該建設工事の資機材の調達を行わなければならない。

〈p.100～101の解答〉 **正解** **6** (1), **7** (2), **8** (3), **9** (1), **10** (4)

(4) 当該建設工事の品質管理を行わなければならない。

《R5後－35》

5

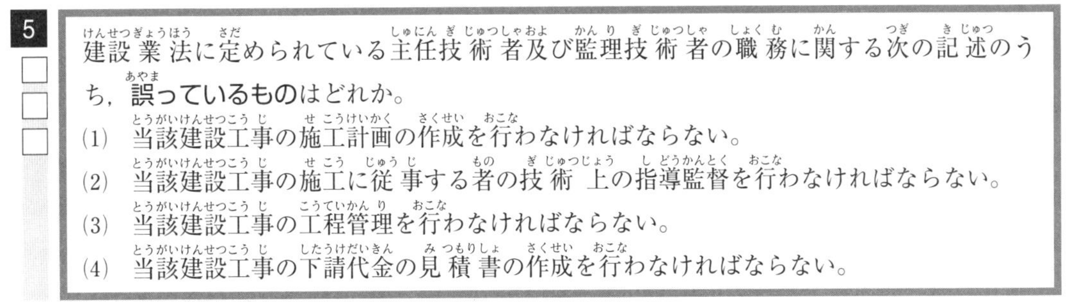

建設業法に定められている主任技術者及び監理技術者の職務に関する次の記述のうち，**誤っているもの**はどれか。

(1) 当該建設工事の施工計画の作成を行わなければならない。

(2) 当該建設工事の施工に従事する者の技術上の指導監督を行わなければならない。

(3) 当該建設工事の工程管理を行わなければならない。

(4) 当該建設工事の下請代金の見積書の作成を行わなければならない。

《R4前－35》

解説

1 (4) 公共性のある施設に関する重要な工事である場合，**請負代金の額が3500万円以上**のものについては，工事現場ごとに専任の主任技術者を置かなければならない。

2 (3) 主任技術者は，施工計画の作成，工程管理，品質管理その他の**技術上の管理**を行う。

3 (1) **すべての工種**の材料費，労務費等の内訳により見積りを行う。

4 (4) **品質管理**は，主任技術者及び監理技術者の職務である。(1)～(3)の職務は，事業者が行わなければならない。

5 (4) 当該建設工事の下請代金の見積書の作成は**職務ではない**。

試験によく出る重要事項

元請負人の義務

① **意見の聴取**：元請負人は，工事工程の細目，作業方法などを定めるときは，予め，下請負人の意見を聞かなければならない。

② **下請代金の支払**：元請負人は，注文者から，出来形部分または工事完成後における支払を受けたときは，支払を受けた日から1カ月以内で，かつ，できる限り短い期間内に，下請負人に，支払い対象となった施工部分に相当する下請代金を，支払わなければならない。

③ **検査および引渡し**：下請負人からその請け負った工事が完成した旨の通知を受けたときは，通知を受けた日から20日以内で，かつ，できる限り短い期間内に，完成確認の検査を行い，下請負人が申し出たときは，直ちに工事目的物の引渡しを受けなければならない。

④ **下請負人に対する特定建設業者の指導**：発注者から，直接，建設工事を請け負った特定建設業者は，その工事の下請負人が，関係法令の規定に違反しないように指導しなければならない。

⑤ **追加工事**：元請負人が下請負人に追加工事を行わせる場合は，その追加作業の着手前に，書面により契約変更を行わなければならない。

土木法規

3・4 道路法・道路交通法

出題頻度 低■■■■■■高

1

車両の最高限度に関する次の記述のうち，車両制限令上，**正しいもの**はどれか。

ただし，道路管理者が道路の構造の保全及び交通の危険の防止上支障がないと認めて指定した道路を通行する車両を除く。

(1) 車両の幅は，2.5 m である。

(2) 車両の輪荷重は，10 t である。

(3) 車両の高さは，4.5 m である。

(4) 車両の長さは，14 m である。

《R5後－36》

2

車両の最高限度に関する次の記述のうち，車両制限令上，**誤っているもの**はどれか。

ただし，高速自動車国道を通行するセミトレーラ連結車又はフルトレーラ連結車，及び道路管理者が国際海上コンテナの運搬用のセミトレーラ連結車の通行に支障がないと認めて指定した道路を通行する車両を除くものとする。

(1) 車両の最小回転半径の最高限度は，車両の最外側のわだちについて 12 m である。

(2) 車両の長さの最高限度は，15 m である。

(3) 車両の軸重の最高限度は，10 t である。

(4) 車両の幅の最高限度は，2.5 m である。

《R4後－36》

3

道路に工作物，物件又は施設を設け，継続して道路を使用しようとする場合において，道路管理者の許可を受けるために提出する申請書に記載すべき事項に**該当するもの**は，次のうちどれか。

(1) 施工体系図

(2) 建設業の許可番号

(3) 主任技術者名

(4) 工事実施の方法

《R5前－36》

4

道路に工作物又は施設を設け，継続して道路を使用する行為に関する次の記述のうち，道路法令上，占用の許可を**必要としないもの**はどれか。

(1) 道路の維持又は修繕に用いる機械，器具又は材料の常置場を道路に接して設置する場合

(2) 水管，下水道管，ガス管を設置する場合

〈p.102～103の解答〉 **正解** **1** (4)，**2** (3)，**3** (1)，**4** (4)，**5** (4)

(3)　電柱，電線，広告塔を設置する場合
(4)　高架の道路の路面下に事務所，店舗，倉庫，広場，公園，運動場を設置する場合

《R4前－36》

5

道路法令上，道路占用者が道路を掘削する場合に用いてはならない方法は，次のうちどれか。

(1)　えぐり掘
(2)　溝掘
(3)　つぼ掘
(4)　推進工法

《R3後－36》

土木法規

解説

1　(1)　記述は，正しい。
(2)　車両の輪荷重は，5t以下である。
(3)　車両の高さは，3.8m以下である。
(4)　車両の長さは，12m以下である。

2　(2)　車両の長さの最高限度は，12mである。

3　(4)　工事実施の方法が，**記載すべき事項に該当**する。

4　(1)　道路の維持又は修繕に用いる機械，器具又は材料の常置場を道路に接して設置する場合は，**占用の許可を必要としない**。

5　(1)　**えぐり掘り**は，用いてはならない。

試験によく出る重要事項

道路管理者の許可が必要な行為

①　**道路**：電柱・電線・水道管・下水道管・ガス管・郵便差出箱・広告塔等の設置。
②　**道路上**：工事用板囲い，足場，工事用資材置き場等の設置。

車両制限（いずれも，各数値以下であること）

①　**幅**：2.5m
②　**長さ**：12m（セミトレーラは16.5m）
③　**高さ**：3.8m（道路管理者が指定した道路を通行する車両は4.1m）
④　**輪荷重**：5t
⑤　**軸重**：10t
⑥　**最小回転半径**：12m
⑦　**車両総重量**：20t（高速自動車国道及び道路管理者が指定した道路は25t）

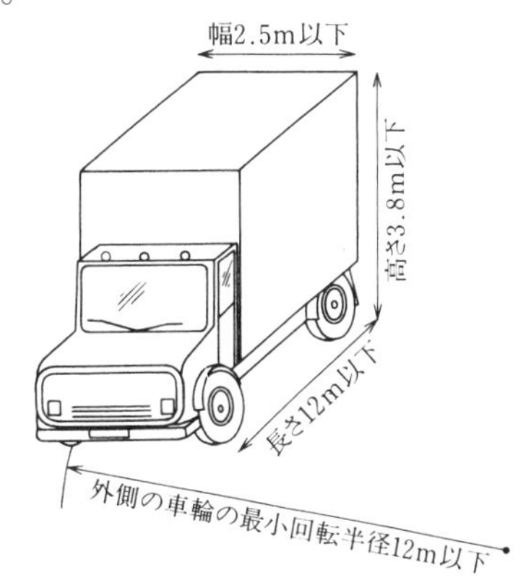

車両の寸法制限

3・5　河川法

出題頻度　低■■■■■■高

1

□□□

河川法上，河川区域内において，河川管理者の許可を**必要としないもの**は次のうちどれか。

(1)　河川区域内に設置されているトイレの撤去

(2)　河川区域内の上空を横断する送電線の改築

(3)　河川区域内の土地を利用した鉄道橋工事の資材置場の設置

(4)　取水施設の機能維持のために行う取水口付近に堆積した土砂の排除

《R5後－37》

2

□□□

河川法に関する河川管理者の許可について，次の記述のうち，**誤っているもの**はどれか。

(1)　河川区域内の土地において民有地に堆積した土砂などを採取する時は，許可が必要である。

(2)　河川区域内の土地において農業用水の取水機能維持のため，取水口付近に堆積した土砂を排除する時は，許可は必要ない。

(3)　河川区域内の土地において推進工法で地中に水道管を設置する時は，許可は必要ない。

(4)　河川区域内の土地において道路橋工事のための現場事務所や工事資材置場等を設置する時は，許可が必要である。

《R4前－37》

3

□□□

河川法に関する次の記述のうち，**誤っているもの**はどれか。

(1)　1級及び2級河川以外の準用河川の管理は，市町村長が行う。

(2)　河川法上の河川に含まれない施設は，ダム，堰，水門等である。

(3)　河川区域内の民有地での工事材料置場の設置は河川管理者の許可を必要とする。

(4)　河川管理施設保全のため指定した，河川区域に接する一定区域を河川保全区域という。

《R4後－37》

4

□□□

河川法に関する次の記述のうち，**誤っているもの**はどれか。

(1)　河川の管理は，原則として，一級河川を国土交通大臣，二級河川を都道府県知事がそれぞれ行う。

(2)　河川は，洪水，津波，高潮等による災害の発生が防止され，河川が適正に利用され，流水の正常な機能が維持され，及び河川環境の整備と保全がされるように総合的に管理される。

〈p.104～105の解答〉　**正解**　**1** (1)，**2** (2)，**3** (4)，**4** (1)，**5** (1)

(3) 河川区域には，堤防に挟まれた区域と堤内地側の河川保全区域が含まれる。

(4) 河川法上の河川には，ダム，堰，水門，床止め，堤防，護岸等の河川管理施設も含まれる。

《R1前－37》

5 □□□

河川法に関する次の記述のうち，**正しいもの**はどれか。

(1) 河川法上の河川には，ダム，堰，水門，堤防，護岸，床止め等の河川管理施設は含まれない。

(2) 河川保全区域とは，河川管理施設を保全するために河川管理者が指定した一定の区域である。

(3) 二級河川の管理は，原則として，当該河川の存する市町村長が行う。

(4) 河川区域には，堤防に挟まれた区域と堤内地側の河川保全区域が含まれる。

《R2後－37》

解説

1 (4) 取水口付近に堆積した土砂の排除は，**許可を必要としない。**

2 (3) 河川区域内の土地において，推進工法で地中に水道管を設置する時は，**許可が必要である。**

3 (2) 河川法上の**河川に含まれる**河川管理施設には，ダム，堰，水門等がある。

4 (3) 河川区域とは，堤防敷と堤防に挟まれた区域をいい，**河川保全区域は含まれない。**

5 (1) 河川法上の**河川**には，ダム，堰，水門，堤防，護岸等の**河川管理施設は含まれる。**

(2) 記述は，正しい。

(3) 二級河川の管理は，原則として**都道府県知事**が行う。

(4) 河川区域には，堤内地側の河川保全区域は**含まれない。**

試験によく出る重要事項

河川管理者の許可が必要な主な行為。

河川区域	土地の占用	公園・広場・鉄塔・橋台，工事用道路，上空の電線，高圧線，橋梁，地下のサイホン，下水管などの埋設物
	土石等の採取	砂・竹木・あし・かや・笹・埋木・じゅん菜，工事の際の土石の搬出・搬入
	工作物の新築等	工作物の新築・改築・除去（上空・地下・仮設物も対象）
	土地の掘削等	土地の掘削，盛土・切土，その他土地の形状を変更する行為，竹木の栽植・伐採
	流水の占用	排他独占的で長期的な使用
河川保全区域	① 土地の掘削または切土（深さ1m以上）。 ② 盛土（高さ3m以上，堤防に沿う長さ20m以上）。その他，土地の形状を変更する行為。 ③ 工作物の新築または改築（コンクリート造・石造・れんが造等の堅固なもの，および貯水池・水槽・井戸・水路等，水が浸水する恐れがあるもの）。	

注.「河川法施行令」第34条

3·6 建築基準法

出題頻度　低■■■■■■高

1

敷地面積 1000 m^2 の土地に，建築面積 500 m^2 の2階建ての倉庫を建築しようとする場合，建築基準法上，建ぺい率（%）として**正しいもの**は次のうちどれか。

(1)　50

(2)　100

(3)　150

(4)　200

《R5後－38》

2

建築基準法上，建築設備に**該当しないもの**は，次のうちどれか。

(1)　煙突

(2)　排水設備

(3)　階段

(4)　冷暖房設備

《R5前－38》

3

建築基準法に関する次の記述のうち，**誤っているもの**はどれか。

(1)　道路とは，原則として，幅員4m以上のものをいう。

(2)　建築物の延べ面積の敷地面積に対する割合を容積率という。

(3)　建築物の敷地は，原則として道路に1m以上接しなければならない。

(4)　建築物の建築面積の敷地面積に対する割合を建ぺい率という。

《R4後－38》

4

建築基準法上，主要構造部に**該当しないもの**は，次のうちどれか。

(1)　床

(2)　階段

(3)　付け柱

(4)　屋根

《R3後－38》

〈p.106～107の解答〉　**正解**　**1** (4)，**2** (3)，**3** (2)，**4** (3)，**5** (2)

5

建築基準法に定められている建築物の敷地と道路に関する下記の文章の［　　］の(イ), (ロ)に当てはまる次の数値の組合せのうち，**正しいもの**はどれか。

都市計画区域内の道路は，原則として幅員［(イ)］m以上のものをいい，建築物の敷地は，原則として道路に［(ロ)］m以上接しなければならない。

	(イ)		(ロ)
(1)	3	……………	2
(2)	3	……………	3
(3)	4	……………	2
(4)	4	……………	3

《R2後－38》

6

建築基準法に関する次の記述のうち，**誤っているもの**はどれか。

(1)　建ぺい率は，建築物の建築面積の敷地面積に対する割合である。

(2)　特殊建築物は，学校，病院，劇場などをいう。

(3)　容積率は，建築物の延べ面積の敷地面積に対する割合である。

(4)　建築物の主要構造部は，壁を含まず，柱，床，はり，屋根をいう。

《H30後－38》

土木法規

解説

1　(1)　建ぺい率は**500/1000＝50%**で，(1)が正しい。

2　(3)　階段は，建築設備に**該当しない**。

3　(3)　建築物の敷地は，原則として道路に**2m**以上接しなければならない。

4　(3)　**付け柱**は，主要構造部に**該当しない**。

5　(3)　都市計画区域内の道路は，原則として**幅員**［(イ)　4］**m以上**のものをいい，建築物の敷地は，原則として**道路に**［(ロ)　2］**m以上接しなければならない**。

6　(4)　建築物の主要構造部は，**壁も含む**。

試験によく出る重要事項

「建築基準法」上の用語の定義など

① **建築物**：土地に定着する屋根および柱，もしくは，壁を有する工作物をいう。

② **建ぺい率**：建築物の面積の敷地面積に対する割合をいう。

③ **容積率**：建築物の延べ面積の敷地面積に対する割合をいう。

④ **仮設建築物**：建築確認申請の手続きや容積率，建ぺい率の適用は受けない。

3・7　火薬類取締法

出題頻度　低■■■■■■■高

1

□□□

火薬類の取扱いに関する次の記述のうち，火薬類取締法上，**誤っているもの**はどれか。

(1)　火工所に火薬類を存置する場合には，見張人を原則として常時配置すること。

(2)　火工所として建物を設ける場合には，適当な換気の措置を講じ，床面は鉄類で覆い，安全に作業ができるような措置を講ずること。

(3)　火工所の周囲には，適当な柵を設け，「火気厳禁」等と書いた警戒札を掲示すること。

(4)　火工所は，通路，通路となる坑道，動力線，火薬類取扱所，他の火工所，火薬庫，火気を取り扱う場所，人の出入りする建物等に対し安全で，かつ，湿気の少ない場所に設けること。

《R5後－39》

2

□□□

火薬類の取扱いに関する次の記述のうち，火薬類取締法上，**誤っているもの**はどれか。

(1)　火薬類を取り扱う者は，所有又は，占有する火薬類，譲渡許可証，譲受許可証又は運搬証明書を紛失又は盗取されたときは，遅滞なくその旨を都道府県知事に届け出なければならない。

(2)　火薬庫を設置し移転又は設備を変更しようとする者は，原則として都道府県知事の許可を受けなければならない。

(3)　火薬類を譲り渡し，又は譲り受けようとする者は，原則として都道府県知事の許可を受けなければならない。

(4)　火薬類を廃棄しようとする者は，経済産業省令で定めるところにより，原則として，都道府県知事の許可を受けなければならない。

《R5前－39》

3

□□□

火薬類の取扱いに関する次の記述のうち，火薬類取締法上，**誤っているもの**はどれか。

(1)　火工所以外の場所において，薬包に雷管を取り付ける作業を行わない。

(2)　消費場所において火薬類を取り扱う場合，固化したダイナマイト等はもみほぐしてはならない。

(3)　火工所に火薬類を存置する場合には，見張人を常時配置する。

(4)　火薬類の取扱いには，盗難予防に留意する。

《R4後－39》

4

□□□

火薬類取締法上，火薬類の取扱いに関する次の記述のうち，**誤っているもの**はどれか。

(1)　消費場所においては，薬包に雷管を取り付ける等の作業を行うために，火工所を設けなければならない。

〈p.108～109の解答〉　**正解**　**1** (1)，**2** (3)，**3** (3)，**4** (3)，**5** (3)，**6** (4)

(2)　火工所に火薬類を存置する場合には，見張り人を必要に応じて配置しなければならない。
(3)　火工所以外の場所においては，薬包に雷管を取り付ける作業を行ってはならない。
(4)　火工所には，原則として薬包に雷管を取り付けるために必要な火薬類以外の火薬類を持ち込んではならない。

《R3 後－39》

5

火薬類取締法上，火薬類の取扱いに関する次の記述のうち，**誤っているもの**はどれか。
(1)　火薬類を運搬するときは，火薬と火工品とは，いかなる場合も同一の容器に収納すること。
(2)　火薬類を収納する容器は，内面には鉄類を表さないこと。
(3)　固化したダイナマイト等は，もみほぐすこと。
(4)　火薬類の取扱いには，盗難予防に留意すること。

《R2 後－39》

6

火薬類の取扱いに関する次の記述のうち，火薬類取締法上，**誤っているもの**はどれか。
(1)　火薬庫の境界内には，必要がある者のほかは立ち入らない。
(2)　火薬類取扱所を設ける場合は，１つの消費場所に１箇所とする。
(3)　火工所以外の場所において，薬包に雷管を取り付ける作業を行わない。
(4)　火工所に火薬類を存置する場合には，必要に応じて見張人を配置する。

《R1 前－39》

解説

1　(2)　火工所の床面は，**鉄類を表さない**。

2　(1)　火薬類を取り扱う者は，紛失または盗取されたときは，遅滞なく**警察官または海上保安官に届け出**なければならない。

3　(2)　消費場所において火薬類を取り扱う場合，固化したダイナマイト等は**もみほぐす**。

4　(2)　火工所に火薬類を存置する場合は，**常時見張人を配置する**。

5　(1)　火薬類を運搬するときは，火薬と火工品は，**それぞれ異なった容器に収納する**。

6　(4)　火工所に火薬類を存置する場合は，**常時見張人を配置する**。

試験によく出る重要事項

火薬取り扱い上の留意点

①　**火薬類が残った場合**：直ちに元の火薬類取扱所または火工所へ返送する。
②　**発破作業員**：腕章，保護帽の標示等により，他の作業員と識別する。
③　**発破作業**：発破技士免許等を取得した者に作業を行わせる。
④　**盗取された場合**：警察官または海上保安官へ届け出る。

3·8　騒音・振動規制法

● 3·8·1　騒音規制法

出題頻度　低■■■■■■高

1

騒音規制法上，建設機械の規格等にかかわらず特定建設作業の**対象とならない作業**は，次のうちどれか。

ただし，当該作業がその作業を開始した日に終わるものを除く。

(1)　さく岩機を使用する作業

(2)　圧入式杭打杭抜機を使用する作業

(3)　バックホゥを使用する作業

(4)　ブルドーザを使用する作業

《R5後－40》

2

騒音規制法上，住民の生活環境を保全する必要があると認める地域の指定を行う者として，**正しいもの**は次のうちどれか。

(1)　環境大臣

(2)　国土交通大臣

(3)　町村長

(4)　都道府県知事又は市長

《R5前－40》

3

騒音規制法上，建設機械の規格等にかかわらず，特定建設作業の**対象とならない作業**は，次のうちどれか。

ただし，当該作業がその作業を開始した日に終わるものを除く。

(1)　ロードローラを使用する作業

(2)　さく岩機を使用する作業

(3)　バックホゥを使用する作業

(4)　ブルドーザを使用する作業

《R4後－40》

4

騒音規制法上，指定地域内において特定建設作業を伴う建設工事を施工する者が，作業開始前に市町村長に実施の届出をしなければならない期限として，**正しいもの**は次のうちどれか。

(1)　3日前まで

(2)　5日前まで

(3)　7日前まで

(4)　10日前まで

《R3後－40》

5

騒音規制法上，指定地域内において特定建設作業を施工しようとする者が，届け出なければならない事項として，**該当しないもの**は次のうちどれか。

(1)　特定建設作業の場所

(2)　特定建設作業の実施期間

(3)　特定建設作業の概算工事費

(4)　騒音の防止の方法

《R1前－40》

〈p.110～111の解答〉　**正解**　**1** (2)，**2** (1)，**3** (2)，**4** (2)，**5** (1)，**6** (4)

解説

1　(2)　圧入式杭打杭抜機を使用する作業は，**特定建設作業の対象とならない。**

2　(4)　騒音規制法上，地域の指定を行う者は**都道府県知事または市長**である。

3　(1)　ロードローラを使用する作業は，**特定建設作業とならない。**

4　(3)　作業開始**7日前までに**市町村長に実施の届出をする。

5　(3)　概算工事費は，**届け出る必要がない。**

試験によく出る重要事項

特定建設作業騒音の規制基準

特定建設作業の種類（使用する作業）	種類に対応する規制基準					適用除外
	騒音の大きさ	夜間または深夜作業の禁止時間帯	1日の作業時間の制限	作業期間の制限	作業禁止日	
1．杭打機（除くもんけん），杭抜機，杭打杭抜機（圧入式を除く）		1号区域は午後7時から翌日の午前7時まで	1号区域は1日につき**10時間**を超えてはならない			杭打機をアースオーガと併用する作業
2．びょう打機						
3．さく岩機						1日50m以上にわたり移動する作業
4．空気圧縮機（電動機以外の原動機使用のものであって，定格出力15kw以上のもの）	敷地の境界線において**85デシベル**を越えてはならない	2号区域では午後10時から翌日午前6時まで	2号区域では1日につき**14時間**を超えてはならない	同一場所においては**連続6日**を超えてはならない	日曜日またはその他の休日	さく岩機の動力として使用する作業
5．コンクリートプラント（混練容量0.45 m³以上のもの）・アスファルトプラント（混練重量200 kg以上のもの）						モルタル製造用コンクリートプラントを設けて行う作業
6．バックホウ（原動機の定格出力80 kw以上のもの）						一定の限度を超える大きさの騒音を発生しないものとして，環境大臣が指定するもの
7．トラクターショベル（原動機の定格出力70 kw以上のもの）						
8．ブルドーザ（原動機の定格出力40 kw以上のもの）						

●3･8･2　振動規制法

出題頻度　低■■■■■■高

6

振動規制法上，指定地域内において特定建設作業を施工しようとする者が，届け出なければならない事項として，**該当しないもの**は次のうちどれか。

(1)　特定建設作業の現場付近の見取り図
(2)　特定建設作業の実施期間
(3)　特定建設作業の振動防止対策の方法
(4)　特定建設作業の現場の施工体制表

《R5前－41》

7

振動規制法に定められている特定建設作業の**対象となる建設機械**は，次のうちどれか。

ただし，当該作業がその作業を開始した日に終わるものを除き，1日における当該作業に係る地点間の最大移動距離が50 mを超えない作業とする。

(1)　ジャイアントブレーカ
(2)　ブルドーザ
(3)　振動ローラ
(4)　路面切削機

《R4後－41》

8

振動規制法上，指定地域内において特定建設作業の**対象とならない作業**は，次のうちどれか。

ただし，当該作業がその作業を開始した日に終わるものを除く。

(1)　油圧式くい抜機を除くくい抜機を使用する作業
(2)　1日の2地点間の最大移動距離が50 mを超えない手持式ブレーカによる取り壊し作業
(3)　1日の2地点間の最大移動距離が50 mを超えない舗装版破砕機を使用する作業
(4)　鋼球を使用して工作物を破壊する作業

《R1後－41》

9

振動規制法上，特定建設作業の規制基準に関する測定位置と振動の大きさに関する次の記述のうち，**正しいもの**はどれか。

(1)　特定建設作業の場所の中心部で75 dBを超えないこと。
(2)　特定建設作業の場所の敷地の境界線で75 dBを超えないこと。
(3)　特定建設作業の場所の中心部で85 dBを超えないこと。
(4)　特定建設作業の場所の敷地の境界線で85 dBを超えないこと。

《R2後－41》

〈p.112～113の解答〉　正解　**1** (2)，**2** (4)，**3** (1)，**4** (3)，**5** (3)

10

振動規制法上，指定地域内において特定建設作業を施工しようとする者が行う特定建設作業に関する届出先として，**正しいもの**は次のうちどれか。

(1)　環境大臣

(2)　市町村長

(3)　都道府県知事

(4)　労働基準監督署長

《H30 前－41》

解説

6　(4)　特定建設作業の現場の施工体制表は，**該当しない。**

7　(1)　**ジャイアントブレーカ**は，特定建設作業の対象となる。

8　(2)　**手持ち式ブレーカ**による取り壊し作業は，特定建設作業ではない。

9　(2)　敷地の境界線上で **75 dB を超えてはならない。**

10　(2)　特定建設作業を施工しようとする者は，**7日前までに市町村長に届け出る。**

試験によく出る重要事項

特定建設作業振動の規制基準

特定建設作業の種類	規制基準				
	振動の大きさ〔dB〕	深夜作業の禁止時間帯	1日の作業時間の制限	作業期間の制限	作業禁止日
1.　杭打機（もんけん及び圧入式杭打機を除く），杭抜機（油圧式杭抜機を除く）または杭打杭抜機（圧入式杭打杭抜機を除く）を使用する作業	現場敷地境界線上で**75デシベル**	第1号区域では午後7時から翌日の午前7時までの間 第2号区域では午後10時から翌日の午前6時までの間	第1号区域では1日**10時間以内** 第2号区域では1日**14時間以内**	**連続して6日を超えて**振動を発生させないこと	日曜日またはその他の休日
2.　鋼球を使用して建築物その他の工作物を破壊する作業					
3.　舗装版破砕機を使用する作業（作業地点が連続的に移動する作業にあっては，1日における当該作業にかかわる2地点間の最大距離が50 m を超えない作業に限る）					
4.　ブレーカー（手持式のものを除く）を使用する作業（作業地点が連続的に移動する作業にあっては，1日における当該作業にかかわる2地点間の最大距離が50 m を超えない作業に限る）					

土木法規

3・9　港則法

出題頻度　低■■■■■■■高

1

□ □ □

港則法上，特定港内の船舶の航路及び航法に関する次の記述のうち，**誤っているもの**はどれか。

(1)　汽艇等以外の船舶は，特定港に出入し，又は特定港を通過するには，国土交通省令で定める航路によらなければならない。

(2)　船舶は，航路内においては，原則として投びょうし，又はえい航している船舶を放してはならない。

(3)　船舶は，航路内において，他の船舶と行き会うときは，左側を航行しなければならない。

(4)　航路から航路外に出ようとする船舶は，航路を航行する他の船舶の進路を避けなければならない。

《R5後－42》

2

□ □ □

港則法上，許可申請に関する次の記述のうち，**誤っているもの**はどれか。

(1)　船舶は，特定港内又は特定港の境界附近において危険物を運搬しようとするときは，港長の許可を受けなければならない。

(2)　船舶は，特定港において危険物の積込，積替又は荷卸をするには，その旨を港長に届け出なければならない。

(3)　特定港内において，汽艇等以外の船舶を修繕しようとする者は，その旨を港長に届け出なければならない。

(4)　特定港内又は特定港の境界附近で工事又は作業をしようとする者は，港長の許可を受けなければならない。

《R5前－42》

3

□ □ □

船舶の航路及び航法に関する次の記述のうち，港則法上，**誤っているもの**はどれか。

(1)　船舶は，航路内においては，他の船舶を追い越してはならない。

(2)　汽艇等以外の船舶は，特定港を通過するときには港長の定める航路を通らなければならない。

(3)　船舶は，航路内においては，原則としてえい航している船舶を放してはならない。

(4)　船舶は，航路内においては，並列して航行してはならない。

《R4後－42》

4

□ □ □

港則法上，特定港で行う場合に**港長の許可を受ける必要のないもの**は，次のうちどれか。

(1)　特定港内又は特定港の境界附近で工事又は作業をしようとする者

(2)　船舶が，特定港において危険物の積込，積替又は荷卸をするとき

〈p.114～115の解答〉　**正解**　**6** (4),　**7** (1),　**8** (2),　**9** (2),　**10** (2)

(3) 特定港内において使用すべき私設信号を定めようとする者
(4) 船舶が，特定港を出港しようとするとき

《R1 後－42》

5 港則法上，港内の航行に関する次の記述のうち，**誤っているもの**はどれか。

(1) 船舶は，防波堤，埠頭，又は停泊船などを左げん（左側）に見て航行するときは，できるだけこれに近寄り航行しなければならない。

(2) 汽艇等以外の船舶は，特定港に出入し，又は特定港を通過するときは，国土交通省令で定める航路を通らなければならない。

(3) 航路から航路外へ出ようとする船舶は，航路に入ろうとする船舶より優先し，航路内においては，他の船舶と行き会うときは右側航行する。

(4) 船舶は，航路内においては，原則として投びょうし，又はえい航している船舶を放してはならない。

《H30 後－42》

土木法規

解説

1 (3) 船舶は，航路内では**右側**を航行しなければならない。

2 (2) 特定港において危険物の積込，積替，荷卸をするには，**港長の許可**を受けなければならない。

3 (2) 汽艇等以外の船舶は，特定港を通過するときは，**国土交通省令**で定める航路を通らなければならない（汽艇等とは総トン数20トン未満の汽船，はしけなどの船舶）。

4 (4) 船舶が，特定港を出港するときは，**港長に届け出る**。

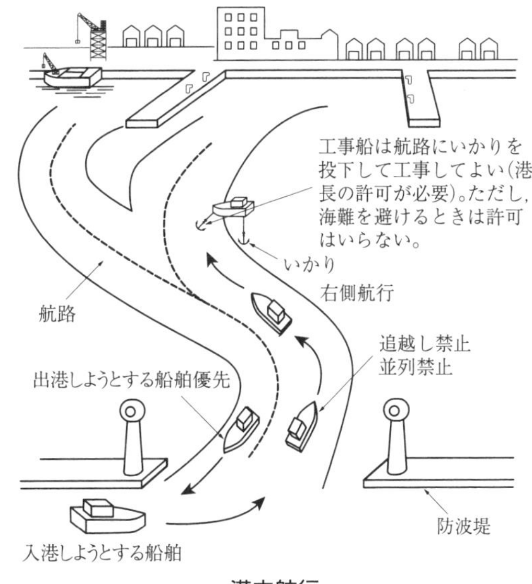

港内航行

5 (1) 船舶は，防波堤，埠頭，又は停泊船などを左げんに見て航行するときは，**これから遠ざかって航行**しなければならない。

試験によく出る重要事項

港則法の主な規制

① 航路内は，右側航行する。並行航行，追越しは禁止である。
② 港内において停泊船舶を右げんに見て航行するときは，これに近寄って航行。
③ 汽船が，港の防波堤の入口または入口附近で他の汽船と出会うおそれのあるときは，入港する汽船は，防波堤の外で出港する汽船の進路を避けなければならない。
④ 特定港に入港または出港しようとするときは，港長へ届出る。
⑤ 特定港内での工事又は作業，危険物の積込み・積替え・卸し・運搬は，港長の許可が必要。

〈p.116～117の解答〉　**正解**　**1**　(3),　**2**　(2),　**3**　(2),　**4**　(4),　**5**　(1)

共通工学

第4章

●過去5年間（6回分）の出題内容と出題数●

出題内容		年度 令和 5後	5前	4後	3後	2後	元後	計
測量	地盤高計算				1	1	1	3
測量	トラバース測量	1	1	1				3
測量	小計	1	1	1	1	1	1	6
契約・設計	公共工事標準請負契約約款	1	1	1	1	1	1	6
契約・設計	図面の見方（堤防，橋梁，擁壁，道路）	1	1	1	1	1	1	6
契約・設計	小計	2	2	2	2	2	2	12
建設機械	建設機械の特徴・用途・動向	1	1	1	1	1	1	6
建設機械	小計	1	1	1	1	1	1	6
合計		4	4	4	4	4	4	

4・1 測量

出題頻度 低■■■■■■■高

1

閉合トラバース測量による下表の観測結果において，閉合誤差は0.008 m である。**閉合比は次のうちどれか。**

ただし，閉合比は有効数字4桁目を切り捨て，3桁に丸める。

側線	距離 I（m）	方位角			緯距 L（m）	経距 D（m）
AB	37.464	183°	43′	41″	− 37.385	− 2.436
BC	40.557	103°	54′	7″	− 9.744	39.369
CD	39.056	36°	32′	41″	31.377	23.256
DE	38.903	325°	21′	0″	32.003	− 22.119
EA	41.397	246°	53′	37″	− 16.246	− 38.076
計	197.377				0.005	− 0.006

閉合誤差 = 0.008 m

(1) 1/24400

(2) 1/24500

(3) 1/24600

(4) 1/24700

《R5 後 − 43》

2

閉合トラバース測量による下表の観測結果において，測線 AB の方位角が 182° 50′ 39″ のとき，測線 BC の方位角として，**適当なもの**は次のうちどれか。

側点	観測角
A	115° 54′ 38″
B	100° 6′ 34″
C	112° 33′ 39″
D	108° 45′ 25″
E	102° 39′ 44″

磁北N　　測線 AB の方位角 182° 50′ 39′

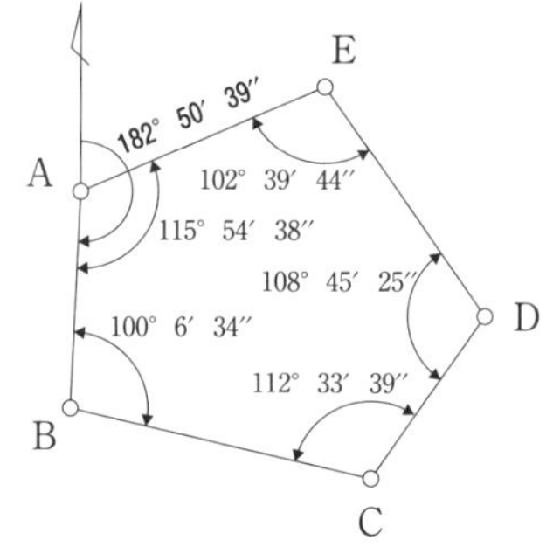

(1) 102° 51′ 5″

(2) 102° 53′ 7″

(3) 102° 55′ 10″

(4) 102° 57′ 13″

《R5 前 − 43》

3

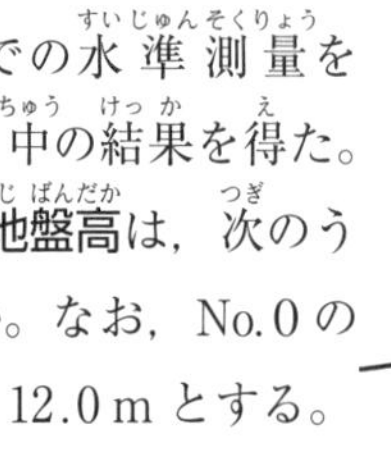

下図のように No.0 から No.3 までの水準測量を行い，図中の結果を得た。**No. 3 の地盤高**は，次のうちどれか。なお，No.0 の地盤高は 12.0 m とする。

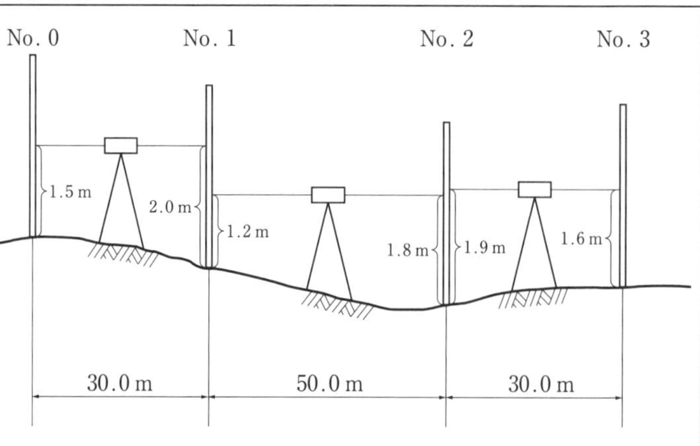

(1) 10.6 m

(2) 10.9 m

(3) 11.2 m

(4) 11.8 m

《R3 後 − 43》

4

□
□
□

測点 No.5 の地盤高を求めるため，測点 No.1 を出発点として水準測量を行い下表の結果を得た。**測点 No.5 の地盤高**は，次のうちどれか。

測点 No.	距離 (m)	後視 (m)	前視 (m)	高低差(m)		備考
				+	−	
1		0.8				測点 No.1…地盤高　8.0 m
	20					
2		1.6	2.2			
	30					
3		1.5	1.8			
	20					
4		1.2	1.0			
	30					
5			1.3			測点 No.5…地盤高 □ m

(1) 6.4 m　　(2) 6.8 m　　(3) 7.2 m　　(4) 7.6 m

《R2 後－43》

解説

1 (3) 閉合比＝閉合誤差/合計距離 より

閉合比＝ 0.008/197.377 ＝ 1/24672≒1/24600 となり，

閉合比は，1/24600 となる。

2 (4) 側線 BC の方位角＝側線 AB の方位角＋点 B の交角－180° より，182° 50′ 39″＋100° 6′ 34″－180°＝102° 57′ 13″で，方位角は 102° 57′ 13″となる。

3 (3) 計算過程は，下記のとおりである。

・測点 No.1 の地盤高

12.0 ＋ 1.5 － 2.0 ＝ 11.5 m

・測点 No.2 の地盤高

11.5 ＋ 1.2 － 1.8 ＝ 10.9 m

・測点 No.3 の地盤高　10.9 ＋ 1.9 － 1.6 ＝ **11.2 m**

測点 No.	後視 (m)	前視 (m)	高低差		地盤高 (m)
			昇(＋)	降(－)	
0					12.0
1	1.5	2.0		0.5	11.5
2	1.2	1.8		0.6	10.9
3	1.9	1.6	0.3		11.2

4 (2) 計算過程は，下記のとおりである。

・No. 2 の地盤高　8.0 ＋ 0.8 － 2.2 ＝ 6.6 m

・No. 3 の地盤高　6.6 ＋ 1.6 － 1.8 ＝ 6.4 m

・No. 4 の地盤高　6.4 ＋ 1.5 － 1.0 ＝ 6.9 m

・No. 5 の地盤高　6.9 ＋ 1.2 － 1.3 ＝ **6.8 m**

5

□□□

測量に関する次の説明文に**該当するもの**は，次のうちどれか。

この観測方法は，主として地上で水平角，高度角，距離を電子的に観測する自動システムで器械と鏡の位置の相対的三次元測量である。その相対位置の測定は，水準面あるいは重力の方向に準拠して行われる。

この測量方法の利点は，１回の視準で測距，測角が同時に測定できることにある。

(1)　汎地球測位システム（GPS）

(2)　光波測距儀

(3)　電子式セオドライト

(4)　トータルステーション

《H25－43》

6

□□□

公共測量における水準測量に関する次の記述のうち，**適当でないもの**はどれか。

(1)　簡易水準測量を除き，往復観測とする。

(2)　標尺は，２本１組とし，往路と復路との観測において標尺を交換する。

(3)　レベルと後視または前視標尺との距離は等しくする。

(4)　固定点間の測点数は奇数とする。

《H27 － 43》

7

□□□

測点 No.1 から測点 No.5 までの水準測量を行い，下表の結果を得た。**測点 No.5 の地盤高**は，次のうちどれか。

測点 No.	距離(m)	後視(m)	前視(m)	高低差(m) +	高低差(m) －	備　考
1		0.8				測点 No.1 …地盤高　10.0 m
	20					
2		1.2	2.0			
	30					
3		1.6	1.7			
	20					
4		1.6	1.4			
	30					
5			1.7			測点 No.5 …地盤高 □ m

(1)　7.6 m　　(2)　8.0 m　　(3)　8.4 m　　(4)　9.0 m

《R1 後－43》

〈p.120～121の解答〉　**正解**　**1** (3)，**2** (4)，**3** (3)，**4** (2)

解説

5 (1) GPS は2点間に設置した受信機で，4つ以上の専用衛星からの電波を同時受信して2点の位置を演算処理で定める。

(2) **光波測距儀**は，2点間の距離を求める装置で，水平角及び鉛直角の測定はできない。

(3) **セオドライト**は，角度を専門に測定する。以前のトランシットのこと。

(4) **トータルステーション**が該当する。

6 (4) 固定点間の**測点数は偶数**とする。

7 (3) 計算過程は，下記のとおりである。

・No. 2の地盤高　10.0 + 0.8 − 2.0 = 8.8 m

・No. 3の地盤高　8.8 + 1.2 − 1.7 = 8.3 m

・No. 4の地盤高　8.3 + 1.6 − 1.4 = 8.5 m

・No. 5の地盤高　8.5 + 1.6 − 1.7 = **8.4 m**

試験によく出る重要事項

地盤高の計算

水準測量による地盤高の計算方法は，図のとおりである。

未知標高 H_B = 既知点標高 H_A +（後視 BS − 前視 FS）

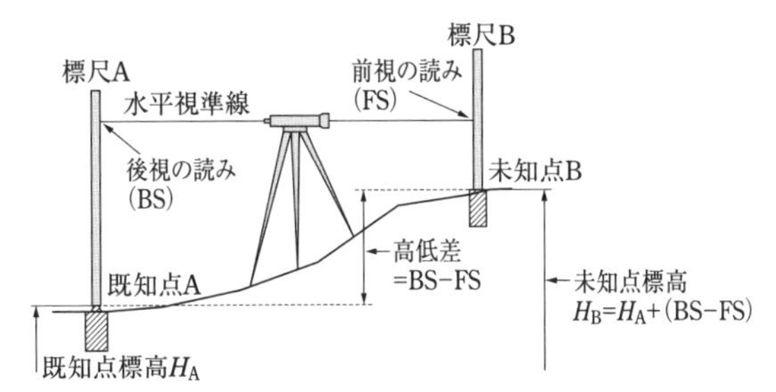

直接水準測量の計算

測量器機

① トータルステーション（TS）：1回の視準で，水平角・鉛直角・斜距離を測定できる。

② セオドライト（トランシット）：水平角と鉛直角を測定できる。

③ GPS：衛星からの電波を受け，受信機の位置座標（X，Y，Z）を決定できる。

④ 光波測距儀：反射鏡との間の斜距離を測定する。距離測定用。

⑤ 電子レベル：バーコード標尺を読み込み，高さを測定する。

共通工学

4·2 契約・設計

● 4·2·1 公共工事標準請負契約約款

出題頻度 低■■■■■■■高

1

□□□

公共工事で発注者が示す設計図書に**該当しないもの**は，次のうちどれか。

(1) 現場説明書
(2) 現場説明に対する質問回答書
(3) 設計図面
(4) 施工計画書

《R5後－44》

2

□□□

公共工事標準請負契約約款に関する次の記述のうち，**誤っているもの**はどれか。

(1) 設計図書とは，図面，仕様書，契約書，現場説明書及び現場説明に対する質問回答書をいう。
(2) 現場代理人とは，契約を取り交わした会社の代理として，任務を代行する責任者をいう。
(3) 現場代理人，監理技術者等及び専門技術者は，これを兼ねることができる。
(4) 発注者は，工事完成検査において，工事目的物を最小限度破壊して検査することができる。

《R5前－44》

3

□□□

公共工事標準請負契約約款に関する次の記述のうち，**誤っているもの**はどれか。

(1) 設計図書において監督員の検査を受けて使用すべきものと指定された工事材料の検査に直接要する費用は，受注者が負担しなければならない。
(2) 受注者は工事の施工に当たり，設計図書の表示が明確でないことを発見したときは，ただちにその旨を監督員に通知し，その確認を請求しなければならない。
(3) 発注者は，設計図書において定められた工事の施工上必要な用地を受注者が工事の施工上必要とする日までに確保しなければならない。
(4) 工事材料の品質については，設計図書にその品質が明示されていない場合は，上等の品質を有するものでなければならない。

《R1後－44》

〈p.122～123の解答〉　**正解**　**5** (4)，**6** (4)，**7** (3)

4

公共工事標準請負契約約款に関する次の記述のうち，**誤っているもの**はどれか。

(1)　受注者は，設計図書と工事現場の不一致の事実が発見された場合は，監督員に書面により通知して，発注者による確認を求めなければならない。

(2)　発注者は，必要があるときは，設計図書の変更内容を受注者に通知して，設計図書を変更することができる。

(3)　受注者は，工事現場内に搬入した工事材料を監督員の承諾を受けないで工事現場外に搬出することができる。

(4)　発注者は，天災等の受注者の責任でない理由により工事を施工できない場合は，受注者に工事の一時中止を命じなければならない。

《H30後－44》

解説

1　(4)　施工計画書は，**設計図書に該当しない。**

2　(1)　設計図書とは，図面，仕様書，現場説明書，現場説明に対する質問回答書をいう。**契約書は設計図書ではない。**

3　(4)　工事材料の品質について，設計図書にその品質が明示されていない場合は，**中等の品質**とする。

4　(3)　受注者は，工事現場内に搬入した工事材料を監督員の承諾を受けないで，**工事現場外に搬出してはならない。**

試験によく出る重要事項

公共工事標準請負契約約款

①　**設計図書の範囲**：仕様書・設計図・現場説明書，現場説明書に対する質問回答書。

②　**破壊検査費用**：受注者の負担。

③　**検査済の材料**：勝手に工事現場外へ搬出してはならない。

④　**設計図書の誤り**：受注者は監督員に通知し，確認を請求する。

⑤　**現場代理人の常駐**：工事現場の運営等に支障がなく，かつ，発注者との連絡体制が確保される場合は，現場に常駐を要しないとすることができる。

⑥　**兼務**：現場代理人・主任技術者および監理技術者は兼ねることができる。

⑦　**一括下請けの禁止**：工事を一括して第三者へ委任，または請け負わせてはならない。

● 4･2･2　設計図の見方

出題頻度　低■■■■■■高

5

□
□
□

下図は橋の一般的な構造を表したものであるが，(イ)～(ニ)の橋の長さを表す名称に関する組合せとして，**適当なもの**は次のうちどれか。

	(イ)		(ロ)		(ハ)		(ニ)
(1)	橋長	………	桁長	……	径間長	……	支間長
(2)	桁長	………	橋長	……	支間長	……	径間長
(3)	桁長	………	橋長	……	径間長	……	支間長
(4)	橋長	………	桁長	……	支間長	……	径間長

《R5 後－45》

6

□
□
□

下図は標準的なブロック積擁壁の断面図であるが，ブロック積擁壁各部の名称と記号の表記として２つとも**適当なもの**は，次のうちどれか。

(1)　擁壁の直高Ｌ１，裏込めコンクリートＮ１

(2)　擁壁の直高Ｌ２，裏込めコンクリートＮ２

(3)　擁壁の直高Ｌ１，裏込め材Ｎ１

(4)　擁壁の直高Ｌ２，裏込め材Ｎ２

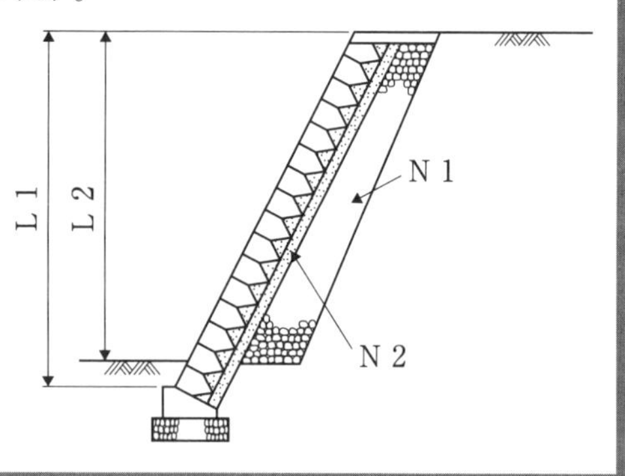

《R5 前－45》

〈p.124～125の解答〉　**正解**　**1** (4)，**2** (1)，**3** (4)，**4** (3)

7

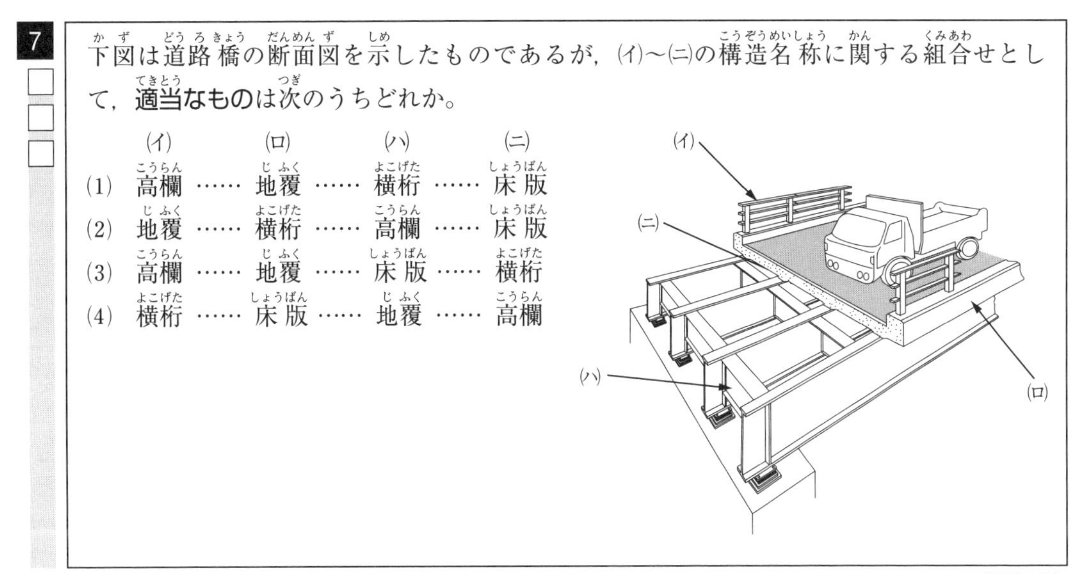

下図は道路橋の断面図を示したものであるが，(イ)～(ニ)の構造名称に関する組合せとして，**適当なもの**は次のうちどれか。

	(イ)		(ロ)		(ハ)		(ニ)
(1)	高欄	……	地覆	……	横桁	……	床版
(2)	地覆	……	横桁	……	高欄	……	床版
(3)	高欄	……	地覆	……	床版	……	横桁
(4)	横桁	……	床版	……	地覆	……	高欄

《R3後－45》

8

下図の道路横断面図に関する次の記述のうち，**適当でないもの**はどれか。

(1)　切土面積は9.3 m^2 である。

(2)　盛土面積は22.5 m^2 である。

(3)　盛土高は100.130 m である。

(4)　計画高は101.232 m である。

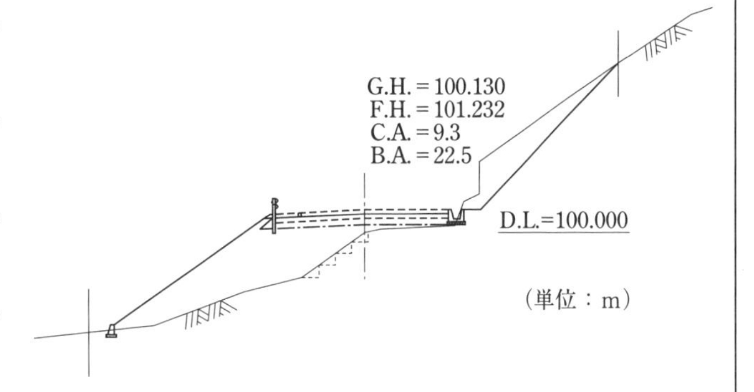

《H28－45》

解説

5　(4)　(イ)は**橋長**　(ロ)は**桁長**　(ハ)は**支間長**　(ニ)は**径間長**　である。

6　(3)　擁壁の直高Ｌ１，裏込め材Ｎ１　である。

7　(1)　(イ)は**高欄**，(ロ)は**地覆**，(ハ)は**横桁**，(ニ)は**床版**　である。

8　(1)　C. A. **切土面積**は9.3 m^2 である。

(2)　B. A. **盛土面積**は22.5 m^2 である。

(3)　**G. H.** は，**工事前の地盤高**を表す。盛土高ではない。

(4)　F. H. **計画高**は101.232 m である。

9

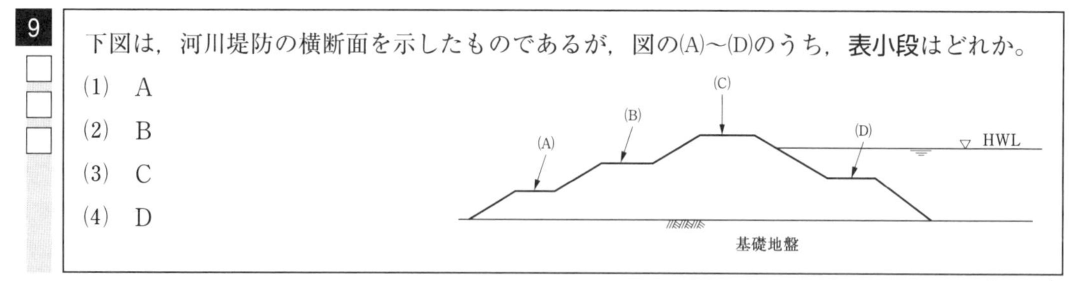

下図は，河川堤防の横断面を示したものであるが，図の(A)～(D)のうち，**表小段**はどれか。

(1)　A

(2)　B

(3)　C

(4)　D

《H23－45》

10

下図は逆T型擁壁の断面図であるが，逆T型擁壁各部の名称と寸法記号の表記として2つとも**適当なもの**は，次のうちどれか。

(1)　擁壁の高さH1，つま先版幅B1

(2)　擁壁の高さH1，底版幅B2

(3)　擁壁の高さII2，たて壁厚B1

(4)　擁壁の高さH2，かかと版幅B2

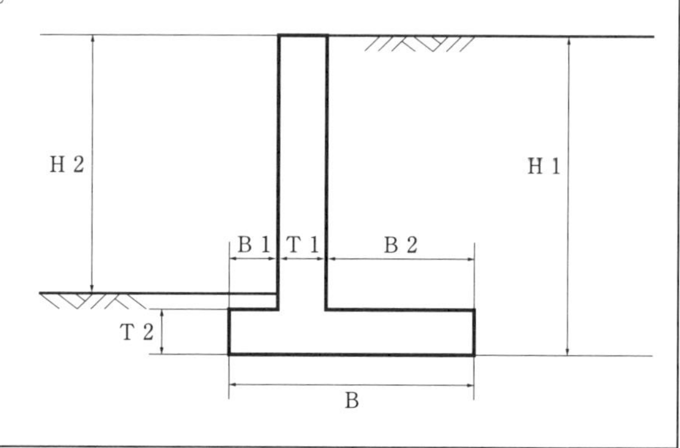

《R1前－45》

11

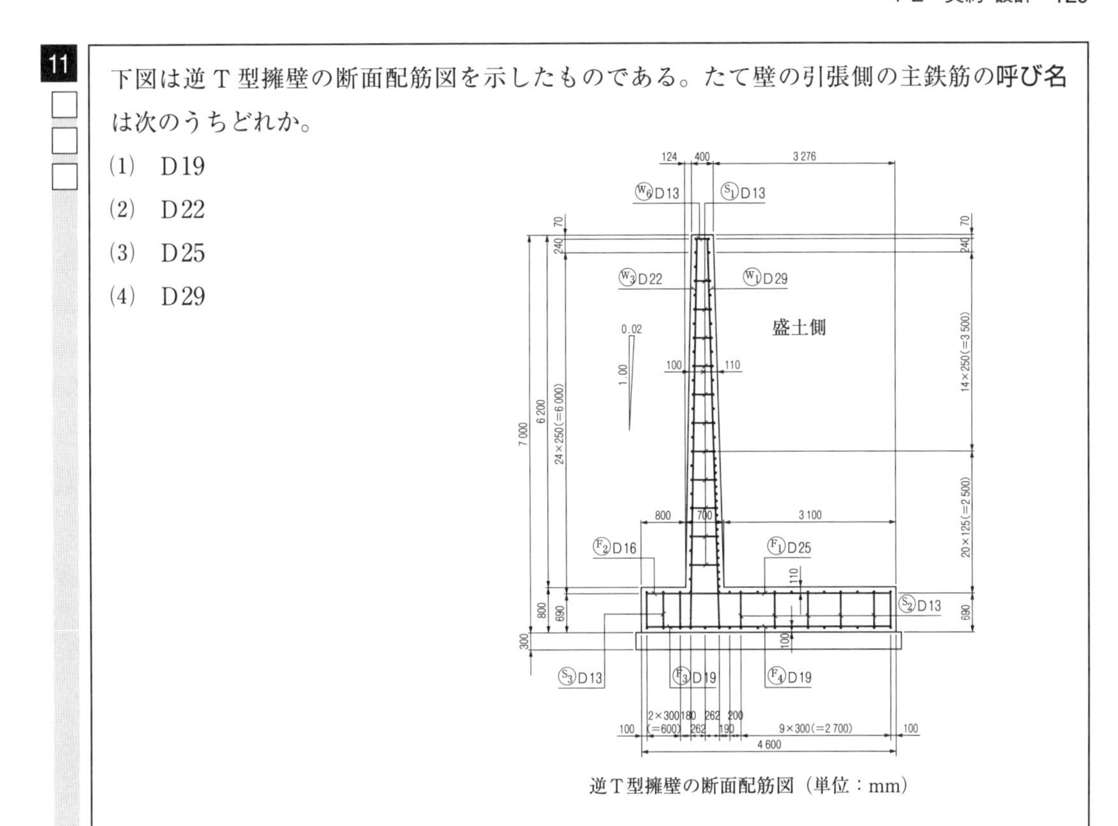

下図は逆Ｔ型擁壁の断面配筋図を示したものである。たて壁の引張側の主鉄筋の**呼び名**は次のうちどれか。

(1)　D19
(2)　D22
(3)　D25
(4)　D29

逆Ｔ型擁壁の断面配筋図（単位：mm）

《H27－45》

解説

9　(4)　下図より(A)は犬走り，(B)は裏小段，(C)は天端，(D)は表小段である。

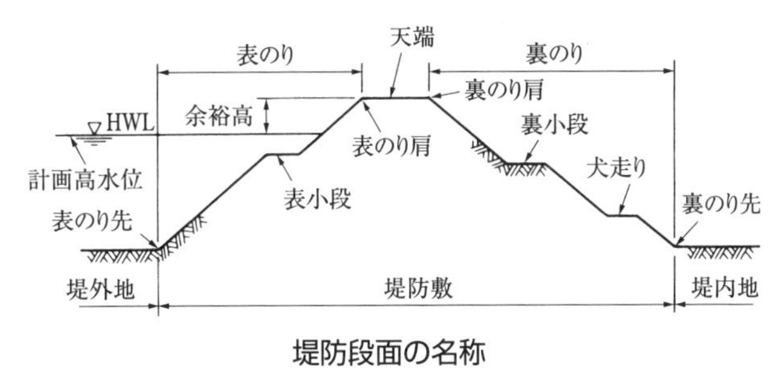

堤防段面の名称

10　(1)　擁壁の高さは H1，つま先版幅は B1 である。

11　(4)　たて壁の引張側の主鉄筋はⓌ1 D29 である。

4・3 建設機械

出題頻度 低■■■■■■■高

1

建設機械の用途に関する次の記述のうち，**適当でないもの**はどれか。

(1) ブルドーザは，土工板を取り付けた機械で，土砂の掘削・運搬（押土），積込み等に用いられる。

(2) ランマは，振動や打撃を与えて，路肩や狭い場所等の締固めに使用される。

(3) モーターグレーダは，路面の精密な仕上げに適しており，砂利道の補修，土の敷均し等に用いられる。

(4) タイヤローラは，接地圧の調整や自重を加減することができ，路盤等の締固めに使用される。

《R5後－46》

2

建設工事における建設機械の「機械名」と「性能表示」に関する次の組合せのうち，**適当なもの**はどれか。

［機械名］　　　　　　［性能表示］

(1) バックホゥ …………………… バケット質量（kg）

(2) ダンプトラック …………… 車両重量（t）

(3) クレーン …………………… ブーム長（m）

(4) ブルドーザ ………………… 質量（t）

《R5前－46》

3

建設機械に関する次の記述のうち，**適当でないもの**はどれか。

(1) ランマは，振動や打撃を与えて，路肩や狭い場所等の締固めに使用される。

(2) タイヤローラは，接地圧の調節や自重を加減することができ，路盤等の締固めに使用される。

(3) ドラグラインは，機械の位置より高い場所の掘削に適し，水路の掘削等に使用される。

(4) クラムシェルは，水中掘削等，狭い場所での深い掘削に使用される。

《R4後－46》

4

建設機械の用途に関する次の記述のうち，**適当でないもの**はどれか。

(1) バックホゥは，機械の位置よりも低い位置の掘削に適し，かたい地盤の掘削ができる。

(2) トレーラーは，鋼材や建設機械等の質量の大きな荷物を運ぶのに使用される。

(3) クラムシェルは，オープンケーソンの掘削等，広い場所での浅い掘削に適している。

(4) モーターグレーダは，砂利道の補修に用いられ，路面の精密仕上げに適している。

《R3後－46》

〈p.128～129の解答〉 **正解** **9** (4), **10** (1), **11** (4)

解説

1　(1)　ブルドーザは，土砂の掘削，運搬（押土）に用いられる。**積込みはできない。**

2　(1)　バックホウの性能表示は，**バケット容量**（m^3）である。
(2)　ダンプトラックの性能表示は，**積載質量**（t）である。
(3)　クレーンの性能表示は，**吊り上げ荷重**（t）である。
(4)　組合せは，適当である。

3　(3)　ドラグラインは，機械の位置より**低い場所**の掘削に適し，水路の掘削等に使用される。

4　(3)　クラムシェルは，オープンケーソンの掘削等，**狭い場所での深い掘削**に適している。

試験によく出る重要事項

建設機械と性能表示・使用作業

機械名	性能表示	主な作業
バックホウ	機械式バケット平積み容量［m^3］ 油圧式バケット山積み容量［m^3］	機械より低い所の掘削
パワーショベル		掘削・積込
クラムシェル	バケット平積み容量［m^3］	深い掘削
ドラグライン	バケット平積み容量［m^3］	河川浚渫
ブルドーザ	質量［t］	掘削・押土・運搬
ロードローラ	質量［t］	締固め
タンピングローラ	質量［t］	締固め
スクレープドーザ	質量［t］	狭い場所の敷均し
スクレーパ	ボウル容量［m^3］（自走式と牽引式がある。）	掘削・積込み・運搬・まき出し
ダンプトラック	最大積載量［t］	運搬
クレーン	吊上げ荷重［N］，回転力［N･m］	吊上げ
モーターグレーダー	ブレード長［m］	敷均し，切削
タイヤローラ	質量［t］	締固め
ランマ	質量［kg］	締固め

〈p.130～131の解答〉　**正解**　**1**　(1),　**2**　(4),　**3**　(3),　**4**　(3)

施工管理法（基礎知識）

第5章

● 試験制度改訂（令和3年度）後の3年間（6回分）の出題内容と出題数 ●

出題内容		令和5後	令和5前	令和4後	令和4前	令和3後	令和3前	計
施工計画	施工計画・事前調査	1	1					2
	仮設・施工体制台帳			1	1	1	1	4
	小計	1	1	1	1	1	1	6
安全管理	安全対策全般	1	1					2
	明り掘削			1	1	1	1	4
	コンクリート構造物の解体	1	1	1	1	1	1	6
	小計	2	2	2	2	2	2	12
品質管理	品質管理全般，工種・品質特性・試験方法の組合せ		1	1		1		3
	品質管理の PDCA	1					1	2
	レディーミクストコンクリート	1	1	1	1	1	1	6
	アスファルト舗装				1			1
	小計	2	2	2	2	2	2	12
環境保全対策	騒音・振動対策	1	1	1				3
	現場の環境保全				1	1	1	3
	建設リサイクル法	1	1	1	1	1	1	6
	小計	2	2	2	2	2	2	12
合　計		7	7	7	7	7	7	

5·1 施工計画

● 5·1·1 施工計画・事前調査

出題頻度 低■■■■□□高

1

施工計画作成に関する次の記述のうち，**適当でないもの**はどれか。

(1) 環境保全計画は，公害問題，交通問題，近隣環境への影響等に対し，十分な対策を立てることが主な内容である。

(2) 調達計画は，労務計画，資材計画，機械計画を立てることが主な内容である。

(3) 品質管理計画は，要求する品質を満足させるために設計図書に基づく規格値内に収まるよう計画することが主な内容である。

(4) 仮設備計画は，仮設備の設計や配置計画，安全衛生計画を立てることが主な内容である。

《R5後－47》

2

施工計画作成のための事前調査に関する次の記述のうち，**適当でないもの**はどれか。

(1) 近隣環境の把握のため，現場周辺の状況，近隣施設，交通量等の調査を行う。

(2) 工事内容の把握のため，現場事務所用地，設計図書及び仕様書の内容等の調査を行う。

(3) 現場の自然条件の把握のため，地質，地下水，湧水等の調査を行う。

(4) 労務，資機材の把握のため，労務の供給，資機材の調達先等の調査を行う。

《R5前－47》

3

施工計画作成の留意事項に関する次の記述のうち，**適当でないもの**はどれか。

(1) 施工計画は，企業内の組織を活用して，全社的な技術水準で検討する。

(2) 施工計画は，過去の同種工事を参考にして，新しい工法や新技術は考慮せずに検討する。

(3) 施工計画は，経済性，安全性，品質の確保を考慮して検討する。

(4) 施工計画は，一つのみでなく，複数の案を立て，代替案を考えて比較検討する。

《R2後－48》

4

施工計画に関する次の記述のうち，**適当でないもの**はどれか。

(1) 環境保全計画は，法規に基づく規制基準に適合するように計画することが主な内容である。

(2) 事前調査は，契約条件・設計図書を検討し，現地調査が主な内容である。

(3) 調達計画は，労務計画，資材計画，安全衛生計画が主な内容である。

(4) 品質管理計画は，設計図書に基づく規格値内に収まるよう計画することが主な内容である。

《R1後－47》

解説

1　(4)　仮設備計画は，仮設備の設計や配置計画を立てることである。**安全衛生計画は含まれない**。

2　(2)　工事内容の把握には，**現場事務所用地の調査は含まれない**。

3　(2)　施工計画は，過去の同種工事を参考にして，**新工法や新技術も考慮**する。

4　(3)　調達計画は，労務計画，資材計画，**機械計画**，**輸送計画**が主な内容である。

試験によく出る重要事項

1．計画立案の留意点

①　**作成手順**：全体工期・全体工費に及ぼす影響が大きいものを優先する。

②　**平準化**：労働力・材料・機械等の資機材の過度な集中を避け，平準化する。

③　**作業効率の向上**：繰り返し作業を増やし，習熟度を上げる。

2．計画作成のための事前調査

①　**計画内容の確認**：ⓐ事業損失，不可抗力，工事中止，資材・労務費の変動に対する変更規定，数量の増減による変更規定　ⓑかし担保の範囲等　ⓒ工事代金の支払条件

②　**設計図書の確認**：ⓐ図面と現場との確認　ⓑ図面・仕様書・施工管理基準など，規格値や基準値　ⓒ現場説明事項の内容

3．現場条件の調査

①　地形・地質・土質・地下水（設計との照合も含む）

②　施工に関係のある水文・気象データ

③　施工法・仮設規模，施工機械の選択方法。動力源・工事用水の入手方法

④　材料の供給と価格・運搬，労務の供給，労務環境，賃金の状況

⑤　工事によって支障を生ずる問題点，用地買収状況，隣接工事

⑥　騒音・振動などの環境保全基準，各種指導要綱の内容

⑦　文化財および地下埋設物などの有無

⑧　建設副産物の処理方法・処理条件など

●5・1・2　仮設，施工体制台帳

出題頻度　低■■■■■□高

5

仮設工事に関する次の記述のうち，**適当でないもの**はどれか。

(1)　材料は，一般の市販品を使用し，可能な限り規格を統一し，他工事にも転用できるような計画にする。

(2)　直接仮設工事と間接仮設工事のうち，安全施設や材料置場等の設備は，間接仮設工事である。

(3)　仮設は，使用目的や期間に応じて構造計算を行い，労働安全衛生規則の基準に合致するかそれ以上の計画とする。

(4)　指定仮設と任意仮設のうち，任意仮設では施工者独自の技術と工夫や改善の余地が多いので，より合理的な計画を立てることが重要である。

《R4前－47》

6

仮設工事に関する次の記述のうち，**適当でないもの**はどれか。

(1)　直接仮設工事と間接仮設工事のうち，現場事務所や労務宿舎等の設備は，直接仮設工事である。

(2)　仮設備は，使用目的や期間に応じて構造計算を行い，労働安全衛生規則の基準に合致するかそれ以上の計画とする。

(3)　指定仮設と任意仮設のうち，任意仮設では施工者独自の技術と工夫や改善の余地が多いので，より合理的な計画を立てることが重要である。

(4)　材料は，一般の市販品を使用し，可能な限り規格を統一し，他工事にも転用できるような計画にする。

《R4後－47》

7

仮設工事に関する次の記述のうち，**適当でないもの**はどれか。

(1)　直接仮設工事と間接仮設工事のうち，現場事務所や労務宿舎等の設備は，間接仮設工事である。

(2)　仮設備は，使用目的や期間に応じて構造計算を行うので，労働安全衛生規則の基準に合致しなくてよい。

(3)　指定仮設と任意仮設のうち，任意仮設では施工者独自の技術と工夫や改善の余地が多いので，より合理的な計画を立てることが重要である。

(4)　材料は，一般の市販品を使用し，可能な限り規格を統一し，他工事にも転用できるような計画にする。

《R3後－47》

8

仮設工事に関する次の記述のうち，**適当でないもの**はどれか。

(1)　仮設工事には，任意仮設と指定仮設があり，施工業者独自の技術と工夫や改善の余地が多いので，より合理的な計画を立てられるのは任意仮設である。

(2)　仮設工事は，使用目的や期間に応じて構造計算を行い，労働安全衛生規則の基準に合致するかそれ以上の計画としなければならない。

〈p.134～135の解答〉　**正解**　**1** (4)，**2** (2)，**3** (2)，**4** (3)

(3) 仮設工事の材料は，一般の市販品を使用し，可能な限り規格を統一し，他工事にも転用できるような計画にする。
(4) 仮設工事には直接仮設工事と間接仮設工事があり，現場事務所や労務宿舎などの設備は，直接仮設工事である。

《R2後－47》

9

公共工事において建設業者が作成する施工体制台帳及び施工体系図に関する次の記述のうち，**適当でないもの**はどれか。
(1) 施工体制台帳は，下請負人の商号又は名称などを記載し，作成しなければならない。
(2) 施工体系図は，変更があった場合には，工事完成検査までに変更を行わなければならない。
(3) 施工体系図は，工事関係者及び公衆が見やすい場所に掲げなければならない。
(4) 施工体制台帳は，その写しを発注者に提出しなければならない。

《R1後－48》

解説

5 (2) 安全施設や材料置場等の設備は，**直接仮設工事**である。

6 (1) 現場事務所や労務宿舎等の設備は，**間接仮設工事**である。

7 (2) 仮設備も，労働安全衛生規則に合致しなければならない。

8 (4) 現場事務所や労務宿舎などは，**間接仮設工事**である。

9 (2) 施工体系図は，変更があった場合は，**直ちに作成し直さなければならない。**

試験によく出る重要事項

1. 仮　設

① **任意仮設**：請負者の裁量で設置する。
② **指定仮設**：発注者が設計図書でその構造や仕様を指定しているもの。
③ **仮設材料**：可能な限り規格を統一し，一般の市販品を使用する。

2. 施工体制台帳

① **作成の基準**：発注者から直接建設工事を請負った建設業者は，公共工事においては契約金額にかかわらず，民間工事においては下請契約の総額が4,000万円（建築一式工事は6,000万円）以上のものについては，施工体制台帳を作成する。
② **記載事項**：全ての下請負人の名称，工事の内容および工期，技術者の氏名などを記載し，現場ごとに備え置く。
③ **閲　覧**：発注者から点検等を求められたときは，これを拒んではならない。
④ **掲　示**：施工体制台帳から施工体系図を作成し，工事現場の見やすい場所に掲示する。
⑤ **変　更**：施工体系図に変更があった場合は，遅滞なく変更を行う。

5・2　安全管理

● 5・2・1　安全対策全般

出題頻度　低■■■□□□高

1

労働安全衛生法上，事業者が労働者に保護帽の着用をさせなければならない作業に**該当しないもの**は，次のうちどれか。

(1)　物体の飛来又は落下の危険のある採石作業

(2)　最大積載量が5tの貨物自動車の荷の積み卸しの作業

(3)　ジャッキ式つり上げ機械を用いた荷のつり上げ，つり下げの作業

(4)　橋梁支間20mのコンクリート橋の架設作業

《R5後－48》

2

労働者の危険を防止するための措置に関する次の記述のうち，労働安全衛生法上，**誤っているもの**はどれか。

(1)　橋梁支間20m以上の鋼橋の架設作業を行うときは，物体の飛来又は落下による危険を防止するため，保護帽を着用する。

(2)　明り掘削の作業を行うときは，物体の飛来又は落下による危険を防止するため，保護帽を着用する。

(3)　高さ2m以上の箇所で墜落の危険がある作業で作業床を設けることが困難なときは，防網を張り，要求性能墜落制止用器具を使用する。

(4)　つり足場，張出し足場の組立て，解体等の作業では，原則として要求性能墜落制止用器具を安全に取り付けるための設備等を設け，かつ，要求性能墜落制止用器具を使用する。

《R5前－48》

3

特定元方事業者が，その労働者及び関係請負人の労働者の作業が同一の場所において行われることによって生じる労働災害を防止するために講ずべき措置に関する次の記述のうち，労働安全衛生法上，**正しいもの**はどれか。

(1)　作業間の連絡及び調整を行う。

(2)　労働者の安全又は衛生のための教育は，関係請負人の自主性に任せる。

(3)　一次下請け，二次下請けなどの関係請負人ごとに，協議組織を設置させる。

(4)　作業場所の巡視は，毎週の作業開始日に行う。

《H30前－52》

〈p.136～137の解答〉　**正解**　**5** (2)，**6** (1)，**7** (2)，**8** (4)，**9** (2)

4

保護帽の使用に関する次の記述のうち，**適当でないもの**はどれか。
(1)　保護帽は，頭によくあったものを使用し，あごひもは必ず正しく締める。
(2)　保護帽は，見やすい箇所に製造者名，製造年月日等が表示されているものを使用する。
(3)　保護帽は，大きな衝撃を受けた場合でも，外観に損傷がなければ使用できる。
(4)　保護帽は，改造あるいは加工したり，部品を取り除いてはならない。

《R1 後－52》

解説

1　(4)　試験機関では，正解として(4)の作業が保護帽の着用が義務づけられていないとしているが，本書では，(4)の作業も作業中は保護帽を着用したほうがよいと考えている。

2　(1)　(1)の作業では，「保護帽を着用する」が誤りとなっているが，本書では問題**1**と同様に考えている。

3　(1)　記述は，正しい。
(2)　関係請負人が行う安全又は衛生のための**教育に対する指導及び援助**を行う。
(3)　全体の協議組織を**設置し運営を行う**。
(4)　**毎日１回以上**，巡視を行う。

4　(3)　保護帽は，大きな衝撃を受けたものは，**再使用してはならない**。

試験によく出る重要事項

1.　工事現場での安全活動

①　**４Ｓ**：整理，整頓，清潔，清掃。
②　**安全朝礼**：仕事時間への気持ちの切り替え，作業者の健康状態の確認。
③　**指差し呼称**：作業者の錯覚，誤判断，誤操作の防止。
④　**ヒヤリ・ハット報告制度**：各人が作業中にヒヤリあるいはハットしたことを報告する。

2.　作業主任者の選任を必要とする作業例

①　**足場の組立作業，鉄骨の組み立て作業**：高さが５m 以上。
②　**コンクリート工作物の解体作業**：高さが５m 以上。
③　**地山の掘削作業**：掘削面の高さが２m 以上。
④　**鋼橋およびコンクリート橋の架設作業**：上部構造の高さが５m 以上または支間が 30 m 以上。

●5･2･2　明り掘削

出題頻度　低■■■■□□高

5

地山の掘削作業の安全確保に関する次の記述のうち，労働安全衛生法上，事業者が行うべき事項として**誤っているもの**はどれか。

(1)　掘削面の高さが規定の高さ以上の場合は，地山の掘削及び土止め支保工作業主任者技能講習を修了した者のうちから，地山の掘削作業主任者を選任する。

(2)　地山の崩壊等により労働者に危険を及ぼすおそれのあるときは，あらかじめ，土止め支保工を設け，防護網を張り，労働者の立入りを禁止する等の措置を講じる。

(3)　運搬機械等が労働者の作業箇所に後進して接近するときは，点検者を配置し，その者にこれらの機械を誘導させる。

(4)　明り掘削の作業を行う場所は，当該作業を安全に行うため必要な照度を保持しなければならない。

《R4後－48》

6

地山の掘削作業の安全確保に関する次の記述のうち，労働安全衛生法上，事業者が行うべき事項として**誤っているもの**はどれか。

(1)　地山の崩壊又は土石の落下による労働者の危険を防止するため，点検者を指名し，作業箇所等について，その日の作業を開始する前に点検させる。

(2)　掘削面の高さが規定の高さ以上の場合は，地山の掘削作業主任者に地山の作業方法を決定させ，作業を直接指揮させる。

(3)　明り掘削作業では，あらかじめ運搬機械等の運行経路や土石の積卸し場所への出入りの方法を定めて，地山の掘削作業主任者のみに周知すれば足りる。

(4)　明り掘削の作業を行う場所は，当該作業を安全に行うため必要な照度を保持しなければならない。

《R3前－48》

7

地山の掘削作業の安全確保に関する次の記述のうち，労働安全衛生法上，事業者が行うべき事項として**誤っているもの**はどれか。

(1)　地山の崩壊又は土石の落下による労働者の危険を防止するため，点検者を指名し，作業箇所等について，その日の作業を開始する前に点検させる。

(2)　明り掘削の作業を行う場所は，当該作業を安全に行うため必要な照度を保持しなければならない。

(3)　明り掘削の作業では，あらかじめ運搬機械等の運行の経路や土石の積卸し場所への出入りの方法を定めて，関係労働者に周知させなければならない。

(4)　掘削面の高さが規定の高さ以上の場合は，ずい道等の掘削等作業主任者に地山の作業方法を決定させ，作業を直接指揮させる。

《R2後－53》

〈p.138～139の解答〉　**正解**　**1** (4), **2** (1), **3** (1), **4** (3)

8

地山の掘削作業の安全確保に関する次の記述のうち，労働安全衛生法上，**誤っているもの**はどれか。

(1)　地山の掘削及び土止め支保工作業主任者技能講習を修了した者のうちから，地山の掘削作業主任者を選任する。

(2)　掘削により露出したガス導管のつり防護や受け防護の作業については，当該作業を指揮する者を指名して，その者の指揮のもとに当該作業を行なう。

(3)　発破等により崩壊しやすい状態になっている地山の掘削の作業を行なうときは，掘削面のこう配を45度以下とし，又は掘削面の高さを2m未満とする。

(4)　手掘りにより砂からなる地山の掘削の作業を行なうときは，掘削面のこう配を60度以下とし，又は掘削面の高さを5m未満とする。

《H30後－54》

解説

5　(3)　運搬機械等が労働者の作業箇所に後進して接近するときは，**誘導員**を配置し，その者にこれらの機械を誘導させる。

6　(3)　明り掘削の作業では，あらかじめ運搬機械等の運行の経路や土石の積卸し場所への出入りの方法を定めて，**関係労働者に周知**させなければならない。

7　(4)　掘削面の高さが2m以上の場合は，**地山の掘削作業主任者**に地山の作業方法を決定させ，作業を直接指揮させる。

8　(4)　手掘りによる砂からなる地山の掘削作業を行うときは，**掘削面のこう配を35度以下と**し，又は**掘削面の高さを5m未満**とする。

試験によく出る重要事項

掘削制限

地山	掘削面の高さ	勾配	備考
岩盤または硬い粘土からなる地山	5m未満	90°以下	2m以上　掘削面の高さ　勾配 掘削面とは，2m以上の水平段に区切られるそれぞれの掘削面をいう。
	5m以上	75°以下	
その他の地山	2m未満	90°以下	
	2～5m未満	75°以下	
	5m以上	60°以下	
砂からなる地山	5m未満または35°以下		
発破などにより崩壊しやすい状態の地山	2m未満または45°以下		

●5·2·3　解体工事

出題頻度　低■■■■■■高

9

□□□

高さ5m以上のコンクリート造の工作物の解体作業にともなう危険を防止するために事業者が行うべき事項に関する次の記述のうち，労働安全衛生法上，**誤っているもの**はどれか。

(1)　作業方法及び労働者の配置を決定し，作業を直接指揮する。

(2)　強風，大雨，大雪等の悪天候のため，作業の実施について危険が予想されるときは，当該作業を中止しなければならない。

(3)　器具，工具等を上げ，又は下ろすときは，つり綱，つり袋等を労働者に使用させる。

(4)　外壁，柱等の引倒し等の作業を行うときは，引倒し等について一定の合図を定め，関係労働者に周知させなければならない。

《R5後－49》

10

□□□

高さ5m以上のコンクリート造の工作物の解体作業にともなう危険を防止するために事業者が行うべき事項に関する次の記述のうち，労働安全衛生法上，**誤っているもの**はどれか。

(1)　外壁，柱等の引倒し等の作業を行うときは，引倒し等について一定の合図を定め，関係労働者に周知させなければならない。

(2)　物体の飛来等により労働者に危険が生ずるおそれのある箇所で解体用機械を用いて作業を行うときは，作業主任者以外の労働者を立ち入らせてはならない。

(3)　強風，大雨，大雪等の悪天候のため，作業の実施について危険が予想されるときは，当該作業を中止しなければならない。

(4)　作業計画には，作業の方法及び順序，使用する機械等の種類及び能力等が示されていなければならない。

《R4後－49》

11

□□□

コンクリート造の工作物（その高さが5メートル以上であるものに限る。）の解体又は破壊の作業における危険を防止するため事業者が行うべき事項に関する次の記述のうち，労働安全衛生法上，**誤っているもの**はどれか。

(1)　解体用機械を用いた作業で物体の飛来等により労働者に危険が生ずるおそれのある箇所に，運転者以外の労働者を立ち入らせないこと。

(2)　外壁，柱等の引倒し等の作業を行うときは，引倒し等について一定の合図を定め，関係労働者に周知させること。

(3)　強風，大雨，大雪等の悪天候のため，作業の実施について危険が予想されるときは，当該作業を注意しながら行う。

(4)　作業主任者を選任するときは，コンクリート造の工作物の解体等作業主任者技能講習を修了した者のうちから選任する。

《R3後－49》

〈p.140～141の解答〉　**正解**　**5** (3)，**6** (3)，**7** (4)，**8** (4)

12

高さ5m以上のコンクリート造の工作物の解体作業にともなう危険を防止するために事業者が行うべき事項に関する次の記述のうち，労働安全衛生法上，**誤っているもの**はどれか。

(1)　強風，大雨，大雪等の悪天候のため，作業の実施について危険が予想されるときは，当該作業を注意しながら行う。
(2)　器具，工具等を上げ，又は下ろすときは，つり綱，つり袋等を労働者に使用させる。
(3)　解体作業を行う区域内には，関係労働者以外の労働者の立ち入りを禁止する。
(4)　作業主任者を選任するときは，コンクリート造の工作物の解体等作業主任者技能講習を修了した者のうちから選任する。

《R2後－55》

解説

9　(1)　当該業務は，**作業主任者が行う業務**で，事業者が行う業務ではない。

10　(2)　物体の飛来等により労働者に危険が生ずるおそれのある箇所で解体用機械を用いて作業を行うときは，**関係者以外**の労働者を立ち入らせてはならない。

11　(3)　大雨，大雪等の悪天候のため，危険が予想されるときは，**当該作業を中止**する。

12　(1)　大雨，大雪等の悪天候のため，危険が予想されるときは，**当該作業を中止**する。

試験によく出る重要事項

構築物の解体工事の注意事項

(1)　周辺構造物，周辺環境に対する対策（粉じん，騒音・振動，飛石，地下埋設物，配電線・送電線，搬入出路等）を講じること。
(2)　器具，工具等を上げ下ろしする際は，つり綱，つり袋等を使用させること。
(3)　第三者への危害を防止するため，以下の措置を講じること。
　①　堅固な防護金網，柵等の措置。
　②　倒壊制御のため，引ワイヤ等の措置および倒壊時の合図の確認。
　③　部材落下防止支保工および防爆マット等の設置。
　④　危険箇所への立入禁止措置および明示。
(4)　圧砕機，鉄骨切断機，大型ブレーカにおける必要な措置。
　①　重機作業半径内への立入禁止措置を講じること。
　②　重機足元の安定を確認すること。
　③　騒音・振動，防じんに対する周辺への影響に配慮すること。
　④　ブレーカの運転は有資格者によるものとし，責任者から指示された者以外は運転しないこと。

5･3　品質管理

出題頻度　低■■■■□□高

● 5･3･1　品質管理全般，工種・品質特性・試験方法の組合せ

1

建設工事の品質管理における「工種・品質特性」とその「試験方法」との組合せとして，**適当でないもの**は次のうちどれか。

［工種・品質特性］　［試験方法］

(1)　土工・盛土の締固め度 ……………… RI計器による乾燥密度測定
(2)　アスファルト舗装工・安定度 ……………… 平坦性試験
(3)　コンクリート工・コンクリート用骨材の粒度 ……… ふるい分け試験
(4)　土工・最適含水比 ……………… 突固めによる土の締固め試験

《R5前－50》

2

建設工事の品質管理における「工種」・「品質特性」とその「試験方法」との組合せとして，**適当でないもの**は次のうちどれか。

［工種］・［品質特性］　［試験方法］

(1)　土工・最適含水比 ……………… 突固めによる土の締固め試験
(2)　路盤工・材料の粒度 ……………… ふるい分け試験
(3)　コンクリート工・スランプ ………… スランプ試験
(4)　アスファルト舗装工・安定度 ……… 平板載荷試験

《R3後－50》

3

土木工事の品質管理における各工種の品質特性と試験方法との組合せとして次のうち，**適当なもの**はどれか。

［工種・品質特性］　［試験方法］

(1)　コンクリート工・骨材の混合割合 ……………… 粗骨材の密度及び吸水率試験方法
(2)　土工・土の支持力値 ……………… 砂置換法による土の試験方法
(3)　アスファルト舗装工・アスファルト合材の粒度 …… 粗骨材中の軟石量試験
(4)　路盤工・路盤材料の最適含水比 ……………… 突固めによる土の締固め試験方法

《H28－56》

〈p.142～143の解答〉　正解　9 (1)，10 (2)，11 (3)，12 (1)

4

土木工事の品質管理における「工種・品質特性」と「確認方法」に関する組合せとして，**適当でないもの**は次のうちどれか。

[工種・品質特性] [確認方法]

(1) 土工・締固め度 ……………………… RI計器による乾燥密度測定
(2) 土工・支持力値 ……………………… 平板載荷試験
(3) コンクリート工・スランプ ……… マーシャル安定度試験
(4) コンクリート工・骨材の粒度 …… ふるい分け試験

《R2後－56》

5

品質管理に関する次の記述のうち，**適当でないもの**はどれか。

(1) ロットとは，様々な条件下で生産された品物の集まりである。
(2) サンプルをある特性について測定した値をデータ値（測定値）という。
(3) ばらつきの状態が安定の状態にあるとき，測定値の分布は正規分布になる。
(4) 対象の母集団からその特性を調べるため一部取り出したものをサンプル（試料）という。

《R4後－50》

解説

1 (2) アスファルト舗装工の安定度は，**マーシャル安定度試験**で品質管理を行う。

2 (4) アスファルト舗装工・安定度は，**マーシャル安定度試験**で求める。

3 (1) コンクリート工，骨材の混合割合は，**ふるい分け試験**により求める。
(2) 土工・土の支持力値は，**平板載荷試験**により求める。
(3) アスファルト舗装工・アスファルト合材の粒度は，**アスファルト抽出試験**により求める。
(4) 記述は，適当である。

4 (3) コンクリート工・スランプは，**スランプ試験**で確認する。

5 (1) ロットとは，**等しい条件下**で生産された品物の集まりである。

● 5・3・2　品質管理の PDCA・ヒストグラム

出題頻度　低■■■□□□高

6

工事の品質管理活動における品質管理の PDCA（Plan，Do，Check，Action）に関する次の記述のうち，**適当でないもの**はどれか。

(1)　第１段階（計画 Plan）では，品質特性の選定と品質規格を決定する。

(2)　第２段階（実施 Do）では，作業日報に基づき，作業を実施する。

(3)　第３段階（検討 Check）では，統計的手法により，解析・検討を行う。

(4)　第４段階（処理 Action）では，異常原因を追究し，除去する処置をとる。

《R5 後－50》

7

工事の品質管理活動における(イ)～(ニ)の作業内容について，品質管理の PDCA（Plan，Do，Check，Action）の手順として，**適当なもの**は次のうちどれか。

(イ)　異常原因を追究し，除去する処置をとる。

(ロ)　作業標準に基づき，作業を実施する。

(ハ)　統計的手法により，解析・検討を行う。

(ニ)　品質特性の選定と，品質規格を決定する。

(1)　(ロ) → (ハ) → (イ) → (ニ)

(2)　(ニ) → (イ) → (ロ) → (ハ)

(3)　(ロ) → (ニ) → (イ) → (ハ)

(4)　(ニ) → (ロ) → (ハ) → (イ)

《R3 前－50》

8

品質管理活動における(イ)～(ニ)の作業内容について，品質管理の PDCA（Plan，Do，Check，Action）の手順として，**適当なもの**は次のうちどれか。

(イ)　作業標準に基づき，作業を実施する。

(ロ)　異常原因を追求し，除去する処置をとる。

(ハ)　統計的手法により，解析・検討を行う。

(ニ)　品質特性の選定と，品質規格を決定する。

(1)　(イ) → (ニ) → (ハ) → (ロ)

(2)　(ハ) → (ニ) → (ロ) → (イ)

(3)　(ロ) → (ハ) → (イ) → (ニ)

(4)　(ニ) → (イ) → (ハ) → (ロ)

《H30 前－56》

〈p.144～145の解答〉　**正解**　**1** (2)，**2** (4)，**3** (4)，**4** (3)，**5** (1)

9

測定データ（整数）を整理した下図のヒストグラムから読み取れる内容に関する次の記述のうち，**適当でないもの**はどれか。

(1) 測定されたデータの最大値は，8である。
(2) 測定されたデータの平均値は，6である。
(3) 測定されたデータの範囲は，4である。
(4) 測定されたデータの総数は，18である。

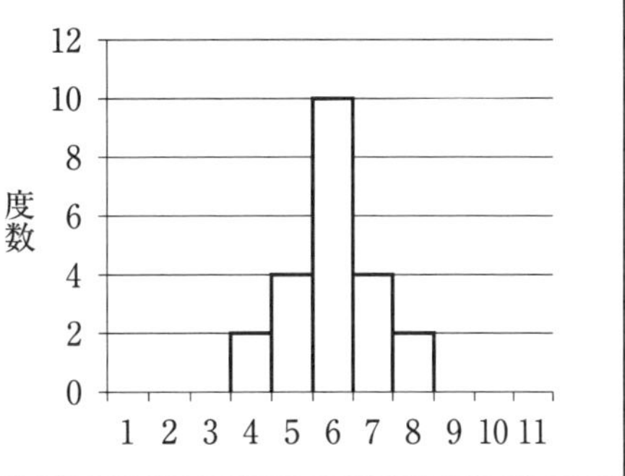

《R1 後－57》

解説

6 (2) 第2段階（実施 Do）では，**作業標準に基づき**作業を実施する。

7 (4) (ニ) **品質特性の選定**と，**品質規格を決定**する。(ロ) 作業標準に基づき，**作業を実施**する。(ハ) 統計手法により，**解析・検討**を行う。 (イ) 異常原因を追究し，**除去する処置**をとる。したがって，(ニ)→(ロ)→(ハ)→(イ)の順で行う。

8 **品質管理の手順は，計画（Plan）→実施（Do）→検討（Check）→処置（Action）の順**に実施し，これを繰り返して改善する。

(4) (イ) 作業標準に基づき，作業を実施するは，**実施に該当**する。(ロ) 異常原因を追求し，除去する処置をとるは，**処置に該当**する。(ハ) 統計的手法により，解析・検討を行うは，**検討に該当**する。(ニ) 品質特性の選定と，品質規格を決定するは，**計画に該当**する。したがって，品質管理の手順は，(ニ)→(イ)→(ハ)→(ロ)の順となる。

9 (4) 測定されたデータの**総数は 22** である。

試験によく出る重要事項

品質管理の PDCA

① Plan：施工計画立案と品質特性を決め，次に品質標準を決める。
② Do：作業標準に従って施工を行い，データを採取する。
③ Check：データの解析・検討を行う。
④ Action：異常の原因を追求し，それを除去するなどの処置を行う。

施工管理法

● 5･3･3　レディーミクストコンクリートの品質管理　出題頻度　低■■■■■■高

10

レディーミクストコンクリート（JIS A 5308）の品質管理に関する次の記述のうち，**適当でないもの**はどれか。

(1)　スランプ12cmのコンクリートの試験結果で許容されるスランプの上限値は，14.5cmである。

(2)　空気量5.0％のコンクリートの試験結果で許容される空気量の下限値は，3.5％である。

(3)　品質管理項目は，質量，スランプ，空気量，塩化物含有量である。

(4)　レディーミクストコンクリートの品質検査は，荷卸し地点で行う。

《R5前－51》

11

呼び強度24，スランプ12cm，空気量5.0％と指定したJIS A 5308レディーミクストコンクリートの試験結果について，各項目の判定基準を**満足しないもの**は次のうちどれか。

(1)　1回の圧縮強度試験の結果は，21.0 N/mm² であった。

(2)　3回の圧縮強度試験結果の平均値は，24.0 N/mm² であった。

(3)　スランプ試験の結果は，10.0cmであった。

(4)　空気量試験の結果は，3.0％であった。

《R4後－51》

12

レディーミクストコンクリート（JIS A 5308，普通コンクリート，呼び強度24）を購入し，各工区の圧縮強度の試験結果が下表のように得られたとき，受入れ検査結果の合否判定の組合せとして，**適当なもの**は次のうちどれか。

	［A工区］	［B工区］	［C工区］
(1)	不合格 ……	合　格 ……	合　格
(2)	不合格 ……	合　格 ……	不合格
(3)	合　格 ……	不合格 ……	不合格
(4)	合　格 ……	不合格 ……	合　格

単位（N/mm²）

試験回数＼工区	A工区	B工区	C工区
1回目	21	33	24
2回目	26	20	23
3回目	28	20	25
平均値	25	24.3	24

※毎回の圧縮強度値は3個の供試体の平均値

《R2後－59》

〈p.146～147の解答〉　正解　**6** (2)，**7** (4)，**8** (4)，**9** (4)

13

レディーミクストコンクリート（JIS A 5308）の受入れ検査と合格判定に関する次の記述のうち，**適当でないもの**はどれか。

(1) 圧縮強度の1回の試験結果は，購入者の指定した呼び強度の強度値の85%以上である。

(2) 空気量4.5%のコンクリートの空気量の許容差は，±2.0%である。

(3) スランプ12 cmのコンクリートのスランプの許容差は，±2.5 cmである。

(4) 塩化物含有量は，塩化物イオン量として原則0.3 kg/m³以下である。

《R5後－51》

14

レディーミクストコンクリート（JIS A 5308）の受入れ検査と合格判定に関する次の記述のうち，**適当でないもの**はどれか。

(1) 圧縮強度試験は，スランプ，空気量が許容値以内に収まっている場合にも実施する。

(2) 圧縮強度の3回の試験結果の平均値は，購入者の指定した呼び強度の強度値以上である。

(3) 塩化物含有量は，塩化物イオン量として原則3.0 kg/m³以下である。

(4) 空気量4.5%のコンクリートの許容差は，±1.5%である。

《R3後－51》

解説

10 (3) 品質管理項目は，**圧縮強度**，スランプ，空気量，塩化物含有量である。

11 (4) 空気量の許容差は±1.5%である。3.0%は，**指定値5.0%（3.5～6.5）**を満足しない。

12 (4) 1回の試験結果は，24 × 0.85 = 20.4 N/mm² 以上。平均値は24 N/mm² 以上で合格である。よって，A工区は合格，B工区は不合格，C工区は合格である。

13 (2) 空気量4.5%のコンクリートの許容差は，**±1.5%**である。

14 (3) 塩化物含有量は，塩化物イオン量として原則**0.3 kg/m³**以下である。

試験によく出る重要事項

レディーミクストコンクリート

① 受け入れ検査項目：

ⓐ 圧縮強度　ⓑ 空気量　ⓒスランプ　ⓓ塩化物イオン量

② 許容差：

ⓐ 圧縮強度は，3回の試験結果の平均値が指定呼び強度以上で，かつ，どの回の試験結果も指定呼び強度の85%以上が合格である。

ⓑ 空気量：コンクリートの種類に関係なく±1.5%以内。

ⓒ スランプ：8 cmから18 cmの場合は，±2.5 cm以内。

ⓓ 塩化物イオン量は原則として0.30 kg/m³以下。

③ アルカリ骨材反応：配合表により確認する。

● 5･3･4 アスファルト混合物，舗装の品質管理ほか

出題頻度 低■■□□□□高

15

アスファルト舗装の品質特性と試験方法に関する次の記述のうち，**適当でないもの**はどれか。

(1) 路床の強さを判定するためには，CBR試験を行う。
(2) 加熱アスファルト混合物の安定度を確認するためには，マーシャル安定度試験を行う。
(3) アスファルト舗装の厚さを確認するためには，コア採取による測定を行う。
(4) アスファルト舗装の平坦性を確認するためには，プルーフローリング試験を行う。

《R4前－50》

16

アスファルト舗装の路床の強さを判定するために行う試験として，**適当なもの**は次のうちどれか。

(1) PI（塑性指数）試験
(2) CBR試験
(3) マーシャル安定度試験
(4) すり減り減量試験

《H29－56》

17

アスファルト舗装の品質管理に関する次の測定や試験のうち，**現場で行わないもの**はどれか。

(1) プルーフローリング試験
(2) 舗装路面の平たん性測定
(3) 針入度試験
(4) RIによる密度の測定

《H25－56》

18

道路のアスファルト舗装の品質管理における品質特性と試験方法との次の組合せのうち，**適当なもの**はどれか。

［品質特性］……［試験方法］
(1) 粒度 …… 伸度試験
(2) 針入度 …… ふるい分け試験
(3) アスファルト混合物の安定度 …… CBR試験
(4) アスファルト舗装の厚さ …… コア採取による測定

《H27－56》

19

道路舗装におけるアスファルト混合物の現場受入れ時に，品質を確認する項目として，**該当しないもの**は次のうちどれか。

(1) 目視による色及びつや
(2) 目視による粒度のバラツキ
(3) 針入度の測定
(4) 温度の測定

《H20－59》

〈p.148～149の解答〉　**正解**　**10** (3), **11** (4), **12** (4), **13** (2), **14** (3)

解説

15 (4) アスファルト舗装の平坦性を確認するためには，**平坦性試験**（3m プロフィルメータ試験）を行う。

16 (1) PI 試験は，土のコンシステンシーを判定するために行う。
(2) **CBR 試験**は，路床の強さを判定するために行う。(2)は，適当である。
(3) マーシャル安定度試験は，アスファルト混合物の安定度を測定する試験。
(4) すり減り減量試験は，骨材の強度を確認する試験。

17 (3) 針入度試験は，材料としてのアスファルトの硬さを調べる試験で，プラントで行われる。受け入れ時には行わない。

18 (1) 粒度は，**ふるい分け試験**により測定する。
(2) 針入度は，**針入度試験**により測定する。
(3) アスファルト混合物の安定度は，**マーシャル安定度試験**で測定する。
(4) 組合せは，適当である。

19 (3) 針入度試験は，材料としてのアスファルトの硬さを調べる試験で，プラントで行われる。受け入れ時には行わない。

試験によく出る重要事項

道路のアスファルト舗装の現場での品質管理項目と試験方法は，次表のようである。

品質管理項目	試験方法
敷均し温度	温度測定
安定度	マーシャル安定度試験
厚さ	コア採取による厚さ測定
密度	密度試験
平坦性	3mプロフィルメータ　平坦性試験
アスファルト混合割合	コア採取による混合割合試験
アスファルト硬さ	針入度試験
たわみ量	プルーフローリング試験

5・4 環境保全対策

● 5・4・1 騒音・振動対策

出題頻度 低■■■■□□高

1

建設工事における騒音や振動に関する次の記述のうち，**適当でないもの**はどれか。

(1) 掘削，積込み作業にあたっては，低騒音型建設機械の使用を原則とする。

(2) アスファルトフィニッシャでの舗装工事で，特に静かな工事施工が要求される場合，バイブレータ式よりタンパ式の採用が望ましい。

(3) 建設機械の土工板やバケット等は，できるだけ土のふるい落としの操作を避ける。

(4) 履帯式の土工機械では，走行速度が速くなると騒音振動も大きくなるので，不必要な高速走行は避ける。

《R5後－52》

2

建設工事における環境保全対策に関する次の記述のうち，**適当なもの**はどれか。

(1) 騒音や振動の防止対策では，騒音や振動の絶対値を下げること及び発生期間の延伸を検討する。

(2) 造成工事等の土工事にともなう土ぼこりの防止対策には，アスファルトによる被覆養生が一般的である。

(3) 騒音の防止方法には，発生源での対策，伝搬経路での対策，受音点での対策があるが，建設工事では受音点での対策が広く行われる。

(4) 運搬車両の騒音や振動の防止のためには，道路及び付近の状況によって，必要に応じ走行速度に制限を加える。

《R5前－52》

3

建設工事における，騒音・振動対策に関する次の記述のうち，**適当なもの**はどれか。

(1) 舗装版の取壊し作業では，大型ブレーカの使用を原則とする。

(2) 掘削土をバックホゥ等でダンプトラックに積み込む場合，落下高を高くして掘削土の放出をスムーズに行う。

(3) 車輪式（ホイール式）の建設機械は，履帯式（クローラ式）の建設機械に比べて，一般に騒音振動レベルが小さい。

(4) 作業待ち時は，建設機械等のエンジンをアイドリング状態にしておく。

《R4後－52》

施工管理法

〈p.150～151の解答〉 **正解** **15** (4), **16** (2), **17** (3), **18** (4), **19** (3)

4 □□□

建設工事における環境保全対策に関する次の記述のうち，**適当でないもの**はどれか。

(1) 土工機械の騒音は，エンジンの回転速度に比例するので，高負荷となる運転は避ける。

(2) ブルドーザの騒音振動の発生状況は，前進押土より後進が，車速が速くなる分小さい。

(3) 覆工板を用いる場合，据付け精度が悪いとガタつきに起因する騒音・振動が発生する。

(4) コンクリートの打込み時には，トラックミキサの不必要な空ぶかしをしないよう留意する。

《R3後－52》

解説

1 (2) アスファルトフィニッシャでの舗装工事は，**タンパ式よりバイブレータ式が騒音・振動が小さい**。

2 (1) 発生期間の**短縮**を検討する。

(2) **散水**が一般的である。

(3) 建設工事では，**発生源での対策**が広く行われる。

(4) 記述は，適当である。

3 (1) 舗装版の取壊し作業では，大型ブレーカの使用を**避ける**。

(2) 掘削土をバックホゥ等でダンプトラックに積み込む場合，落下高を**低く**する。

(3) 記述は，適当である。

(4) 作業待ち時は，建設機械等のエンジンを**止める**。

4 (2) ブルドーザの掘削運搬作業での騒音の発生状況は，**後進の測度が速くなるほど大きくなる**。

● 5・4・2　現場の環境保全

出題頻度　低■■■■□□高

5

□□□

建設工事における環境保全対策に関する次の記述のうち，**適当でないもの**はどれか。

(1)　建設公害の要因別分類では，掘削工，運搬・交通，杭打ち・杭抜き工，排水工の苦情が多い。

(2)　土壌汚染対策法では，一定の要件に該当する土地所有者に，土壌の汚染状況の調査と市町村長への報告を義務付けている。

(3)　造成工事などの土工事にともなう土ぼこりの防止には，防止対策として容易な散水養生が採用される。

(4)　騒音の防止方法には，発生源での対策，伝搬経路での対策，受音点での対策がある。

《R2後－60》

6

□□□

建設工事における環境保全対策に関する次の記述のうち，**適当でないもの**はどれか。

(1)　土工機械の選定では，足回りの構造で振動の発生量が異なるので，機械と地盤との相互作用により振動の発生量が低い機種を選定する。

(2)　トラクタショベルによる掘削作業では，バケットの落下や地盤との衝突での振動が大きくなる傾向にある。

(3)　ブルドーザによる掘削運搬作業では，騒音の発生状況は，後進の速度が遅くなるほど大きくなる。

(4)　建設工事では，土砂，残土などを多量に運搬する場合，運搬経路が工事現場の内外を問わず騒音が問題となることがある。

《R1前－60》

7

□□□

建設工事における地域住民の生活環境の保全対策に関する次の記述のうち，**適当なもの**はどれか。

(1)　振動規制法上の特定建設作業においては，規制基準を満足しないことにより周辺住民の生活環境に著しい影響を与えている場合には，都道府県知事より改善勧告，改善命令が出される。

(2)　振動規制法上の特定建設作業においては，住民の生活環境を保全する必要があると認められる地域の指定は，市町村長が行う。

(3)　施工にあたっては，あらかじめ付近の居住者に工事概要を周知し，協力を求めるとともに，付近の居住者の意向を十分に考慮する必要がある。

(4)　騒音・振動の防止策として，騒音・振動の絶対値を下げること及び発生期間の延伸を検討する。

《R1後－60》

〈p.152～153の解答〉　**正解**　**1** (2),　**2** (4),　**3** (3),　**4** (2)

8

□
□
□

土工における建設機械の騒音・振動に関する次の記述のうち，**適当でないもの**はどれか。

(1)　掘削土をバックホゥなどでトラックなどに積み込む場合，落下高を高くしてスムースに行う。

(2)　掘削積込機から直接トラックなどに積み込む場合，不必要な騒音・振動の発生を避けなければならない。

(3)　ブルドーザを用いて掘削押土を行う場合，無理な負荷をかけないようにし，後進時の高速走行を避けなければならない。

(4)　掘削，積込み作業にあたっては，低騒音型建設機械の使用を原則とする。

《H30 後－60》

解説

5　(2)　土壌汚染対策法では，一定の要件に該当する土地所有者に，土壌の汚染状況の調査と**都道府県知事への報告**を義務付けている。

6　(3)　ブルドーザによる掘削運搬作業での，騒音の発生状況は，**後進の速度が速くなるほど大きくなる**。

7　(1)　改善勧告，改善命令を出せるのは**市町村長**である。
(2)　**地域の指定**は，**都道府県知事**又は**指定市の市長**が行う。
(3)　記述は，適当である。
(4)　騒音・振動の絶対値を下げること及び**発生期間の短縮**を検討する。

8　(1)　掘削土をバックホゥなどでトラックなどに積込む場合，**落下高を低く**してスムースに行う。

施工管理法

試験によく出る重要事項

1.　**環境に関する法律とその規制対象**

①　**水質汚濁防止法**………水質汚濁
②　**騒音規制法**……………騒音
③　**振動規制法**……………振動
④　**大気汚染防止法**………大気汚染
⑤　**悪臭防止法**……………悪臭

2.　環境影響評価は，**事業者**が環境に及ぼす影響の**調査**，**予測**，**評価**を行う。

3.　**建設工事に伴う環境保全対策**

①　**夜間工事**：夜間の騒音・振動は，大きく感じる。夜間工事はできるだけ避ける。
②　**施工機械**：低騒音・低振動工法や施工機械を選択して用いるようにする。
③　**低減対策**：音や振動の発生するものは，居住地より遠ざけて設置する。防音シートや防音壁，防振溝や防振幕を用いて騒音・振動を低減する。
④　**近隣環境の保全**：近隣環境の保全に留意する。工事用車両による沿道障害，掘削等による近隣建物などへの影響，耕地の踏み荒し，日照，土砂および排水の流出，地下水の水質，井戸枯れ，電波障害などを発生させないようにする。

● 5・4・3 廃棄物処理法・建設リサイクル法

出題頻度 低■■■■□□高

9

「建設工事に係る資材の再資源化等に関する法律」（建設リサイクル法）に定められている特定建設資材に**該当するものは**，次のうちどれか。

(1) ガラス類
(2) 廃プラスチック
(3) アスファルト・コンクリート
(4) 土砂

《R5後－53》

10

「建設工事に係る資材の再資源化等に関する法律」（建設リサイクル法）に定められている特定建設資材に**該当するものは**，次のうちどれか。

(1) 建設発生土
(2) 廃プラスチック
(3) コンクリート
(4) ガラス類

《R5前－53》

11

「建設工事に係る資材の再資源化等に関する法律」（建設リサイクル法）に定められている特定建設資材に**該当するものは**，次のうちどれか。

(1) 建設発生土
(2) 建設汚泥
(3) 廃プラスチック
(4) コンクリート及び鉄からなる建設資材

《R4後－53》

12

建設工事から発生する廃棄物の種類に関する次の記述のうち，「廃棄物の処理及び清掃に関する法律」上，**誤っているもの**はどれか。

(1) 工作物の除去に伴って生ずるコンクリートの破片は，産業廃棄物である。
(2) 防水アスファルトやアスファルト乳剤の使用残さなどの廃油は，産業廃棄物である。
(3) 工作物の新築に伴って生ずる段ボールなどの紙くずは，一般廃棄物である。
(4) 灯油類などの廃油は，特別管理産業廃棄物である。

《H28－61》

〈p.154～155の解答〉 正解 **5** (2), **6** (3), **7** (3), **8** (1)

13

建設工事から発生する廃棄物の種類に関する次の記述のうち，**適当でないもの**はどれか。

(1)　工作物の除去に伴って生じた繊維くずは，一般廃棄物である。

(2)　工作物の除去に伴って生じたガラスくず及び陶磁器くずは，産業廃棄物である。

(3)　揮発油類，灯油類，軽油類の廃油は，特別管理産業廃棄物である。

(4)　工作物の除去に伴って生じたアスファルト・コンクリートの破片は，産業廃棄物である。

《H26－61》

解説

9　(3)　**アスファルト・コンクリート**が特定建設資材に該当する。

10　(3)　**コンクリート**が特定建設資材に該当する。

11　(4)　特定建設資材に該当するのは，**コンクリート及び鉄からなる建設資材**である。

12　(3)　工作物の新築に伴って生ずる段ボールなどの紙くずは，**産業廃棄物**である。

13　(1)　工作物の除去に伴って生じた繊維くずは，**産業廃棄物**である。

試験によく出る重要事項

1.　特定建設資材

建設リサイクル法における再資源化を促進しなければならない廃棄物で，①　コンクリート　②　コンクリート及び鉄から成る建設資材　③　木材　④　アスファルト・コンクリートの4品目が定められている。

2.　建設発生土（土砂）は，「資源の有効な利用の促進に関する法律」（資源有効利用促進法）の指定副産物である。

3.　循環型社会に向けた対策の優先順位

①　発生抑制　　②　再使用　　③　再利用　　④　熱回収　　⑤　適正処分

4.　産業廃棄物管理票(マニフェスト)

①　排出事業者(元請負者）は，産業廃棄物の収集・運搬または処分を受託した者に対して，産業廃棄物の量にかかわらず，マニフェストを交付し，処分が完了したことを確認しなければならない。

②　排出事業者は，処理状況を年1回，都道府県知事へ報告する。産業廃棄物管理票の写しは5年間保管する。

〈p.156～157の解答〉　正解　**9** (3), **10** (3), **11** (4), **12** (3), **13** (1)

施工管理法（基礎的な能力）

第6章

● 試験制度改訂（令和3年度）後の3年間（6回分）の出題内容と出題数 ●

出題内容		年度	令和						計
			5後	5前	4後	4前	3後	3前	
施工計画	施工計画・事前調査						1	1	2
	仮設・施工体制台帳			1		1			2
	押土・運搬の作業量の算出			1		1			2
	建設機械		2		2		1	1	6
		小計	2	2	2	2	2	2	12
工程管理	工程管理の基本事項		1			1	1		3
	工程表の種類と特徴			1	1			1	3
	ネットワーク式工程表		1	1	1	1	1	1	6
		小計	2	2	2	2	2	2	12
安全管理	安全管理全般							1	1
	型枠支保工			1					1
	足場		1		1	1	1		4
	車両系建設機械			1	1		1		3
	移動式クレーン		1			1		1	3
		小計	2	2	2	2	2	2	12
品質管理	ヒストグラム					1		1	2
	管理図		1				1		2
	$\bar{x}-R$ 管理図			1	1				2
	盛土の締固め		1	1	1	1	1	1	6
		小計	2	2	2	2	2	2	12
合計			8	8	8	8	8	8	

6·1 施工計画

● 6·1·1 施工計画・事前調査

出題頻度 低■■□□□□高

1

施工計画の作成に関する下記の文章中の［　　］の(イ)〜(ニ)に当てはまる語句の組合せとして，**適当なもの**は次のうちどれか。

・事前調査は，契約条件・設計図書の検討，［(イ)］が主な内容であり，また調達計画は，労務計画，機械計画，［(ロ)］が主な内容である。
・管理計画は，品質管理計画，環境保全計画，［(ハ)］が主な内容であり，また施工技術計画は，作業計画，［(ニ)］が主な内容である。

	(イ)	(ロ)	(ハ)	(ニ)
(1)	工程計画	安全衛生計画	資材計画	仮設備計画
(2)	現地調査	安全衛生計画	資材計画	工程計画
(3)	工程計画	資材計画	安全衛生計画	仮設備計画
(4)	現地調査	資材計画	安全衛生計画	工程計画

《R3 後－54》

2

施工計画作成のための事前調査に関する下記の文章中の［　　］の(イ)〜(ニ)に当てはまる語句の組合せとして，**適当なもの**は次のうちどれか。

・［(イ)］の把握のため，地域特性，地質，地下水，気象等の調査を行う。
・［(ロ)］の把握のため，現場周辺の状況，近隣構造物，地下埋設物等の調査を行う。
・［(ハ)］の把握のため，調達の可能性，適合性，調達先等の調査を行う。また，［(ニ)］の把握のため，道路の状況，運賃及び手数料，現場搬入路等の調査を行う。

	(イ)	(ロ)	(ハ)	(ニ)
(1)	近隣環境	自然条件	資機材	輸送
(2)	自然条件	近隣環境	資機材	輸送
(3)	近隣環境	自然条件	輸送	資機材
(4)	自然条件	近隣環境	輸送	資機材

《R3 前－54》

3

施工計画作成のための事前調査に関する次の記述のうち，**適当でないもの**はどれか。

(1) 近隣環境の把握のため，現場用地の状況，近接構造物，労務の供給などの調査を行う。
(2) 工事内容の把握のため，設計図面及び仕様書の内容などの調査を行う。
(3) 現場の自然条件の把握のため，地質調査，地下水，湧水などの調査を行う。
(4) 輸送，用地の把握のため，道路状況，工事用地などの調査を行う。

《H30 前－47》

4

施工計画に関する次の記述のうち，**適当でないもの**はどれか。

(1)　調達計画には，機械の種別，台数などの機械計画，資材計画がある。

(2)　現場条件の事前調査には，近接施設への騒音振動の影響などの調査がある。

(3)　契約条件の事前調査には，設計図書の内容，地質などの調査がある。

(4)　仮設備計画には，材料置き場，占用地下埋設物，土留め工などの仮設備の設計計画がある。

《H30後－48》

解説

1　(4)　(イ)　現地調査　(ロ)　資材計画　(ハ)　安全衛生計画　(ニ)　工程計画

2　(2)　(イ)　自然条件　(ロ)　近隣環境　(ハ)　資機材　(ニ)　輸送

3　(1)　近隣環境把握のため，現場用地の状況，近隣構造物の他，**権利，公害問題，電力，水の関係，病院等の調査**を行う。

4　(4)　仮設備計画には，工事に直接関係する，**足場，支保工，土留め工等と取り付け道路，プラント，電力・給水，作業所，宿舎等多様**なものがある。

● 6・1・2　仮設・施工体制台帳

出題頻度　低■■□□□□高

5

公共工事における施工体制台帳及び施工体系図に関する下記の①～④の4つの記述のうち，建設業法上，**正しいものの数**は次のうちどれか。

① 公共工事を受注した建設業者が，下請契約を締結するときは，その金額にかかわらず，施工体制台帳を作成し，その写しを下請負人に提出するものとする。

② 施工体系図は，当該建設工事の目的物の引渡しをした時から20年間は保存しなければならない。

③ 作成された施工体系図は，工事関係者及び公衆が見やすい場所に掲げなければならない。

④ 下請負人は，請け負った工事を再下請に出すときは，発注者に施工体制台帳に記載する再下請負人の名称等を通知しなければならない。

(1)　1つ
(2)　2つ
(3)　3つ
(4)　4つ

《R5前－54》

6

仮設備工事の直接仮設工事と間接仮設工事に関する下記の文章中の［　　］の(イ)～(ニ)に当てはまる語句の組合せとして，**適当なもの**は次のうちどれか。

・［(イ)］は直接仮設工事である。
・労務宿舎は［(ロ)］である。
・［(ハ)］は間接仮設工事である。
・安全施設は［(ニ)］である。

	(イ)	(ロ)	(ハ)	(ニ)
(1)	支保工足場	間接仮設工事	現場事務所	直接仮設工事
(2)	監督員詰所	直接仮設工事	現場事務所	間接仮設工事
(3)	支保工足場	直接仮設工事	工事用道路	直接仮設工事
(4)	監督員詰所	間接仮設工事	工事用道路	間接仮設工事

《R4前－54》

〈p.160～161の解答〉　**正解**　**1** (4)，**2** (2)，**3** (1)，**4** (4)

解説

5 (1) ①　公共工事を受注した建設業者は，その金額にかかわらず施工体制台帳を作成し，その写しを**発注者**に提出する。

②　施工体系図は，**10年間保存**しなければならない。

③　記述は，正しい。

④　再下請に出すときは元請である**特定建設業者に通知**しなければならない。

したがって，正しいものは1つである。

6 (1) (イ)　支保工足場　(ロ)　間接仮設工事　(ハ)　現場事務所　(ニ)　直接仮設工事

試験によく出る重要事項

1.　施工体系図

①　特定建設業者は，各下請負人の施工分担関係を表示した施工体系図を作成しなければならない。

②　施工体系図は，当該工事現場の見やすい場所に掲げなければならない。

③　施工体系図は，10年間保存する。

2.　仮　設

①　**任意仮設**：請負者の裁量で設置する。

②　**指定仮設**：発注者が設計図書でその構造や仕様を指定しているもの。

③　**仮設材料**：可能な限り規格を統一し，一般の市販品を使用する。

3.　施工体制台帳

①　**作成の基準**：発注者から直接建設工事を請負った建設業者は，公共工事においては契約金額にかかわらず，民間工事においては下請契約の総額が4,000万円（建築一式工事は6,000万円）以上のものについては，施工体制台帳を作成する。

②　**記載事項**：全ての下請負人の名称，工事の内容および工期，技術者の氏名などを記載し，現場ごとに備え置く。

③　**閲　覧**：発注者から点検等を求められたときは，これを拒んではならない。

④　**掲　示**：施工体制台帳から施工体系図を作成し，工事現場の見やすい場所に掲示する。

⑤　**変　更**：施工体系図に変更があった場合は，遅滞なく変更を行う。

● 6･1･3　押土・運搬の作業量の算出

出題頻度　低■■■■■■高

7

ダンプトラックを用いて土砂（粘性土）を運搬する場合に，時間当たり作業量（地山土量）Q（m^3/h）を算出する計算式として下記の［　　］の(イ)～(ニ)に当てはまる数値の組合せとして，**正しいものは**次のうちどれか。

・ダンプトラックの時間当たり作業量 Q（m^3/h）

$$Q=\frac{\boxed{(イ)}\times\boxed{(ロ)}\times E}{\boxed{(ハ)}}\times 60=\boxed{(ニ)}\ m^3/h$$

q：1回当たりの積載量（7 m^3）

f：土量換算係数＝1／L（土量の変化率＝1.25）

E：作業効率（0.9）

Cm：サイクルタイム（24分）

	(イ)	(ロ)	(ハ)	(ニ)
(1)	24 ………	1.25 ………	7 ………	231.4
(2)	7 ………	0.8 ………	24 ………	12.6
(3)	24 ………	0.8 ………	7 ………	148.1
(4)	7 ………	1.25 ………	24 ………	19.7

《R5 前－55》

8

平坦な砂質地盤でブルドーザを用いて掘削押土する場合，時間当たり作業量 Q（m^3/h）を算出する計算式として下記の［　　］の(イ)～(ニ)に当てはまる数値の組合せとして，**適当なものは**次のうちどれか。

・ブルドーザの時間当たり作業量 Q（m^3/h）

$$Q=\frac{\boxed{(イ)}\times\boxed{(ロ)}\times E}{\boxed{(ハ)}}\times 60=\boxed{(ニ)}\ m^3/h$$

q：1回当たりの掘削押土量（m^3）

f：土量換算係数＝1／L（土量の変化率　ほぐし土量L＝1.25）

E：作業効率（0.7）

Cm：サイクルタイム（2分）

	(イ)	(ロ)	(ハ)	(ニ)
(1)	2 ………	0.8 ………	3 ………	22.4
(2)	2 ………	1.25 ………	3 ………	35.0
(3)	3 ………	0.8 ………	2 ………	50.4
(4)	3 ………	1.25 ………	2 ………	78.8

《R4 前－55》

〈p.162～163の解答〉　**正解**　**5** (1)，**6** (1)

解説

7 (2) (イ) 7　(ロ) 0.8　(ハ) 24　(ニ) 12.6

8 (3) (イ) 3　(ロ) 0.8　(ハ) 2　(ニ) 50.4

試験によく出る重要事項

建設機械に関するコーン指数と運搬距離

建設機械の走行に必要なコーン指数

建設機械の種類	コーン指数値 q_c (kN/m^2)
超湿地ブルドーザ	200 以上
普通湿地ブルドーザ	300 以上
スクレープドーザ	600 以上
普通ブルドーザ（15 t 級）	500 以上
普通ブルドーザ（21 t 級）	700 以上
被けん引式スクレーパ（小型）	700 以上
自走式スクレーパ（小型）	1000 以上
ダンプトラック	1200 以上

標準的な運搬機械と適応距離の関係

運搬機械の種類	運搬距離
ブルドーザ	60 m 以下
スクレープドーザ	40～250 m
被けん引式スクレーパ	60～400 m
自走式スクレーパ	200～1,200 m
ショベル系掘削機 トラクタショベル ＋ダンプトラック	100 m 以上

●6·1·4　建設機械

出題頻度　低■■■■■■高

9

建設機械の走行に関する下記の文章中の［　］の(イ)～(ニ)に当てはまる語句の組合せとして，**適当なもの**は次のうちどれか。

・建設機械の走行に必要なコーン指数は，［(イ)］より［(ロ)］の方が大きく，［(イ)］より［(ハ)］の方が小さい。

・［(ニ)］では，建設機械の走行に伴うこね返しにより土の強度が低下し，走行不可能になることもある。

	(イ)	(ロ)	(ハ)	(ニ)
(1)	普通ブルドーザ	ダンプトラック	湿地ブルドーザ	粘性土
(2)	ダンプトラック	普通ブルドーザ	湿地ブルドーザ	砂質土
(3)	ダンプトラック	湿地ブルドーザ	普通ブルドーザ	粘性土
(4)	湿地ブルドーザ	ダンプトラック	普通ブルドーザ	砂質土

《R5後－54》

10

建設機械の作業に関する下記の①～④の4つの記述のうち，**適当なものの数**は次のうちどれか。

① リッパビリティとは，バックホゥに装着されたリッパによって作業できる程度をいう。

② トラフィカビリティとは，建設機械の走行性をいい，一般にN値で判断される。

③ ブルドーザの作業効率は，砂の方が岩塊・玉石より小さい。

④ ダンプトラックの作業効率は，運搬路の沿道条件，路面状態，昼夜の別で変わる。

(1) 1つ

(2) 2つ

(3) 3つ

(4) 4つ

《R5後－55》

11

建設機械の走行に必要なコーン指数の値に関する下記の文章中の［　］の(イ)～(ニ)に当てはまる語句の組合せとして，**適当なもの**は次のうちどれか。

・ダンプトラックより普通ブルドーザ（15t級）の方がコーン指数は［(イ)］。

・スクレープドーザより［(ロ)］の方がコーン指数は小さい。

・超湿地ブルドーザより自走式スクレーパ（小型）の方がコーン指数は［(ハ)］。

・普通ブルドーザ(21t級）より［(ニ)］の方がコーン指数は大きい。

	(イ)	(ロ)	(ハ)	(ニ)
(1)	大きい	自走式スクレーパ（小型）	小さい	ダンプトラック
(2)	小さい	超湿地ブルドーザ	大きい	ダンプトラック

〈p.164～165の解答〉　正解　**7** (2)，**8** (3)

施工管理法

(3)　大きい ……… 超湿地ブルドーザ ……………… 小さい ……… 湿地ブルドーザ
(4)　小さい ……… 自走式スクレーパ（小型）……… 大きい ……… 湿地ブルドーザ

《R4後－54》

12 建設機械の作業内容に関する下記の文章中の［　　］の(イ)～(ニ)に当てはまる語句の組合せとして，**適当なもの**は次のうちどれか。

・［(イ)］とは，建設機械の走行性をいい，一般にコーン指数で判断される。
・リッパビリティーとは，［(ロ)］に装着されたリッパによって作業できる程度をいう。
・建設機械の作業効率は，現場の地形，［(ハ)］，工事規模等の各種条件によって変化する。
・建設機械の作業能力は，単独の機械又は組み合わされた機械の［(ニ)］の平均作業量で表される。

	(イ)	(ロ)	(ハ)	(ニ)
(1)	ワーカビリティー	大型ブルドーザ	作業員の人数	日当たり
(2)	トラフィカビリティー	大型バックホゥ	土質	日当たり
(3)	ワーカビリティー	大型バックホゥ	作業員の人数	時間当たり
(4)	トラフィカビリティー	大型ブルドーザ	土質	時間当たり

《R4後－55》

解説

9　(1)　(イ)　普通ブルドーザ　(ロ)　ダンプトラック　(ハ)　湿地ブルドーザ　(ニ)　粘性土

10　(1)　①　リッパビリティとは，**ブルドーザ**に装着されたリッパによって作業できる程度をいう。
②　トラフィカビリティとは，建設機械の走行性をいい，一般に**コーン指数**（q_c）で判断される。
③　ブルドーザの作業効率は，砂の方が岩塊・玉石より**大きい**。
④　記述は，適当である。
したがって，適当なものは1つである。

11　(2)　(イ)　小さい　(ロ)　超湿地ブルドーザ　(ハ)　大きい　(ニ)　ダンプトラック

12　(4)　(イ)　トラフィカビリティー　(ロ)　大型ブルドーザ　(ハ)　土質　(ニ)　時間当たり

6·2 工程管理

● 6·2·1　工程管理の基本事項

出題頻度　低■■■■□□高

1

工程管理に関する下記の①～④の４つの記述のうち，**適当なもののみを全てあげている組合せ**は次のうちどれか。

① 計画工程と実施工程に差が生じた場合には，その原因を追及して改善する。

② 工程管理では，計画工程が実施工程よりも，やや上回る程度に進行管理を実施する。

③ 常に工程の進捗状況を全作業員に周知徹底させ，作業能率を高めるように努力する。

④ 工程表は，工事の施工順序と所要の日数等をわかりやすく図表化したものである。

(1)　①②

(2)　②③

(3)　①②③

(4)　①③④

《R5 後－56》

2

工程管理に関する下記の文章中の［　　］の(イ)～(ニ)に当てはまる語句の組合せとして，**適当なもの**は次のうちどれか。

・工程表は，工事の施工順序と［(イ)］をわかりやすく図表化したものである。

・工程計画と実施工程の間に差が生じた場合は，その［(ロ)］して改善する。

・工程管理では，［(ハ)］を高めるため，常に工程の進行状況を全作業員に周知徹底する。

・工程管理では，実施工程が工程計画よりも［(ニ)］程度に管理する。

	(イ)	(ロ)	(ハ)	(ニ)
(1)	所要日数	原因を追及	経済効果	やや下回る
(2)	所要日数	原因を追及	作業能率	やや上回る
(3)	実行予算	材料を変更	経済効果	やや下回る
(4)	実行予算	材料を変更	作業能率	やや上回る

《R4 前－56》

3

工程管理の基本事項に関する下記の文章中の［　　］の(イ)～(ニ)に当てはまる語句の組合せとして，**適当なもの**は次のうちどれか。

・工程管理あたっては，［(イ)］が，［(ロ)］よりも，やや上回る程度に管理をすることが最も望ましい。

・工程管理においては，常に工程の［(ハ)］を全作業員に周知徹底させて，全作業員に［(ニ)］を高めるように努力させることが大切である。

〈p.166～167の解答〉　**正解**　**9** (1)，**10** (1)，**11** (2)，**12** (4)

	(イ)		(ロ)		(ハ)		(ニ)
(1)	実施工程	…………	工程計画	…………	進行状況	…………	作業能率
(2)	実施工程	…………	工程計画	…………	作業能率	…………	進行状況
(3)	工程計画	…………	実施工程	…………	進行状況	…………	作業能率
(4)	作業能率	………	進行状況	………	実施工程	……………	工程計画

《R3 後－56》

4 工程管理に関する次の記述のうち，**適当でないもの**はどれか。

(1) 工程表は，常に工事の進捗状況を把握でき，予定と実績の比較ができるようにする。

(2) 工程管理では，作業能率を高めるため，常に工程の進捗状況を全作業員に周知徹底する。

(3) 計画工程と実施工程に差が生じた場合は，その原因を追及して改善する。

(4) 工程管理では，実施工程が計画工程よりも，下回るように管理する。

《R2 後－50》

解説

1 (4) ①，③，④の記述は，適当である。

② **実施工程が計画工程よりも**，やや上回る程度に進行管理を実施する。

2 (2) (イ) 所要日数 (ロ) 原因を追求 (ハ) 作業能率 (ニ) やや上回る

3 (1) (イ) 実施工程 (ロ) 工程計画 (ハ) 進行状況 (ニ) 作業能率

4 (4) **実施工程が計画工程よりも**，やや上回るように管理する。

試験によく出る重要事項

工程管理の基本

① **工程管理の目的**：工期内に工事目的物を所定の品質で，経済的かつ安全に完成させること。

② **管理方針**：実施工程が計画工程よりやや上回るように管理する。

③ **管理手順**：

ⓐ 計画を立てる（Plan）。

ⓑ 計画に基づき実施する（Do）。

ⓒ 計画と実施結果を比較する（Check）。

ⓓ ずれがあれば，必要に応じて計画を見直す（Act）。

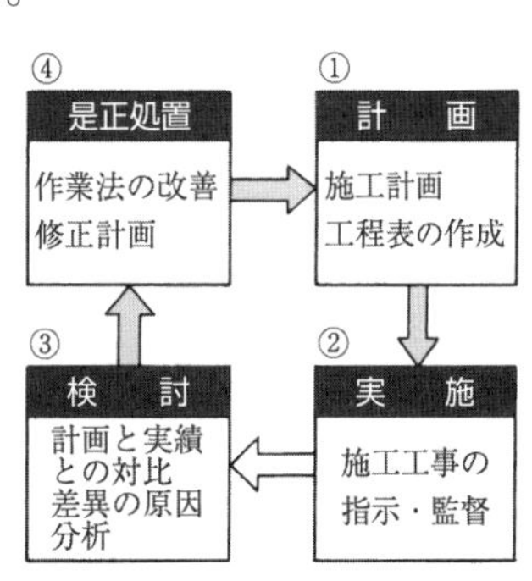

デミングサークル

● 6･2･2　工程表の種類と特徴

出題頻度　低■■■□□□高

5

工程管理に用いられる工程表に関する下記の①～④の4つの記述のうち，**適当なもののみを全てあげている組合せ**は次のうちどれか。

① 曲線式工程表には，バーチャート，グラフ式工程表，出来高累計曲線とがある。

② バーチャートは，図1のように縦軸に日数をとり，横軸にその工事に必要な距離を棒線で表す。

③ グラフ式工程表は，図2のように出来高又は工事作業量比率を縦軸にとり，日数を横軸にとって工種ごとの工程を斜線で表す。

④ 出来高累計曲線は，図3のように縦軸に出来高比率をとり横軸に工期をとって，工事全体の出来高比率の累計を曲線で表す。

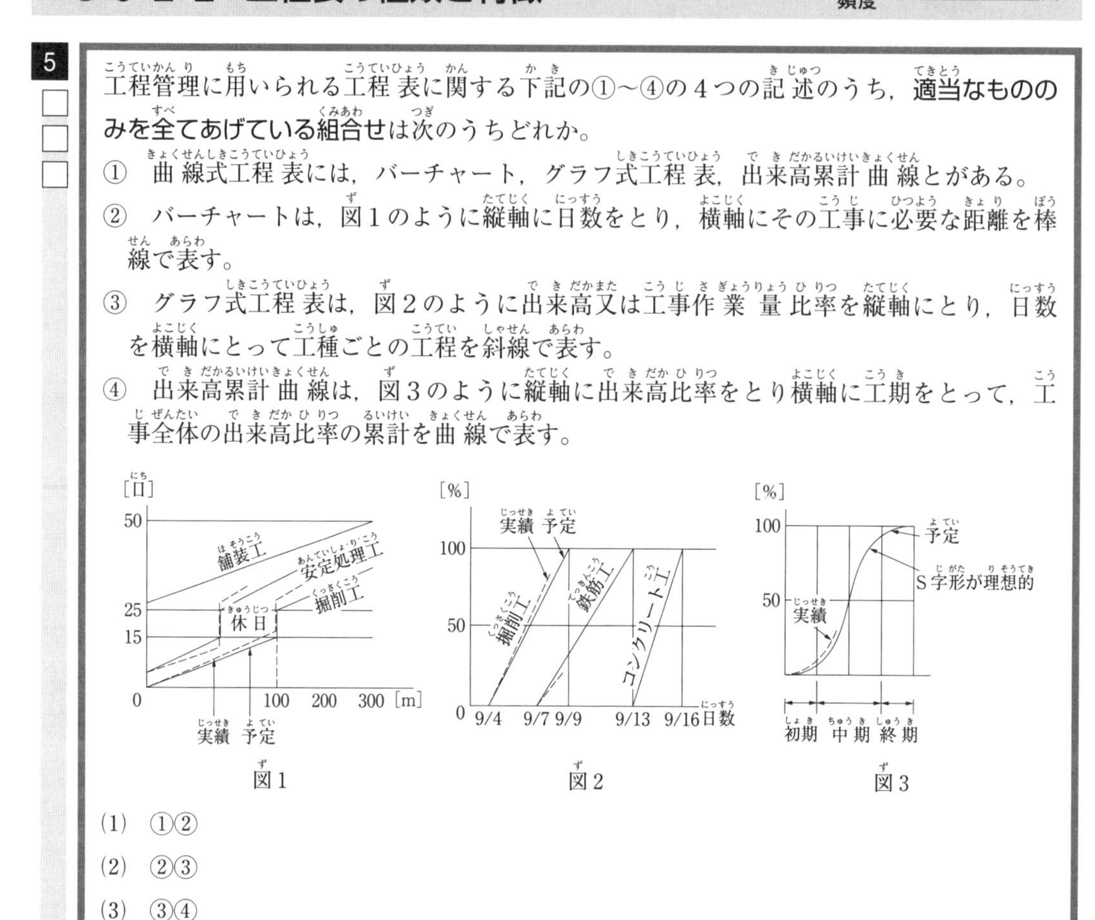

図1　　図2　　図3

(1) ①②

(2) ②③

(3) ③④

(4) ①④

《R5 前－56》

6

工程表の種類と特徴に関する下記の文章中の［　　］の(イ)～(ニ)に当てはまる語句の組合せとして，**適当なもの**は次のうちどれか。

・［(イ)］は，各工事の必要日数を棒線で表した図表である。

・［(ロ)］は，工事全体の出来高比率の累計を曲線で表した図表である。

・［(ハ)］は，各工事の工程を斜線で表した図表である。

・［(ニ)］は，工事内容を系統だてて作業相互の関連，順序や日数を表した図表である。

	(イ)	(ロ)	(ハ)	(ニ)
(1)	バーチャート ……	グラフ式工程表 …	出来高累計曲線 …	ネットワーク式工程表
(2)	ネットワーク式工程表 …	出来高累計曲線 …	バーチャート ……	グラフ式工程表

〈p.168～169の解答〉　**正解**　**1** (4), **2** (2), **3** (1), **4** (4)

(3) ネットワーク式工程表 … グラフ式工程表 … バーチャート …… 出来高累計曲線

(4) バーチャート …… 出来高累計曲線 … グラフ式工程表 … ネットワーク式工程表

《R4後－56》

7 工程表の種類と特徴に関する下記の文章中の□の(イ)～(ニ)に当てはまる語句の組合せとして，**適当なもの**は次のうちどれか。

・(イ) は，縦軸に作業名を示し，横軸にその作業に必要な日数を棒線で表した図表である。

・(ロ) は，縦軸に作業名を示し，横軸に各作業の出来高比率を棒線で表した図表である。

・(ハ) 工程表は，各作業の工程を斜線で表した図表であり，(ニ) は，作業全体の出来高比率の累計をグラフ化した図表である。

	(イ)	(ロ)	(ハ)	(ニ)
(1)	ガントチャート	出来高累計曲線	バーチャート	グラフ式
(2)	ガントチャート	出来高累計曲線	グラフ式	バーチャート
(3)	バーチャート	ガントチャート	グラフ式	出来高累計曲線
(4)	バーチャート	ガントチャート	バーチャート	出来高累計曲線

《R3前－56》

解説

5 (3) ① 曲線式工程表には，**出来高累計曲線工程表**がある。

② 図1は，**斜線式工程表**である。

③，④ 記述は，適当である。

したがって，(3)の組合せが適当である。

6 (4) (イ) バーチャート (ロ) 出来高累計曲線 (ハ) グラフ式工程表 (ニ) ネットワーク式工程表

7 (3) (イ) バーチャート (ロ) ガントチャート (ハ) グラフ式 (ニ) 出来高累計曲線

● 6·2·3 ネットワーク式工程表

出題頻度 低■■■■■■■高

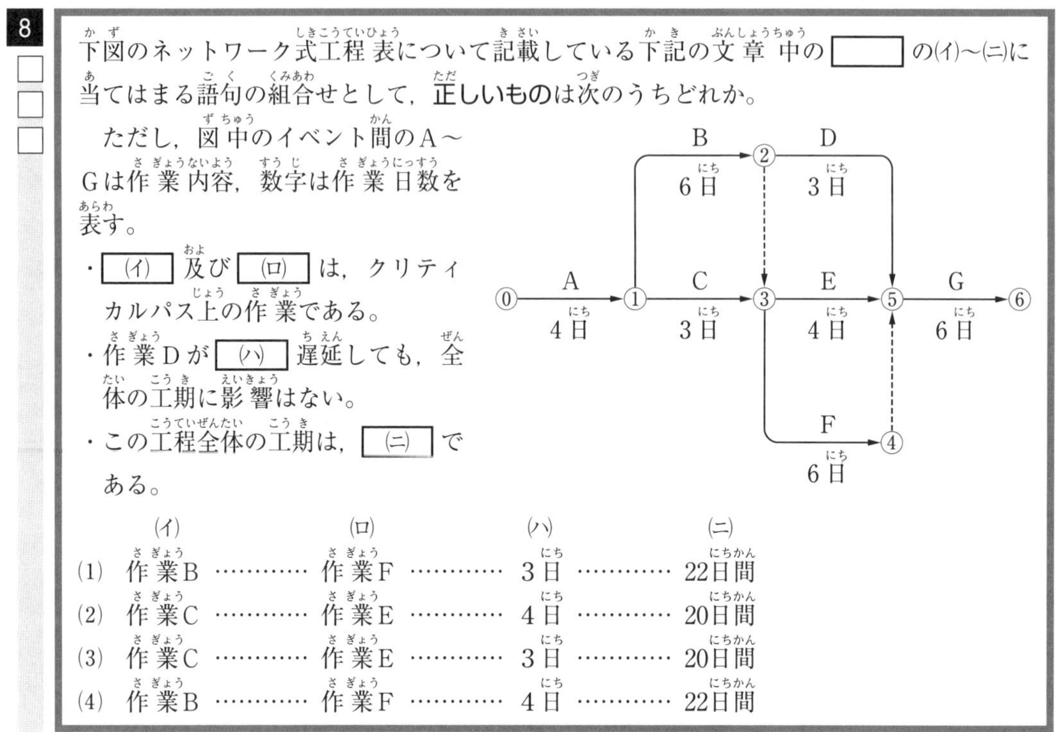

8

下図のネットワーク式工程表について記載している下記の文章中の［　　］の(イ)～(ニ)に当てはまる語句の組合せとして，**正しいもの**は次のうちどれか。

ただし，図中のイベント間のA～Gは作業内容，数字は作業日数を表す。

・［(イ)］及び［(ロ)］は，クリティカルパス上の作業である。

・作業Dが［(ハ)］遅延しても，全体の工期に影響はない。

・この工程全体の工期は，［(ニ)］である。

	(イ)	(ロ)	(ハ)	(ニ)
(1)	作業B	作業F	3日	22日間
(2)	作業C	作業E	4日	20日間
(3)	作業C	作業E	3日	20日間
(4)	作業B	作業F	4日	22日間

《R5後－57》

9

下図のネットワーク式工程表について記載している下記の文章中の［　　］の(イ)～(ニ)に当てはまる語句の組合せとして，**正しいもの**は次のうちどれか。

ただし，図中のイベント間のA～Gは作業内容，数字は作業日数を表す。

・［(イ)］及び［(ロ)］は，クリティカルパス上の作業である。

・作業Fが［(ハ)］遅延しても，全体の工期に影響はない。

・この工程全体の工期は，［(ニ)］である。

A 5日　B 5日　C 6日　D 4日　E 8日　F 7日　G 4日

	(イ)	(ロ)	(ハ)	(ニ)
(1)	作業C	作業D	1日	23日間
(2)	作業C	作業E	1日	23日間
(3)	作業B	作業E	2日	22日間
(4)	作業B	作業D	2日	22日間

《R5前－57》

施工管理法

〈p.170～171の解答〉　正解　**5** (3), **6** (4), **7** (3)

10

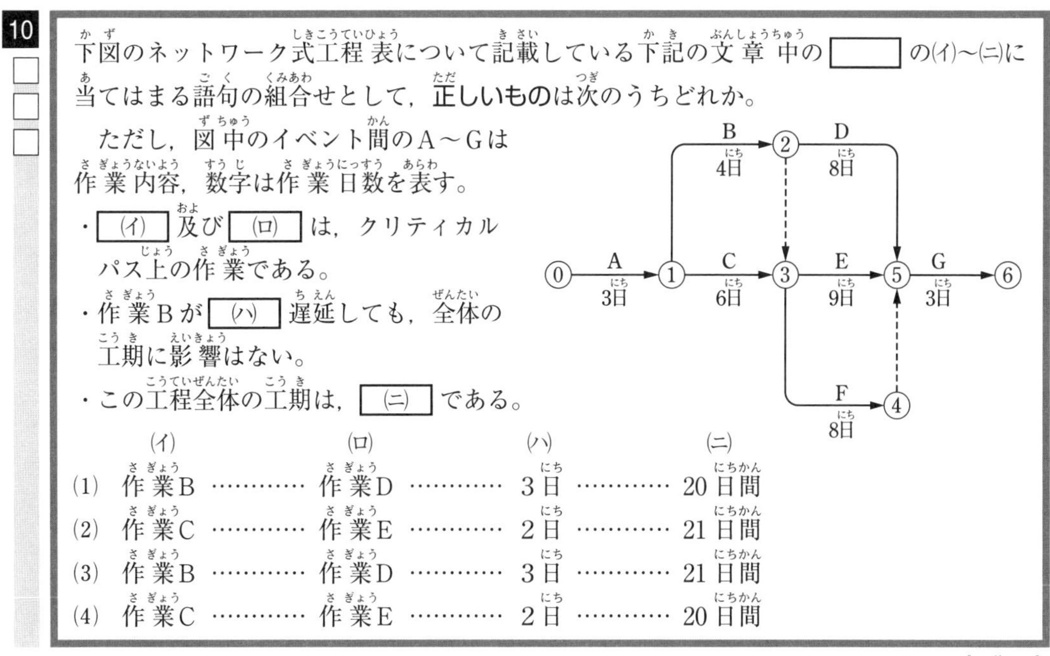

下図のネットワーク式工程表について記載している下記の文章中の［　　］の(イ)～(ニ)に当てはまる語句の組合せとして，**正しいもの**は次のうちどれか。

ただし，図中のイベント間のA～Gは作業内容，数字は作業日数を表す。

・［(イ)］及び［(ロ)］は，クリティカルパス上の作業である。

・作業Bが［(ハ)］遅延しても，全体の工期に影響はない。

・この工程全体の工期は，［(ニ)］である。

	(イ)	(ロ)	(ハ)	(ニ)
(1)	作業B	作業D	3日	20日間
(2)	作業C	作業E	2日	21日間
(3)	作業B	作業D	3日	21日間
(4)	作業C	作業E	2日	20日間

《R4後－57》

11

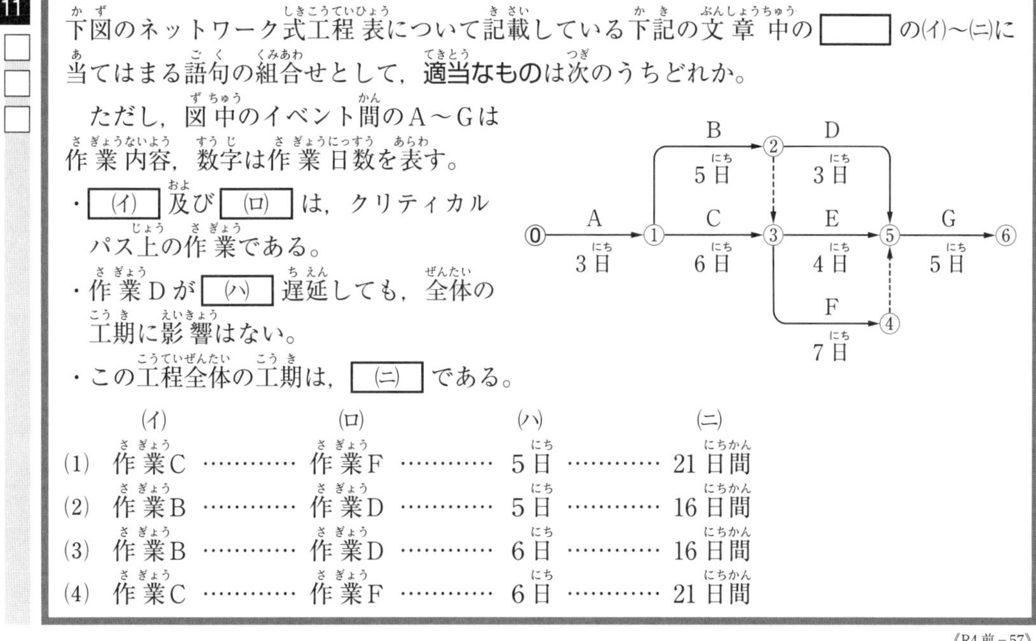

下図のネットワーク式工程表について記載している下記の文章中の［　　］の(イ)～(ニ)に当てはまる語句の組合せとして，**適当なもの**は次のうちどれか。

ただし，図中のイベント間のA～Gは作業内容，数字は作業日数を表す。

・［(イ)］及び［(ロ)］は，クリティカルパス上の作業である。

・作業Dが［(ハ)］遅延しても，全体の工期に影響はない。

・この工程全体の工期は，［(ニ)］である。

	(イ)	(ロ)	(ハ)	(ニ)
(1)	作業C	作業F	5日	21日間
(2)	作業B	作業D	5日	16日間
(3)	作業B	作業D	6日	16日間
(4)	作業C	作業F	6日	21日間

《R4前－57》

解説

8　(1)　(イ)　作業B　(ロ)　作業F　(ハ)　3日　(ニ)　22日

9　(2)　(イ)　作業C　(ロ)　作業E　(ハ)　1日　(ニ)　23日

10　(2)　(イ)　作業C　(ロ)　作業E　(ハ)　2日　(ニ)　21日間

11　(1)　(イ)　作業C　(ロ)　作業F　(ハ)　5日　(ニ)　21日間

6・3　安全管理

● 6・3・1　安全管理全般

出題頻度　低■□□□□□高

1

複数の事業者が混在している事業場の安全衛生管理体制に関する下記の文章中の［　　］の(イ)～(ニ)に当てはまる語句の組合せとして，労働安全衛生法上，**正しいもの**は次のうちどれか。

・事業者のうち，一つの場所で行う事業で，その一部を請負人に請け負わせている者を［(イ)］という。

・［(イ)］のうち，建設業等の事業を行う者を［(ロ)］という。

・［(ロ)］は，労働災害を防止するため，［(ハ)］の運営や作業場所の巡視は［(ニ)］に行う。

	(イ)	(ロ)	(ハ)	(ニ)
(1)	元方事業者	特定元方事業者	技能講習	毎週作業開始日
(2)	特定元方事業者	元方事業者	協議組織	毎作業日
(3)	特定元方事業者	元方事業者	技能講習	毎週作業開始日
(4)	元方事業者	特定元方事業者	協議組織	毎作業日

《R3前－58》

2

特定元方事業者が，その労働者及び関係請負人の労働者の作業が同一の場所において行われることによって生じる労働災害を防止するために講ずべき措置に関する次の記述のうち，労働安全衛生法上，**誤っているもの**はどれか。

(1)　特定元方事業者の作業場所の巡視は毎週作業開始日に行う。

(2)　特定元方事業者と関係請負人との間や関係請負人相互間の連絡及び調整を行う。

(3)　特定元方事業者と関係請負人が参加する協議組織を設置する。

(4)　特定元方事業者は関係請負人が行う教育の場所や使用する資料を提供する。

《H28－52》

〈p.172～173の解答〉　正解　**8** (1)，**9** (2)，**10** (2)，**11** (1)

3

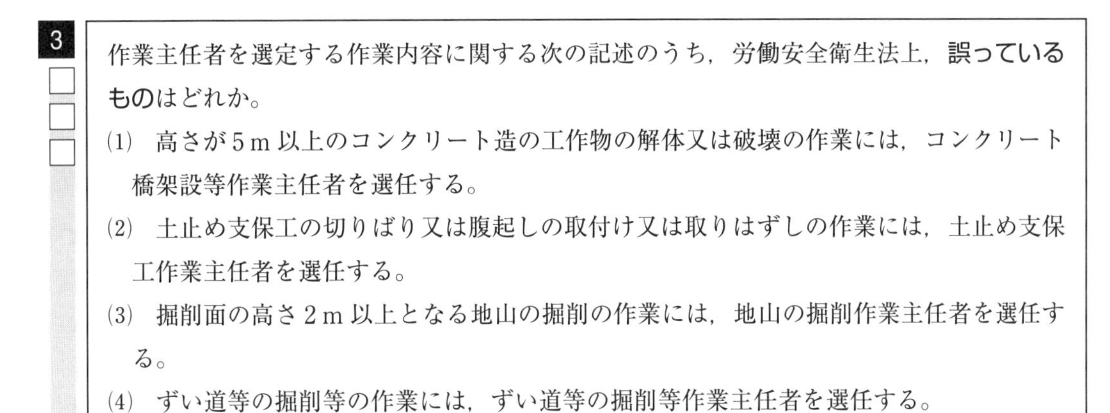

作業主任者を選定する作業内容に関する次の記述のうち，労働安全衛生法上，**誤っているもの**はどれか。

(1)　高さが5m以上のコンクリート造の工作物の解体又は破壊の作業には，コンクリート橋架設等作業主任者を選任する。

(2)　土止め支保工の切りばり又は腹起しの取付け又は取りはずしの作業には，土止め支保工作業主任者を選任する。

(3)　掘削面の高さ2m以上となる地山の掘削の作業には，地山の掘削作業主任者を選任する。

(4)　ずい道等の掘削等の作業には，ずい道等の掘削等作業主任者を選任する。

《H27－52》

解説

1　(4)　(イ)　元方事業者　(ロ)　特定元方事業者　(ハ)　協議組織　(ニ)　毎作業日

2　(1)　特定元方事業者の作業場所の巡視は**毎日行う**。

3　(1)　高さが5m以上のコンクリート造の工作物の解体又は破壊の作業には，**コンクリート造の工作物の解体等作業主任者**を選任する。

●6・3・2　型枠支保工

出題頻度　低■■□□□□高

4

型枠支保工に関する下記の①～④の4つの記述のうち，**適当なものの数**は次のうちどれか。

① 型枠支保工を組み立てるときは，組立図を作成し，かつ，この組立図により組み立てなければならない。

② 型枠支保工に使用する材料は，著しい損傷，変形又は腐食があるものは，補修して使用しなければならない。

③ 型枠支保工は，型枠の形状，コンクリートの打設の方法等に応じた堅固な構造のものでなければならない。

④ 型枠支保工作業は，型枠支保工の組立等作業主任者が，作業を直接指揮しなければならない。

(1) 1つ

(2) 2つ

(3) 3つ

(4) 4つ

《R5前－58》

5

型枠支保工に関する次の記述のうち，労働安全衛生法上，**誤っているもの**はどれか。

(1) 型枠支保工を組み立てるときは，組立図を作成し，かつ，この組立図により組み立てなければならない。

(2) 型枠支保工は，型枠の形状，コンクリートの打設の方法等に応じた堅固な構造のものでなければならない。

(3) 型枠支保工の組立て等の作業で，悪天候により作業の実施について危険が予想されるときは，監視員を配置しなければならない。

(4) 型枠支保工の組立て等作業主任者は，作業の方法を決定し，作業を直接指揮しなければならない。

《R2後－52》

〈p.174～175の解答〉　**正解**　**1** (4),　**2** (1),　**3** (1)

6

□□□

型わく支保工に関する次の記述のうち，労働安全衛生法上，**誤っているもの**はどれか。

(1) コンクリートの打設を行うときは，作業の前日までに型わく支保工について点検しなければならない。

(2) 型わく支保工に使用する材料は，著しい損傷，変形又は腐食があるものを使用してはならない。

(3) 型わく支保工を組み立てるときは，組立図を作成し，かつ，当該組立図により組み立てなければならない。

(4) 型わく支保工の支柱の継手は，突合せ継手又は差込み継手としなければならない。

《H30後－52》

解説

4 (3) ①，③，④ 記述は，適当である。

② 型枠支保工に使用する材料は，著しい損傷，変形又は腐食があるものは，**使用してはならない**。

5 (3) 型枠支保工の組立て等の作業で，悪天候により作業の実施について危険が予想されるときは，**作業を中止**しなければならない。

6 (1) コンクリートの打設を行うときは，**作業直前**に型枠支保工について点検しなければならない。

試験によく出る重要事項

型枠支保工の組立て上の留意事項

① 型枠支保工を組み立てるときは，組立図を作成し，これに基づいて組み立てる。
② 型枠支保工の組立てや解体作業を行うときは，作業主任者を選任して行う。
③ 強風・大雨の危険が予測されるときは，作業を中止する。
④ パイプサポートは，３本以上継いで用いない。
⑤ 支柱の継手は，突合せ継手または差し込み継手とする。

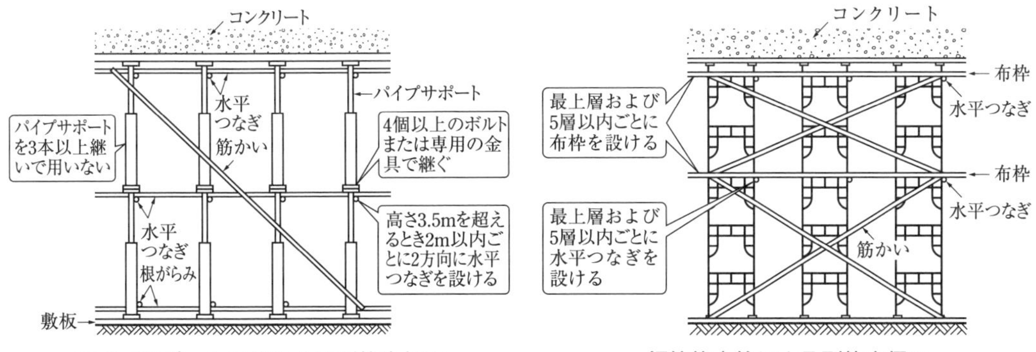

パイプサポート支柱による型枠支保工　　鋼管枠支柱による型枠支保工

施工管理法

● 6·3·3 足場

出題頻度 低■■■■□□高

7

足場の安全に関する下記の文章中の［　　］の(イ)～(ニ)に当てはまる語句の組合せとして，労働安全衛生法上，**正しいもの**は次のうちどれか。

・高さ2m以上の足場（一側足場及びわく組足場を除く）の作業床には，墜落や転落を防止するため，手すりと［(イ)］を設置する。
・高さ2m以上の足場（一側足場及びつり足場を除く）の作業床の幅は40cm以上とし，物体の落下を防ぐ［(ロ)］を設置する。
・高さ2m以上の足場（一側足場及びつり足場を除く）の作業床における床材間の［(ハ)］は，3cm以下とする。
・高さ5m以上の足場の組立て，解体等の作業を行う場合は，［(ニ)］が指揮を行う。

	(イ)	(ロ)	(ハ)	(ニ)
(1)	中さん	幅木	隙間	足場の組立て等作業主任者
(2)	幅木	中さん	段差	監視人
(3)	中さん	幅木	段差	足場の組立て等作業主任者
(4)	幅木	中さん	隙間	監視人

《R5後－58》

8

作業床の端，開口部における，墜落・落下防止に関する下記の文章中の［　　］の(イ)～(ニ)に当てはまる語句の組合せとして，**適当なもの**は次のうちどれか。

・作業床の端，開口部には，必要な強度の囲い，［(イ)］，［(ロ)］を設置する。
・囲い等の設置が困難な場合は，安全確保のため［(ハ)］を設置し，［(ニ)］を使用させる等の措置を講ずる。

	(イ)	(ロ)	(ハ)	(ニ)
(1)	手すり	覆い	安全ネット	要求性能墜落制止用器具
(2)	足場板	筋かい	作業台	昇降施設
(3)	手すり	覆い	安全ネット	昇降施設
(4)	足場板	筋かい	作業台	要求性能墜落制止用器具

《R4後－58》

9

高さ2m以上の足場（つり足場を除く）の安全に関する下記の文章中の［　　］の(イ)～(ニ)に当てはまる数値の組合せとして，労働安全衛生法上，**正しいもの**は次のうちどれか。

・足場の作業床の手すりの高さは，［(イ)］cm以上とする。
・足場の作業床の幅は，［(ロ)］cm以上とする。
・足場の床材間の隙間は，［(ハ)］cm以下とする。
・足場の作業床より物体の落下を防ぐ幅木の高さは，［(ニ)］cm以上とする。

〈p.176～177の解答〉 **正解** **4** (3)，**5** (3)，**6** (1)

施工管理法

	(イ)	(ロ)	(ハ)	(ニ)
(1)	75	30	5	10
(2)	75	40	5	5
(3)	85	30	3	5
(4)	85	40	3	10

《R4 前－58》

10 足場の安全管理に関する下記の文章中の［　］の(イ)～(ニ)に当てはまる語句の組合せとして，労働安全衛生法上，**適当なもの**は次のうちどれか。

・足場の作業床より物体の落下を防ぐ，［(イ)］を設置する。
・足場の作業床の［(ロ)］には，［(ハ)］を設置する。
・足場の作業床の［(ニ)］は，3 cm 以下とする。

	(イ)	(ロ)	(ハ)	(ニ)
(1)	幅木	手すり	筋かい	すき間
(2)	幅木	手すり	中さん	すき間
(3)	中さん	筋かい	幅木	段差
(4)	中さん	筋かい	手すり	段差

《R3 後－58》

解説

7 (1) (イ) 中さん (ロ) 幅木 (ハ) 隙間 (ニ) 足場の組立て等作業主任者

8 (1) (イ) 手すり (ロ) 覆い (ハ) 安全ネット (ニ) 要求性能墜落制止用器具

9 (4) (イ) 85 (ロ) 40 (ハ) 3 (ニ) 10

10 (2) (イ) 幅木 (ロ) 手すり (ハ) 中さん (ニ) すき間

試験によく出る重要事項

鋼管（単管）足場の安全対策

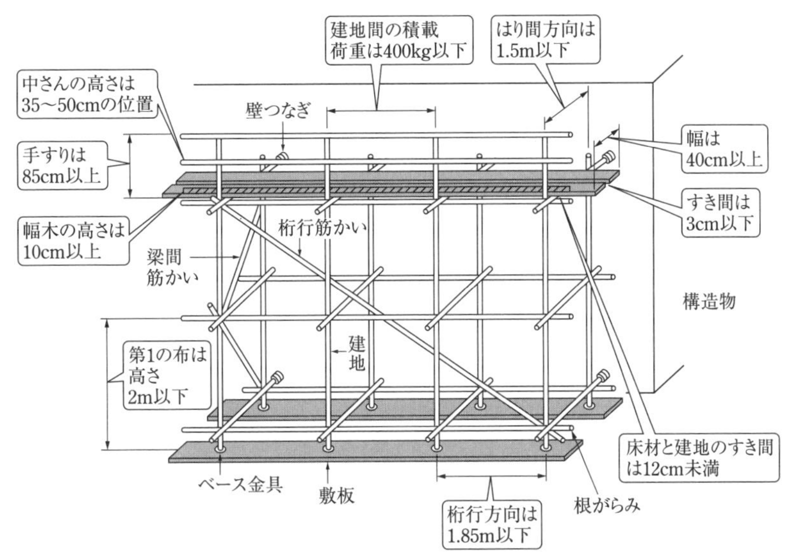

● 6・3・4 車両系建設機械

出題頻度 低■■■■■□高

11

車両系建設機械を用いた作業において，事業者が行うべき事項に関する下記の①～④の4つの記述のうち，労働安全衛生法上，**正しいものの数**は次のうちどれか。

① 岩石の落下等により労働者に危険が生ずるおそれのある場所で作業を行う場合は，堅固なヘッドガードを装備した機械を使用させなければならない。

② 転倒や転落により運転者に危険が生ずるおそれのある場所では，転倒時保護構造を有し，かつ，シートベルトを備えたもの以外の車両系建設機械を使用しないように努めなければならない。

③ 機械の修理やアタッチメントの装着や取り外しを行う場合は，作業指揮者を定め，作業手順を決めさせるとともに，作業の指揮等を行わせなければならない。

④ ブームやアームを上げ，その下で修理等の作業を行う場合は，不意に降下することによる危険を防止するため，作業指揮者に安全支柱や安全ブロック等を使用させなければならない。

(1) 1つ
(2) 2つ
(3) 3つ
(4) 4つ

《R5 前－59》

12

車両系建設機械の災害防止に関する下記の文章中の［　　］の(イ)～(ニ)に当てはまる語句の組合せとして，労働安全衛生規則上，**正しいもの**は次のうちどれか。

・運転者は，運転位置を離れるときは，原動機を止め，［(イ)］走行ブレーキをかける。
・転倒や転落のおそれがある場所では，転倒時保護構造を有し，かつ，［(ロ)］を備えた機種の使用に努める。
・［(ハ)］以外の箇所に労働者を乗せてはならない。
・［(ニ)］にブレーキやクラッチの機能について点検する。

	(イ)	(ロ)	(ハ)	(ニ)
(1)	または	安全ブロック	助手席	作業の前日
(2)	または	シートベルト	乗車席	作業の前日
(3)	かつ	シートベルト	乗車席	その日の作業開始前
(4)	かつ	安全ブロック	助手席	その日の作業開始前

《R4 後－59》

13

車両系建設機械を用いた作業において，事業者が行うべき事項に関する下記の文章中の［　　］の(イ)～(ニ)に当てはまる語句の組合せとして，労働安全衛生法上，**正しいもの**は次のうちどれか。

〈p.178～179の解答〉 正解 **7** (1)，**8** (1)，**9** (4)，**10** (2)

・車両系建設機械には，原則として (イ) を備えなければならず，また転倒又は転落の危険が予想される作業では運転者に (ロ) を使用させるよう努めなければならない。
・岩石の落下等の危険が予想される場合，堅固な (ハ) を装備しなければならない。
・運転者が運転席を離れる際は，原動機を止め， (ニ) ，走行ブレーキをかける等の措置を講じさせなければならない。

	(イ)	(ロ)	(ハ)	(ニ)
(1)	前照燈	要求性能墜落制止用器具	バックレスト	または
(2)	回転燈	要求性能墜落制止用器具	バックレスト	かつ
(3)	回転燈	シートベルト	ヘッドガード	または
(4)	前照燈	シートベルト	ヘッドガード	かつ

《R3後－59》

14 車両系建設機械の作業に関する次の記述のうち，労働安全衛生法上，事業者が行うべき事項として**正しいもの**はどれか。

(1) 運転者が運転位置を離れるときは，バケット等の作業装置を地上から上げた状態とし，建設機械の逸走を防止しなければならない。
(2) 転倒や転落により運転者に危険が生ずるおそれのある場所では，転倒時保護構造を有するか，又は，シートベルトを備えた機種以外を使用しないように努めなければならない。
(3) 運転について誘導者を置くときは，一定の合図を定めて合図させ，運転者はその合図に従わなければならない。
(4) アタッチメントの装着や取り外しを行う場合には，作業指揮者を定め，その者に安全支柱，安全ブロック等を使用して作業を行わせなければならない。

《R2後－54》

解説

11 (3) ①，②，③ 記述は，正しい。
④ **事業者**は，安全支柱や安全ブロックなどを使用し，落下防止対策を行う。

12 (3) (イ) かつ (ロ) シートベルト (ハ) 乗車席 (ニ) その日の作業開始前

13 (4) (イ) 前照燈 (ロ) シートベルト (ハ) ヘッドガード (ニ) かつ

14 (1) 運転者が運転位置を離れるときは，バケット等の**作業装置**を，**地上におろす**。
(2) 転倒等のおそれのある場所では，転倒時保護構造を有し，**かつ**，**シートベルトを備えた機種**を使用する。
(3) 記述は，正しい。
(4) アタッチメントの装着や取り外しを行う場合は，作業指揮者を定め，**その者の指揮に従い**，作業を行う。

試験によく出る重要事項

建設機械の安全管理

① **運転中の危険防止**：車両系建設機械に接触する危険のある個所には，労働者は立入禁止にする。
② **離席**：運転者が運転位置から離れるときは，バケットを地上に下し，逸走防止措置を行う。
③ **点検**：車両系建設機械は，作業開始前に点検を行い，また，定期に自主検査を実施する。

● 6·3·5　移動式クレーン

出題頻度　低■■■■□□高

15

移動式クレーンを用いた作業において，事業者が行うべき事項に関する下記の①～④の4つの記述のうち，クレーン等安全規則上，**正しいものの数**は次のうちどれか。

① 移動式クレーンにその定格荷重をこえる荷重をかけて使用してはならない。

② 軟弱地盤のような移動式クレーンが転倒するおそれのある場所では，原則として作業を行ってはならない。

③ アウトリガーを有する移動式クレーンを用いて作業を行うときは，原則としてアウトリガーを最大限に張り出さなければならない。

④ 移動式クレーンの運転者を，荷をつったままで旋回範囲から離れさせてはならない。

(1)　1つ

(2)　2つ

(3)　3つ

(4)　4つ

《R5後－59》

16

移動式クレーンを用いた作業に関する下記の文章中の［　　］の(イ)～(ニ)に当てはまる語句の組合せとして，クレーン等安全規則上，**正しいもの**は次のうちどれか。

・クレーンの定格荷重とは，フック等のつり具の重量を［(イ)］最大つり上げ荷重である。

・事業者は，クレーンの運転者及び［(ロ)］者が定格荷重を常時知ることができるよう，表示等の措置を講じなければならない。

・事業者は，原則として［(ハ)］を行う者を指名しなければならない。

・クレーンの運転者は，荷をつったままで，運転位置を［(ニ)］。

	(イ)	(ロ)	(ハ)	(ニ)
(1)	含まない ……	玉掛け ………	合図 ………	離れてはならない
(2)	含む …………	合図 …………	監視 ………	離れて荷姿や人払いを確認するのがよい
(3)	含まない ……	玉掛け ………	合図 ………	離れて荷姿や人払いを確認するのがよい
(4)	含む …………	合図 …………	監視 ………	離れてはならない

《R4前－59》

17

移動式クレーンを用いた作業において，事業者が行うべき事項に関する下記の文章中の［　　］の(イ)～(ニ)に当てはまる語句の組合せとして，クレーン等安全規則上，**正しいもの**は次のうちどれか。

・移動式クレーンに，その［(イ)］をこえる荷重をかけて使用してはならず，また強風のため作業に危険が予想されるときには，当該作業を［(ロ)］しなければならない。

・移動式クレーンの運転者を荷をつったままで［(ハ)］から離れさせてはならない。

・移動式クレーンの作業においては，［(ニ)］を指名しなければならない。

〈p.180～181の解答〉　**正解**　**11** (3)，**12** (3)，**13** (4)，**14** (3)

	(イ)	(ロ)	(ハ)	(ニ)
(1)	定格荷重	注意して実施	運転位置	監視員
(2)	定格荷重	中止	運転位置	合図者
(3)	最大荷重	注意して実施	旋回範囲	合図者
(4)	最大荷重	中止	旋回範囲	監視員

《R3 前－59》

18

移動式クレーンを用いた作業において，事業者が行うべき事項に関する次の記述のうち，クレーン等安全規則上，**誤っているもの**はどれか。

(1)　運転者や玉掛け者が，つり荷の重心を常時知ることができるよう，表示しなければならない。

(2)　強風のため，作業の実施について危険が予想されるときは，作業を中止しなければならない。

(3)　アウトリガー又は拡幅式のクローラは，原則として最大限に張り出さなければならない。

(4)　運転者を，荷をつったままの状態で運転位置から離れさせてはならない。

《R1 後－54》

解説

15　(3)　①，②，③　記述は，正しい。

④　移動式クレーンの運転者を，荷をつったままで**運転席から離れさせてはならない。**

16　(1)　(イ)　含まない　(ロ)　玉掛け　(ハ)　合図　(ニ)　離れてはならない

17　(2)　(イ)　定格荷重　(ロ)　中止　(ハ)　運転位置　(ニ)　合図者

18　(1)　運転者や玉掛け者が，**定格荷重**を常時知ることができるよう，表示しなければならない。

試験によく出る重要事項

移動式クレーンの作業時の留意点

移動式クレーンを使用して荷の吊り上げ等を行うとき，作業上の留意点は次のとおりである。

①　定格荷重を表示し，これを超えて荷重をかけてはならない。**定格荷重は，ブームの傾斜角や長さに応じて，そのクレーンが吊り上げることができる最大の荷重から吊り具重量を控除した荷重**である。定格総荷重は，ブームの傾斜角や長さに応じて，そのクレーンが吊り上げることができる最大の荷重で，吊り具重量も含んだ荷重である。

②　クレーンで労働者を運搬し，または労働者を吊り上げて作業をさせてはならない。ただし，作業の性質上やむを得ない場合は，**クレーンの吊り具に専用の搭乗設備を設けて労働者を乗せることができる。**

③　転倒防止のために鉄板を敷き，アウトリガーを最大限に張り出して固定する。

④　オペレータは，**荷を吊り上げたままで運転席を離れない。**

⑤　強風のため危険が予想されるときは，作業を中止する。

⑥　玉掛け用ワイヤロープは，**ワイヤの安全係数 6 以上，ワイヤの素線切断 10％未満，直径の減少が公称径の 7 ％以下**，キンク（曲がって折目のあるもの）や腐食のないワイヤでなければならない。

⑦　移動式クレーンのジブの組立，または解体の作業を行うときは，作業を指揮する者を選任し，その者の指揮の下で作業を実施させなければならない。

⑧　事業者は，クレーンの運転者及び玉賭け者が定格荷重を常時知ることができるよう，表示等の措置を講じなければならない。

⑨　事業者は，原則として合図を行う者を指名しなければならない。

6・4 品質管理

● 6・4・1 ヒストグラム

出題頻度 低■■■■■□□高

1

品質管理に用いられるヒストグラムに関する下記の文章中の［　　］の(イ)～(ニ)に当てはまる語句の組合せとして，**適当なもの**は次のうちどれか。

- ヒストグラムは，測定値の［(イ)］を知るのに最も簡単で効率的な統計手法である。
- ヒストグラムは，データがどのような分布をしているかを見やすく表した［(ロ)］である。
- ヒストグラムでは，横軸に測定値，縦軸に［(ハ)］を示している。
- 平均値が規格値の中央に見られ，左右対称なヒストグラムは［(ニ)］いる。

	(イ)	(ロ)	(ハ)	(ニ)
(1)	ばらつき	折れ線グラフ	平均値	作業に異常が起こって
(2)	異常値	柱状図	平均値	良好な品質管理が行われて
(3)	ばらつき	柱状図	度数	良好な品質管理が行われて
(4)	異常値	折れ線グラフ	度数	作業に異常が起こって

《R4 前－60》

2

A工区，B工区における測定値を整理した下図のヒストグラムについて記載している下記の文章中の［　　］の(イ)～(ニ)に当てはまる語句の組合せとして，**適当なもの**は次のうちどれか。

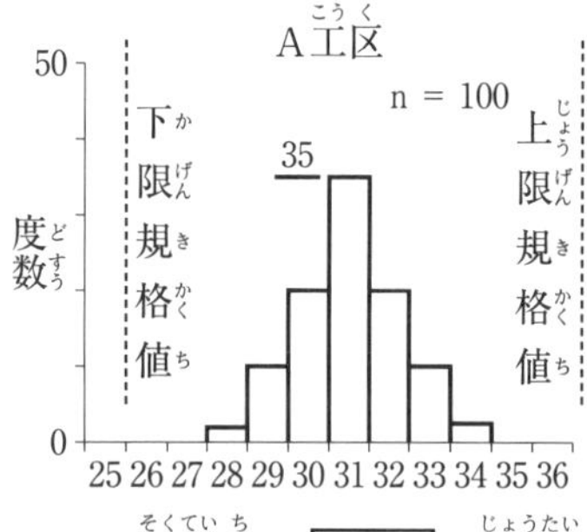

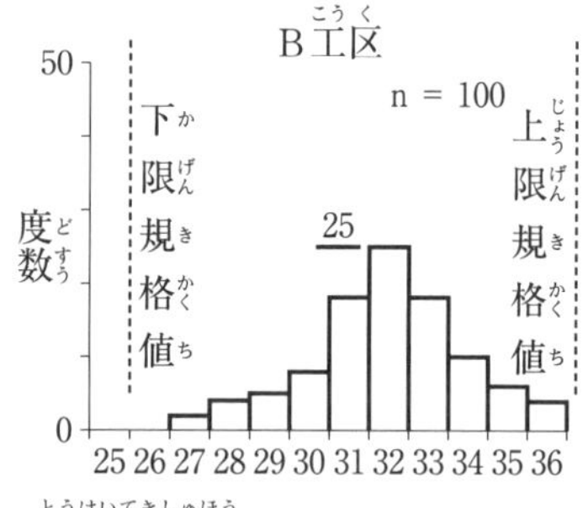

- ヒストグラムは測定値の［(イ)］の状態を知る統計的手法である。
- A工区における測定値の総数は［(ロ)］で，B工区における測定値の最大値は，［(ハ)］である。
- より良好な結果を示しているのは［(ニ)］の方である。

	(イ)	(ロ)	(ハ)	(ニ)
(1)	ばらつき	100	25	B工区
(2)	時系列変化	50	36	B工区
(3)	ばらつき	100	36	A工区

〈p.182～183の解答〉　正解　**15** (3)，**16** (1)，**17** (2)，**18** (1)

(4)　時系列変化 …………… 50 …………… 25 …………… A工区

《R3前－60》

3

品質管理における下図に示すA～Cのヒストグラムについて，ばらつきの度合いを示す**標準偏差σの大きい順番に並べているものは**，次のうちどれか。

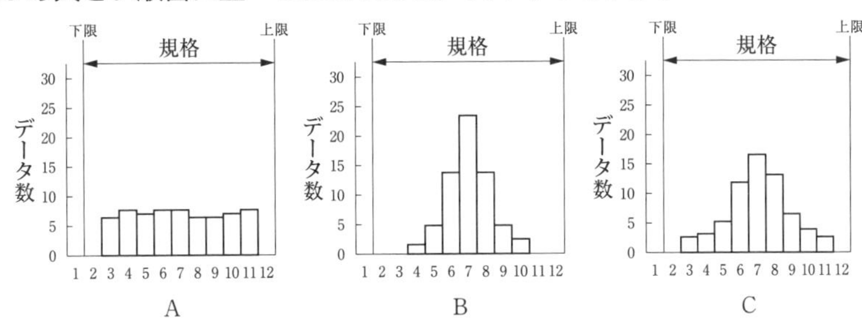

(1)　A → C → B

(2)　B → C → A

(3)　B → A → C

(4)　C → A → B

《H30前－57》

4

品質管理に用いられるヒストグラムに関する次の記述のうち，**適当でないもの**はどれか。

(1)　ヒストグラムから，測定値のばらつきの状態を知ることができる。

(2)　ヒストグラムは，データの範囲ごとに分類したデータの数をグラフ化したものである。

(3)　ヒストグラムは，折れ線グラフで表現される。

(4)　ヒストグラムでは，横軸に測定値，縦軸に度数を示している。

《R1前－57》

施工管理法

解説

1　(3)　(イ)　ばらつき　(ロ)　柱状図　(ハ)　度数　(ニ)　良好な品質管理が行われて

2　(3)　(イ)　ばらつき　(ロ)　100　(ハ)　36　(ニ)　A工区

3　(1)　標準偏差とは，分散（偏差を２乗した値の平均値）の平方根のことである。**標準偏差の値が大きいと**，収集した**データの散らばりの度合いが大きい**ことを示す。このことから，A→C→Bが該当する。

4　(3)　ヒストグラムは，**棒グラフ**で表現される。

試験によく出る重要事項

ヒストグラム

①　**作成目的**：長さ・重さ・時間・強度などのデータ（計量値）の分析状況を柱状図で示す。

②　**特　徴**：通常は，左右対称の形となるが，異常があると，不規則な形になる。

③　**品質管理上の活用**：ヒストグラムに規格値を入れると，全体に対し，どの程度の不良品・不合格品が出ているかがわかる。

④　**作業手順**：

ⓐ　収集した全データの中から最大値と最小値を求める。

ⓑ　データを分類するクラス幅を求める。

ⓒ　各クラスにデータを割り振り，度数分布表をつくる。

ⓓ　横軸に品質特性値（測定値），縦軸に度数データを表示する。

●6·4·2 管理図

出題頻度 低■■□□□□高

5

管理図に関する下記の文章中の□の(イ)～(ニ)に当てはまる語句又は数値の組合せとして，**適当なもの**は次のうちどれか。

・管理図は，いくつかある品質管理の手法の中で，応用範囲が (イ) 便利で，最も多く活用されている。

・一般に，上下の管理限界の線は，統計量の標準偏差の (ロ) 倍の幅に記入している。

・不良品の個数や事故の回数など個数で数えられるデータは，(ハ) と呼ばれている。

・管理限界内にあっても，測定値が (ニ) 上下するときは工程に異常があると考える。

	(イ)	(ロ)	(ハ)	(ニ)
(1)	広く	10	計数値	1度でも
(2)	狭く	3	計量値	1度でも
(3)	狭く	10	計量値	周期的に
(4)	広く	3	計数値	周期的に

《R5後－60》

6

下図のA工区，B工区の管理図について記載している下記の文章中の□の(イ)～(ニ)に当てはまる語句の組合せとして，**適当なもの**は次のうちどれか。

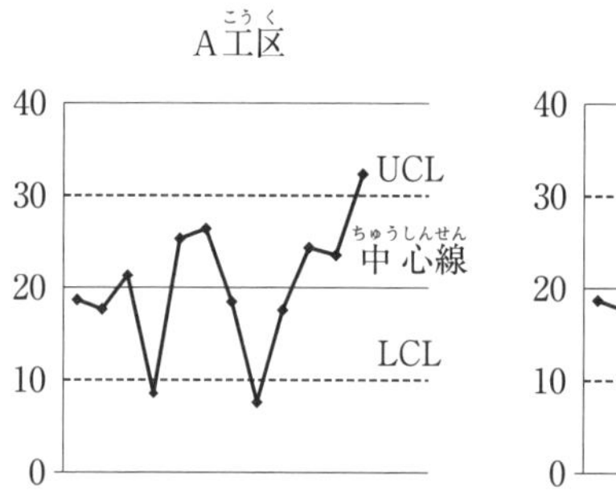

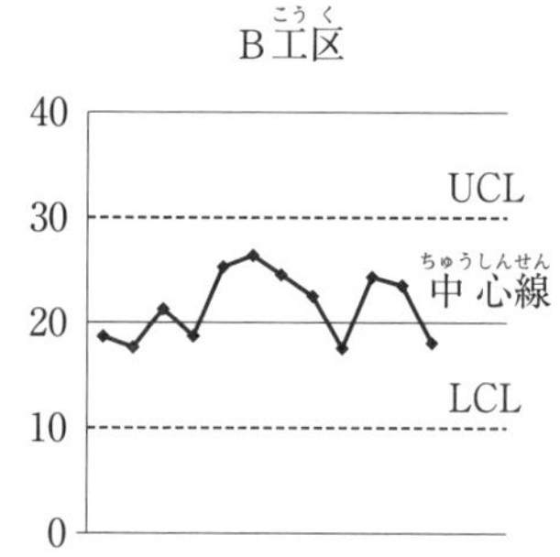

・管理図は，上下の (イ) を定めた図に必要なデータをプロットして作業工程の管理を行うものであり，A工区の上方 (イ) は，(ロ) である。

・B工区では中心線より上方に記入されたデータの数が中心線より下方に記入されたデータの数よりも (ハ) 。

・品質管理について異常があると疑われるのは，(ニ) の方である。

	(イ)	(ロ)	(ハ)	(ニ)
(1)	管理限界	30	多い	A工区
(2)	測定限界	10	多い	B工区
(3)	管理限界	30	少ない	B工区
(4)	測定限界	10	少ない	A工区

《R3後－60》

〈p.184～185の解答〉 **正解** 1 (3), 2 (3), 3 (1), 4 (3)

施工管理法

7 品質管理に関する次の記述のうち，**適当でないもの**はどれか。

(1) ロットとは，様々な条件下で生産された品物の集まりである。

(2) サンプルをある特性について測定した値をデータ値（測定値）という。

(3) ばらつきの状態が安定の状態にあるとき，測定値の分布は正規分布になる。

(4) 対象の母集団からその特性を調べるため一部取り出したものをサンプル（試料）という。

《R4 後－50》

解説

5 (4) (イ) 広く　(ロ) 3　(ハ) 計数値　(ニ) 周期的に

6 (1) (イ) 管理限界　(ロ) 30　(ハ) 多い　(ニ) A工区

7 (1) ロットとは，**一定の条件下**で生産された品物の集まりである。

試験によく出る重要事項

1. 管理図の目的

管理図は，測定で得られたデータを統計的に処理して，管理限界線を求め，これを基準にその後の測定における平均値や範囲（最大値と最小値の差）を表した図をいう。この**管理限界線**は，品質のバラツキが通常起こり得る程度のもの（偶然原因によるもの）か，それ以上の見逃せないバラツキのもの（異常原因によるもの）であるかを判断する基準となる線である。

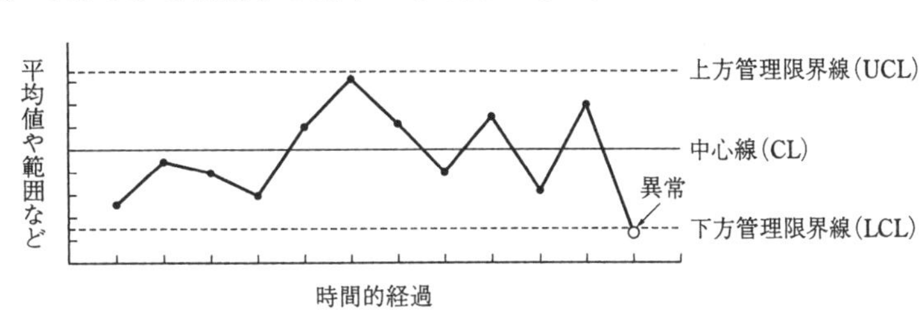

管理図は，**品質を作り出す工程が安定しているかどうかを判断することはできるが，データが規格値を満足しているかどうかを判断することはできない**。個々のデータが規格値を満足しているかどうかを判断する場合には，ヒストグラムや工程能力図を用いる。

2. 計量値・計数値

建設工事で取り扱っているデータには，連続的な値と不連続（離散的）な値がある。連続的な値とは，例えば，**舗装の厚さ・強度・重量などのようなもの**をいい，これを**計量値**という。これに対して離散的な値とは，例えば，**鉄筋 100 本のうち不良品が 5 本あるとか，現場で 1 か月の事故が 1 回，2 回というように測定されるもの**で，5.5 本とか，1.8 回とかの値を取り得ないものをいい，これを**計数値**という。計量値と計数値では，統計的な性質も異なっており，用いる管理図も変わってくる。

● 6・4・3　$\bar{x}-R$ 管理図

出題頻度　低■■■■□□高

8

$\bar{x}-R$ 管理図に関する下記の①～④の4つの記述のうち，**適当なものの数**は次のうちどれか。

① $\bar{x}-R$ 管理図は，統計的事実に基づき，ばらつきの範囲の目安となる限界の線を決めてつくった図表である。

② $\bar{x}-R$ 管理図上に記入したデータが管理限界線の外に出た場合は，その工程に異常があることが疑われる。

③ $\bar{x}-R$ 管理図は，通常連続した棒グラフで示される。

④ 建設工事では，$\bar{x}-R$ 管理図を用いて，連続量として測定される計数値を扱うことが多い。

(1)　1つ

(2)　2つ

(3)　3つ

(4)　4つ

《R5 前－60》

9

品質管理に用いられる $\bar{x}-R$ 管理図に関する下記の文章中の［　　］の(イ)～(ニ)に当てはまる語句の組合せとして，**適当なもの**は次のうちどれか。

・データには，連続量として測定される［(イ)］がある。

・$\bar{x}$ 管理図は，工程平均を各組ごとのデータの［(ロ)］によって管理する。

・R 管理図は，工程のばらつきを各組ごとのデータの［(ハ)］によって管理する。

・$\bar{x}-R$ 管理図の管理線として，［(ニ)］及び上方・下方管理限界がある。

	(イ)	(ロ)	(ハ)	(ニ)
(1)	計数値 ………	平均値 …………………	最大・最小の差 ………	バナナカーブ
(2)	計量値 ………	平均値 …………………	最大・最小の差 ………	中心線
(3)	計数値 ………	最大・最小の差 ………	平均値 …………………	中心線
(4)	計量値 ………	最大・最小の差 ………	平均値 …………………	バナナカーブ

《R4 後－60》

10

品質管理に用いる $\bar{x}-R$ 管理図の作成にあたり，下表の測定結果から求められるA組の $\bar{x}$ と R の数値の組合せとして，**適当なもの**は次のうちどれか。

組番号	$x1$	$x2$	$x3$	$\bar{x}$	R
A組	23	28	24		
B組	23	25	24		
C組	27	27	30		

〈p.186～187の解答〉　**正解**　**5** (4),　**6** (1),　**7** (1)

	$\bar{x}$		R
(1)	25	……………	5
(2)	28	……………	4
(3)	25	……………	3
(4)	23	……………	1

《R2後－57》

11 □□□

$\bar{x}-R$ 管理図に関する次の記述のうち，**適当なもの**はどれか。

(1)　$\bar{x}$ 管理図は，ロットの最大値と最小値との差により作成し，R 管理図はロットの平均値により作成する。

(2)　管理図は通常連続した柱状図で示される。

(3)　管理図上に記入した点が管理限界線の外に出た場合は，原則としてその工程に異常があると判断しなければならない。

(4)　$\bar{x}-R$ 管理図では，連続量として測定される計数値を扱うことが多い。

《R1後－56》

解説

8　(2)　①，②　記述は，適当である。したがって，適当なものは2つである。

③　通常連続した**折れ線グラフ**で示される。

④　連続量として測定される**計量値**を扱うことが多い。

9　(2)　(イ)　計量値　　(ロ)　平均値　　(ハ)　最大・最小の差　　(ニ)　中心線

10　(1)　A組　$\bar{x}=(23+28+24)/3=25$　　$R=28-23=5$

したがって，(1)の組合せが適当である。

11　(1)　$\bar{x}$ 管理図は，ロットの**平均値**により作成し，R 管理図は，ロットの**最大値と最小値との差**により作成する。

(2)　管理図は，通常連続した**折れ線グラフ**で示される。

(3)　記述は，適当である。

(4)　$\bar{x}-R$ 管理図では，連続量として測定される**計量値**を扱う。

試験によく出る重要事項

$\bar{x}-R$ 管理図

$\bar{x}$ 管理図と R 管理図とを一緒にした管理図で，工程の状態の変化を見るための基本的な管理図である。

データ1群を10個以下とする群に分けて，その平均値 $\bar{x}$ とその群の範囲 R により管理する。

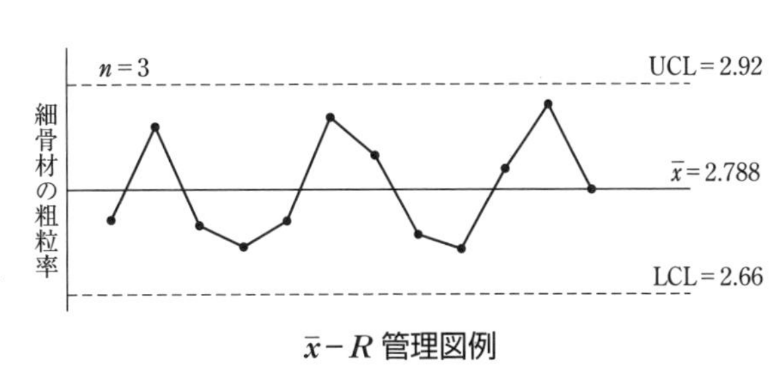

$\bar{x}-R$ 管理図例

● 6･4･4 盛土の締固め

出題頻度 低■■■■■■高

12

盛土の締固めにおける品質管理に関する下記の①～④の4つの記述のうち，**適当なものの数**は次のうちどれか。

① 工法規定方式は，盛土の締固め度を規定する方法である。
② 盛土の締固めの効果や特性は，土の種類や含水比，施工方法によって大きく変化する。
③ 盛土が最もよく締まる含水比は，最大乾燥密度が得られる含水比で最適含水比である。
④ 現場での土の乾燥密度の測定方法には，砂置換法やRI計器による方法がある。

(1) 1つ
(2) 2つ
(3) 3つ
(4) 4つ

《R5後－61》

13

盛土の締固めにおける品質管理に関する下記の①～④の4つの記述のうち，**適当なもののみを全てあげている組合せ**は次のうちどれか。

① 品質規定方式は，盛土の締固め度等を規定する方法である。
② 盛土の締固めの効果や特性は，土の種類や含水比，施工方法によって変化しない。
③ 盛土が最もよく締まる含水比は，最大乾燥密度が得られる含水比で最大含水比である。
④ 土の乾燥密度の測定方法には，砂置換法やRI計器による方法がある。

(1) ①④
(2) ②③
(3) ①②④
(4) ②③④

《R5前－61》

14

盛土の締固めにおける品質管理に関する下記の文章中の［　］の(イ)～(ニ)に当てはまる語句の組合せとして，**適当なもの**は次のうちどれか。

・盛土の締固めの品質管理の方式のうち［(イ)］規定方式は，盛土の締固め度等を規定するもので，［(ロ)］規定方式は，使用する締固め機械の機種や締固め回数等を規定する方法である。
・盛土の締固めの効果や性質は，土の種類や含水比，［(ハ)］方法によって変化する。
・盛土が最もよく締まる含水比は，最大乾燥密度が得られる含水比で［(ニ)］含水比である。

	(イ)	(ロ)	(ハ)	(ニ)
(1)	品質	工法	施工	最適
(2)	品質	工法	管理	最大
(3)	工法	品質	施工	最適

(4)　工法 ………… 品質 ………… 管理 ………… 最大

《R4 後－61》

15

盛土の締固めにおける品質管理に関する下記の文章中の［　　］の(イ)～(ニ)に当てはまる語句の組合せとして，**適当なもの**は次のうちどれか。

・盛土の締固めの品質管理の方式のうち工法規定方式は，使用する締固め機械の［(イ)］や締固め回数等を規定するもので，品質規定方式は，盛土の［(ロ)］等を規定する方法である。

・盛土の締固めの効果や性質は，土の種類や含水比，施工方法によって［(ハ)］。

・盛土が最もよく締まる含水比は，［(ニ)］乾燥密度が得られる含水比で最適含水比である。

	(イ)	(ロ)	(ハ)	(ニ)
(1)	台数	材料	変化する	最適
(2)	台数	締固め度	変化しない	最大
(3)	機種	締固め度	変化する	最大
(4)	機種	材料	変化しない	最適

《R3 後－61》

解説

12 (3)　②，③，④　記述は，適当である。したがって，適当なものの数は3つである。

①　盛土の締固め度を規定する方法は，**品質規定方式**である。

13 (1)　①，④　記述は，適当である。したがって，(1)の組合せが適当である。

②　盛土の締固め効果や特性は，土の種類や含水比，施工方法によって**変化する**。

③　盛土が最もよく締まる含水比は，最大乾燥密度が得られる**最適含水比**である。

14 (1)　(イ)　品質　(ロ)　工法　(ハ)　施工　(ニ)　最適

15 (3)　(イ)　機種　(ロ)　締固め度　(ハ)　変化する　(ニ)　最大

試験によく出る重要事項

盛土の締固め

1.　工法規定方式と品質規定方式とがある。

①　**工法規定方式**：締固めに使用する機械の機種，締固め回数，盛土材料のまき出し厚などを規定する方法。

②　**品質規定方式**：含水比，最大乾燥密度などを規定する方法。盛土材料が砂質土や礫質土の場合は，締固め度を密度により規定する。

現場での密度測定は，砂置換法やRI計器などによる。

2.　試験方法

①　**平板載荷試験**：地盤反力係数，路盤の支持力

②　**締固め試験**：最大乾燥密度，盛土締固めの管理

③　**CBR試験**：支持力値

④　**透水試験**：透水係数，地盤改良

⑤　**砂置換法**：乾燥密度，締固め度の管理

〈p.190～191の解答〉　**正解**　12 (3), 13 (1), 14 (1), 15 (3)

第二次検定 第7章

● 過去6年間の出題内容と出題数 ●

出題内容		年度	令和 5	令和 4	令和 3	令和 2	令和 元	平成 30	計
経験記述（必須）	安全管理		1		1	1		1	4
	品質管理			1	1		1	1	4
	工程管理		1	1		1	1		4
	小計（2問のうち1問選択）		2	2	2	2	2	2	12
学科記述 土工（必須）	盛土・切土の施工		1	1	1	1	1		5
	軟弱地盤					1		1	2
	法面保護工，裏込め・埋戻し						1	1	2
	小計		1	1	1	2	2	2	9
学科記述 コンクリート（必須）	打込み，締固め，養生，打継目			1	2	1	1	1	6
	型枠・支保工						1		1
	用語の説明		1			1		1	3
	小計		1	1	2	2	2	2	10
学科記述 品質管理（選択）	コンクリート，レミコン			1		1	1	1	4
	盛土材料，土の工学的性質確認試験，盛土の締固め		1		1		1	1	4
	鉄筋の組立，型枠		1		1				2
	原位置試験			1		1			2
	小計		2	2	2	2	2	2	12
学科記述 工程管理（選択）	工程表（R4必須）			1					1
	横線式バーチャートの作成，工程表の特徴		1		1	1	1	1	5
	小計		1	1	1	1	1	1	6
学科記述 施工計画（必須）	事前調査			1					1
	小計		0	1	0	0	0	0	1
学科記述 環境保全（選択）	特定建設資材の再資源化後の材料名と用途（R5必須）		1						1
	騒音防止対策			1					1
	小計		1	1	0	0	0	0	2
学科記述 安全管理（選択）	墜落事故の防止対策			1		1			2
	移動式クレーン（R3必須）				1				1
	足場・型枠・支保工					1	1		2
	明り掘削（R5必須）		1		1			1	3
	小計		1	1	2	2	1	1	8
合計			9	10	10	11	10	10	

7・1　施工経験記述

1.　施工経験記述の目的

①　受験者が，2級土木施工管理技士にふさわしい**施工管理の実務経験**を有するかどうかを判定する。

受験者に実務経験がないと判断された場合は，**不合格**になる。

②　設問の課題についての知識・経験があり，求められている事項について，文章で的確に表現する能力があるかを判定する。

2.　施工経験記述の出題形式

施工経験記述は問題1として出題され，必ず解答しなければならない**必須問題**であり，課題が変わる以外は，下記（令和5年度の例）に示すような，毎年同じ形式で出題される。

問題1で，

①　設問1の解答が無記載または記入漏れがある場合，

②　設問2の解答が無記載または設問で求められている内容以外の記述の場合，

どちらの場合にも**問題2以降は採点の対象とならない**。

【問題　1】　あなたが経験した土木工事の現場において，工夫した安全管理又は工夫した工程管理のうちから1つ選び，次の〔設問1〕，〔設問2〕に答えなさい。

〔注意〕　あなたが経験した工事でないことが判明した場合は失格となります。

《令和5年度》

〔設問1〕　あなたが**経験した土木工事**について，次の事項を解答欄に明確に記入しなさい。

〔注意〕「経験した土木工事」は，あなたが工事請負者の技術者の場合は，あなたの所属会社が受注した工事について記述してください。したがって，あなたの所属会社が二次下請業者の場合は，発注者名は一次下請業者名となります。

なお，あなたの所属が発注機関の場合の発注者名は，所属機関名となります。

(1)　**工事名**

(2)　**工事の内容**

①　**発注者名**

②　**工事場所**

③　**工　　期**

④　**主な工種**

⑤　**施 工 量**

(3)　**工事現場における施工管理上のあなたの立場**

〔設問2〕　上記工事で実施した**「現場で工夫した安全管理」又は「現場で工夫した工程管理」**のいずれかを選び，次の事項について解答欄に具体的に記述しなさい。

(1) 特に留意した**技術的課題**

(2) 技術的課題を解決するために**検討した項目と検討理由及び検討内容**

(3) 上記検討の結果，**現場で実施した対応処置とその評価**

3. 出題傾向

① 〔設問１〕の工事概要の記入項目は，毎年同じである。

② 〔設問２〕の施工管理の課題は，安全管理・品質管理・工程管理・施工計画・環境管理（建設副産物）のうちから，毎年，異なる２つが提示され，１つを選択して解答する。

4. 施工経験記述の事前準備

① 施工経験記述は，準備なしで試験会場で書くことは不可能です。
必ず準備しておく必要がある。

② 少なくとも３課題（品質管理，安全管理，工程管理）は準備しておく。

③ 文章は，採点者に読んでもらい，内容を理解してもらう必要がある。

④ そのためには，必ず他人にみてもらい批評・添削を受けることが大切である。

5. 施工経験記述の記入にあたっての注意事項

〔1〕 経験記述の対称範囲

施工経験記述は，受験者自身の土木工事の現場で経験した施工上の技術管理が中心となる。

あなたの記述する工事経験が，土木工事での施工管理の実務経験と認められるかどうかの判定については，次ページの「**Ⅰ．土木施工管理の実務経験を有する者かどうかの判断基準**」および「**Ⅱ．土木施工管理に関する実務経験とは認められない工事・業務の判定基準**」に照らして確認して下さい。

〔2〕〔設問１〕各項の記述上の注意事項

(1) 工 事 名

① 土木工事であること。

土木工事として認められる工事の種別や業務は，試験機関（一般財団法人　全国建設研修センター）から公表されている（本書 197，198 ページの表参照）。

特殊な工事や，土木工事かどうか判定しにくいものは避けたほうがよい。

② その工事がどこで（場所），何の工事（工事の種類）だったのかを特定できるように書く。

工事時期（年度）は，工期の欄があり，そこに記入しているので，書かなくてもよい。

工事の種類は，できるだけ具体的に書く。（道路工事ではなく舗装工事等，河川工事ではなく護岸工事等）

(例) ○○市道□□線△△地区舗装工事
○○川□□工区河川改修（護岸）工事

③ 記入欄をはみ出すような長い工事名は，工事内容がわかる範囲で簡略化する。

(例) ~~(○○年度)~~ △△地区~~から○○地区~~県道○○号線~~第１工区〜第３工区~~歩道拡幅・舗装打ち換え工事~~（その１の３）~~

④ 発注者固有の記号，符号などは，できる限りわかりやすく書きなおす。

(2) 工事の内容

① 発注者名：工事全体の元請業者の技術者の場合は，工事の最初の注文者を発注者に記入する。自社が１次下請業者の場合は元請業者の名前を，２次下請業者の場合は１

次下請業者の名前を，発注者名に記入する。

(例)　○○県□□部△△土木事務所

○○建設（株）

②　工事場所：記述対象の土木工事が行われた場所が特定できるよう，都道府県名，市または郡名及び町村名，番地などを，なるべく詳しく記入する。

(例)　○○県□□郡△△町○○地先

○○県□□市△△町○○丁目

③　工期：工事契約書のとおり，**日**まで記入する。また，終了している工事（**工期**）であること。

(例)　令和○年□□月△△日～令和○年□□月△△日

工期と施工量の関係に注意する。大規模工事なのに工期が短すぎるなどは，現場経験なしと判定されるおそれがある。

④　主な工種：**工事の全体像が把握できる**ものを選定する。

［設問2］の技術的課題で取り上げる工種（作業）を含めて3～5工種程度を記入する。

［設問2］で記述する内容と一致していること。

○○工事ではなく，○○**工**と記入する。

(例)　盛土工・切土工・しゅんせつ工・コンクリート工・基礎工・擁壁工・アスファルト舗装工等

⑤　施工量：主な工種に対応させて枠内におさまる程度で記入する。

施工量の数量は，規模がわかるよう**単位をつけて**記入する。

(例)　盛土工→盛土 5,000 m^3

鋼管杭・鋼矢板のように，サイズや型式があるものは，それも記入する。

(例)　鋼管杭（ϕ 500 ×長さ 8.0 m）　打設 20 本

［設問2］の技術的課題にとりあげる工種は，施工（作業）規模や概要がわかるような数量等を記入する。

(3)　**工事現場における施工管理上のあなたの立場**：現場で施工管理を行った立場を記入する。

(例)　現場代理人・主任技術者・現場監督員・工事主任・主任監督員・発注者側監督員と記入する。

会社での役職，例えば，部長・課長・係長・経理担当等とは記入しない。

Ⅰ．土木施工管理に関する実務経験として認められる工事種別と工事内容等

工事種別	工事内容
河川工事	河道掘削（浚渫工事），築堤工事，護岸工事，水制工事，床止め工事，取水堰工事，水門工事，樋門（樋管）工事，排水機場工事，河川維持工事（構造物の補修）等
道路工事	道路土工（切土，路体盛土，路床盛土）工事，路床・路盤工事，舗装（アスファルト，コンクリート）工事，法面保護工事，中央分離帯設置工事，共同溝工事，防護柵工事，防音壁工事，排水工事，橋梁（鋼橋，コンクリート橋，PC橋，斜張橋，つり橋等）工事，歩道橋工事，トンネル工事，カルバート工事，道路維持工事（構造物の補修）等
海岸工事	海岸堤防工事，海岸護岸工事，消波工工事，離岸堤工事，突堤工事，養浜工事，防潮水門工事　等
砂防工事	山腹工工事，堰堤工事，渓流保全（床固め工，帯工，護岸工，水制工，渓流保護工）工事，地すべり防止工事，がけ崩れ防止工事，雪崩防止工事　等
ダム工事	転流工工事，ダム堤体基礎掘削工事，コンクリートダム築造工事，ロックフィルダム築造工事，基礎処理工事，原石採取工事，骨材製造工事　等
港湾工事	航路浚渫工事，防波堤工事，護岸工事，けい留施設（岸壁，浮桟橋，船揚げ場等）工事，消波ブロック製作・設置工事，埋立工事　等
鉄道工事	軌道盛土（切土）工事，軌道路盤工事，軌道敷設（レール，まくら木，道床敷砂利）工事（架線工事を除く），軌道横断構造物設置工事，鉄道土木構造物建設（停車場，踏切道，橋，トンネル）工事　等
空港工事	滑走路整備工事，滑走路舗装（アスファルト，コンクリート）工事，滑走路排水施設工事，エプロン造成工事，燃料タンク設置基礎工事　等
発電・送変電工事	取水堰（新設・改良）工事，送水路工事，発電所（変電所）基礎工事，発電・送変電鉄塔設置工事，ピット電線路工事　等
上水道工事	取水堰（新設・改良）工事，導水路（新設・改良）工事，浄水池（沈砂池）設置工事，配水池設置工事，配水管（送水管）敷設工事　等
下水道工事	管路（下水管・マンホール・汚水桝）敷設工事，管路推進工事，ポンプ場設置工事，終末処理場設置工事　等
土地造成工事	土地造成・整地工事，法面処理工事，擁壁工事，排水工事，調整池工事　等
農業土木工事	圃場整備・整地工事，土地改良工事，農地造成工事，農道整備（改良）工事，用排水（改良）工事，用排水施設工事，草地造成工事，土壌改良工事　等
森林土木工事	林道整備（改良）工事，擁壁工事，法面保護工事，谷止工事，治山堰堤工事　等
公園工事	広場（運動広場）造成工事，園路（遊歩道・緑道・自転車道）整備（改良）工事，野球場新設工事，擁壁工事　等
地下構造物工事	地下横断歩道工事，地下駐車場工事，共同溝工事，電線共同溝工事，情報ボックス工事　等
橋梁工事	橋梁上部（桁製作・運搬・架設・床版・舗装）工事，橋梁下部（橋台・橋脚）工事，橋台・橋脚基礎（杭基礎・ケーソン基礎）工事，耐震補強工事　等
トンネル工事	山岳トンネル（掘削工，覆工，インバート工，坑門工）工事，シールドトンネル工事，開削トンネル工事，水路トンネル工事　等
鋼橋構造物塗装工事	鋼橋塗装工事，鉄塔塗装工事，樋門扉，水門扉塗装工事，歩道橋塗装工事　等
薬液注入工事	トンネル掘削の止水・固結工事，シールドトンネル発進部・到達部地盤改良工事，立坑底盤部遮水盤造成工事，推進管周囲地盤補強工事，鋼矢板周囲地盤補強工事　等

Ⅱ．土木施工管理に関する実務経験とは認められない工事・業務の判定基準

(1) **土木について**
建築工事（建築工事におけるPCぐい・RCぐい・鋼ぐい・場所打ちぐいの基礎工事を除く）
外構工事，囲障工事（フェンス，門扉等）
ビル・住宅等の宅地内における給排水設備等の配管工事
浄化槽工事（パーキングエリアや工場等の大規模な工事を除く）
造園工事（園路工事，広場工事，擁壁工事等を除く），**植栽工事，植樹工事，遊具設置工事，修景工事**
墓石等加工設置工事
地質調査のためのボーリング工事，さく井工事
架線工事（ケーブル引き込みの工事を含む）
鉄塔・タンク・煙突・機械等の製作及び据付工事（基礎工事を除く）
生コン・生アスコンの製造及び管理
コンクリート2次製品の製造及び管理
道路標識の工場製作，管理
鉄管・鉄骨の工場製作（橋梁，水門扉を除く）

(2) **鋼構造物塗装について**
建築塗装及び建築付帯施設（外構，囲障，階段，手すり等）**の塗装，鉄骨塗装，道路標識柱塗装，信号機塗装，ガードレール塗装，広告塔塗装，煙突塗装，街路灯塗装，落石防止網塗装，プラント・タンク塗装，機械等の冷却・給油管等の塗装，各種管の内面塗装等の工事，その他（土木鋼構造物塗装工事とは認められない工事）**

(3) **薬液注入について**
地盤以外の各種構造物に対する薬液注入工事

(4) **設計（積算を含む），計画，調査のための測量**の業務

(5) **設計（積算を含む），計画，調査，現場事務，営業等**の業務

(6) **研究所・学校（大学院等）・訓練所等**における研究，**教育及び指導等**の業務

(7) **アルバイトによる労務者としての経験**

以上のほか，各種の工事が土木工事とみなされないことがあります。このため，この表だけで不明なときは，個々に返信用封筒を入れて，下記の場所まで問い合わせて確認して下さい。

一般財団法人　全国建設研修センター
〒187-8540　東京都小平市喜平町2-1-2
土木試験課　TEL　042-300-6860
FAX　042-300-6868
〔ホームページアドレス〕http://www.jctc.jp/

〔3〕〔設問2〕「現場で工夫（留意）した○○管理」記入上の注意事項

(1) 〔設問2〕 経験記述の課題

課題は毎年2課題出題され，1課題を選択する。課題は毎年変わっているので，前年度の課題などから検討・準備しておく。最近10年間の課題は，下表のとおりである。

年度 / 課題	令和					平成				
	5	4	3	2	元	30	29	28	27	26
安全管理	●		●	●		●	●	●		●
品質管理		●	●		●	●		●	●	
工程管理	●	●		●	●		●		●	●
環境対策										

(2) 経験記述で出題される課題の要点

経験記述の課題としては，「安全管理」「品質管理」「工程管理」「環境対策」が想定されるので，これらについて記述すべき要点を再確認しておくのがよい。

① 安全管理：作業員等現場内の関係者や現場付近の人々およびその財産に，傷害等が起きないように管理した内容を記述する。

② 品質管理：工事目的物の機能・精度，寸法等が設計図書に適合する品質を得るように，管理した内容を記述する。このうち工事目的物の位置・形状寸法を管理するのが，出来形管理である。

③ 工程管理：工期短縮や工期内完成のための努力，工程順序の工夫等の内容を記述する。このうち，工種ごとの一定期間内の仕上り具合の管理を，出来高管理という。

④ 環境対策：建設現場周辺地域の生活環境・自然環境に対し，基準値の遵守，配慮対策の内容を記述する。

(3) 文章を書く場合の一般的注意事項

① 文章の書き出しは**1字下げ**とし，2字目から書き出す。

② 文章の大きな区切りは**改行**し，改行した文章の書き出しも1字下げる。

③ 文章の終りには「。」を必要な箇所には「，」をつけて**読みやすく**する。

④ 文字は，採点者が読みやすいよう，**ていねいに書く**。なぐり書きにならないよう注意する。

⑤ 誤字・脱字のないよう注意する。

⑥ **1行30字程度を目安**に，極端に小さな，または大きな文字にしない。

⑦ 練習では空白行を残さないように，**最後の行まで埋める**。

(4) 〔設問2〕の記述方法

〔設問2〕の解答にあたっては，できるだけパターン化して記述するとよい。

記述にあたっては，求められている3項目（**太字内容**）を必ず書くよう注意する。

① 特に留意した**技術的課題**

② 技術的な課題を解決するために**検討した項目と検討理由及び検討内容**

③ 上記検討の結果，**現場で実施した対応処置とその評価**

〔設問2〕 **パターン化**（例）（注：指定行数は，年度により異なることがある。）

(1) 特に留意した**技術的課題**（7行：1行の目安は，30字程度とする）

（2行程度）
工事の概要

（5行程度）
① 工事概要は何のための，どのような工事なのかがわかるよう，工事目的，工事規模などを入れる。
② 設問1を踏まえて，重複しないよう簡潔に記述する。

技術的な課題の抽出と提示
① 現場状況・施工状況から発生した技術的課題を具体的に記述する。
② 現場状況は，この現場の状況（周辺環境，地理的・地質的・施工的な条件など）が背景・要因となって課題が生じた，ということがわかるように書く。
③ 課題は，具体的に数値などで説明するとよい。
・・・・・○○を課題とした。（文末）

(2) 技術的な課題を解決するために**検討した項目と検討理由及び検討内容**（9行）

（1行程度）
前文：○○するため以下を検討した。（省略してもよい。）

（8行程度）
検討項目・検討理由・内容の記入
① 検討項目は**2～4項目**とする。多すぎないよう注意する。
② 箇条書きを活用する。 ③ 検討目的があると説得力を増す。
④ **検討理由は検討項目ごと**に書く。
⑤ 現場状況を踏まえて，なぜ検討項目としたか，何のために何を検討したかを**具体的かつ簡潔・明瞭**に書く。できるだけ数値等を活用する。
⑥ マニュアルの丸写しとならないよう注意する。
⑦ **対応処置まで一緒に書かないよう**注意する。
⑧ 特殊な工事，専門性の高い作業などは，工事に精通していない採点者でも理解できるよう，わかりやすい表現を使う。
⑨ 技術用語・専門用語は，**公的機関から発行**されている法令，仕様書，要綱，指針などで使用されているものを使う。
⑩ 1行目に「～を検討した。」と書いてあれば，検討項目ごとに「～を検討した。」と書かなくてよい。

(3) 上記検討の結果，**現場で実施した対応処置とその評価**（7行）

（1行程度）
前文：○○するため以下の（次の）処置をした。（省略してもよい。）

（5行程度）
対応処置の内容
① 対応処置では，技術的な結果を具体的に書く。（大幅に，適切になどのあいまいな表現を避け，数値等を活用する。）
② 現場の状況を踏まえての対応・処置が大切である。マニュアルどおりの対応処置であっても，現場での工夫，状況からの判断などを入れる。
③ 課題に対しての対応処置を書く。（安全管理に対し，工期を○日短縮した。など他のことを加えない。）

（1行程度）
課題達成の確認と評価
以上により，○○を△△以内で完成した。○○ができた。

〔設問２〕　練習用紙

(1)　特に留意した技術的課題　（７行：１行の目安は，30字程度とする）

(2)　技術的な課題を解決するために検討した項目と検討理由及び検討内容（９行）

(3)　上記検討の結果，現場で実施した対応処置とその評価（７行）

必須問題（安全管理記述例）

【問題 1】 あなたが経験した土木工事の現場において，その現場状態から特に留意した安全管理に関して，次の〔設問1〕，〔設問2〕に答えなさい。
〔注意〕 あなたが経験した工事でないことが判明した場合は失格となります。

★この文を転写すると，不合格になります。

〔設問1〕 あなたが経験した土木工事に関し，次の事項について解答欄に明確に記述しなさい。

(1) 工事名

工事名	県道AI線ガス管入替え工事

(2) 工事の内容

①	発注者名	Iガス株式会社
②	工事場所	G県I市H町4丁目3番地地先
③	工期	令和4年7月27日～令和4年8月30日
④	主な工種	ガス本管布設工
⑤	施工量	道路開削　1,000 m^3, 道路舗装復旧　500 m^2 ガス管本管布設　PE管 ϕ 100 mm, 施工延長225 m

(3) 工事現場における施工管理上のあなたの立場

立場	工事主任

注意　本書では，工事名，発注者名，工事場所などについては，記号で表記してある。本試験では，実際に経験した工事について具体的に，かつ明確に記入すること。

〔設問２〕

(1)　安全管理で，特に留意した技術的課題（７行）

本工事は，県道AI線に埋設されている老朽化の進んだSGPガス管を，耐食・耐震性に優れたPE管に入れ替えるものである。

工事は，歩道なしの幅員６mの道路の半幅員を使用した開削工法である。このため，歩行者及び片側交互通行となる車両などと工事用建設機械との接触事故等に対する，安全確保が課題であった。

(2)　技術的課題を解決するために検討した項目と検討理由及び検討内容（９行）

歩行者，通行車両などとの接触事故防止のため，以下の検討を行った。

①　一般車両等の通行用道路を車道3.0m，歩道0.75mに明確に区分する方法について。

②　掘削土砂等をダンプトラックへ積込む際に，掘削機のアームが通行用道路側へはみ出すことがない小旋回型機械の仕様について。

③　通行用道路となる区間の歩行者，一般車両を安全，確実に誘導するため誘導員の配置と合図について。

(3)　上記検討の結果，現場で実施した対応処置とその評価（７行）

①　通行用道路の区間は，高さ１mのフェンスで歩道と車道を区切り，歩行者の安全を確保した。

②　前方作業半径が1.3mの小旋回掘削機を使用し，作業区域外へのアーム等のはみ出しを防止した。

③　一般車両等の誘導指示のため，通行用道路区画の前後に誘導員を配置し，トランシーバと旗で，通行車両等の規制・誘導を行った。以上の結果，無事故で工事を完了した。

必須問題（品質管理記述例）

【問題　1】　あなたが経験した土木工事の現場において，その現場状態から特に留意した品質管理に関して，次の〔設問1〕，〔設問2〕に答えなさい。
〔注意〕　あなたが経験した工事でないことが判明した場合は，失格となります。

★この文を転写すると，不合格になります。

〔設問１〕　あなたが経験した土木工事に関し，次の事項について解答欄に明確に記述しなさい。

(1)　工事名

工　事　名	K自動車道KK高架橋下部工事

(2)　工事の内容

①	発　注　者　名	国土交通省九州地方整備局K国道事務所
②	工　事　場　所	K県K郡C町D地内
③	工　　　　期	令和２年２月10日～令和２年12月21日
④	お　も　な　工　種	橋台工　　基礎杭工　　土工
⑤	施　　工　　量	橋台（H＝8.0 m，W＝8.0 m）２基 コンクリート 896 m^3 鉄筋　720　t 場所打杭（ϕ 1200 × 18.2 m）16 本 掘削　726 m^3

(3)　工事現場における施工管理上のあなたの立場

立　　場	工事主任

〔設問2〕

(1)　**品質管理**で，特に留意した技術課題（7行）

本工事は，新設されるK自動車道高架橋の下部工事のうち，逆T型の橋台2基の築造であった。

このうち，壁部コンクリートの打設が6月から9月の暑中コンクリートの予想期間となっていた。コンクリートは，プラントから20 kmの山道を45分程度かけて運搬しなければならず，運搬中のスランプロスやコールドジョイントの発生を防止することが課題となった。

(2)　技術的課題を解決するために**検討した項目と検討理由及び検討内容**（9行）

①　暑中コンクリート時期の壁コンクリートは，外気温の低い午前中に打設を終わらせる方法を検討した。

②　コンクリート運搬車のドラムが，直射日光に熱せられてコンクリート温度が上昇しないドラムの養生方法を検討した。

③　長距離のコンクリート運搬により，打設作業が中断しないよう待機時間の対策を検討した。

④　コンクリート打設時に型枠が熱せられて，コンクリートが急激に硬化しない方法を検討した。

(3)　上記検討の結果，**現場で実施した対応処置とその評価**（7行）

①　壁コンクリートは，当初の2回から夏期には3回打設とし，午前中に作業を終わらせた。

②　コンクリート運搬車に遮光シートをかけ，打設時の温度を30度以下に抑えた。また，プラントと連絡をとりあい，15分程度の待機時間となるように出荷調整した。

③　型枠にはメッシュシートをかけ，温度上昇を防止した。

以上の処置でコールドジョイントもなく打設を完了した。

必須問題（工程管理記述例）

【問題 1】 あなたが経験した土木工事の現場において，その現場状態から特に留意した工程管理に関して，次の〔設問1〕,〔設問2〕に答えなさい。
〔注意〕 あなたが経験した工事でないことが判明した場合は，失格となります。

★この文を転写すると，不合格になります。

〔設問1〕 あなたが経験した土木工事に関し，次の事項について解答欄に明確に記述しなさい。

(1) 工事名

工 事 名	T市南部浄化センターB系統水処理棟地中管布設工事

(2) 工事の内容

①	発 注 者 名	株式会社 H製作所
②	工 事 場 所	T県T市T区M町 839 番地
③	工 期	令和3年10月3日～令和3年12月23日
④	主 な 工 種	掘削工 管路布設工 人孔設置工
⑤	施 工 量	掘削・埋戻し 土量 498 m^3 管路布設 FEP200$^{\phi}$ − 4条× 400 m 人孔設置 W○○ m×L○○ m×H○○ m （○○は数値を記入する）

(3) 工事現場における施工管理上のあなたの立場

立 場	工事主任

〔設問２〕

(1)　工程管理で，特に留意した技術課題（７行）

本工事は，Ｔ市南部浄化センター敷地内で，Ｂ系統水処理棟に沿っている敷地内通路の脇を幅１ｍ深さ1.2ｍ掘削し，FEP管を埋設するものである。

別途施工のＢ系統水処理棟の建設工事が遅れたため，本工事が12日遅れで着工となった。Ｂ系統の水処理の開始時期が来年早々と決まっており，本工事の工期内完成のため，特に掘削工の12日間の工期短縮が課題となった。

(2)　技術的課題を解決するために検討した項目と検討理由及び検討内容（９行）

掘削工の12日間の工期短縮を図るため，次の検討をした。

①　掘削工の作業員の増員，及び現場で使用できる掘削機械の大型化について。

②　日作業員を増やすため，協力会社の残業の可否，残業時間とその実施日数及び夜間の効率的な作業に必要な夜間照明の仕様，配置について。

③　人孔を現場打ちからプレキャスト製品に変更し，コンクリート養生待ちによる掘削工の待機時間を短縮することについて。

(3)　上記検討の結果，現場で実施した対応処置とその評価（７行）

①　作業員を６名から10名に増員し，また，掘削機械は $0.4\,m^3$ から $0.7\,m^3$ に大型化し，日作業量の向上を行った。

②　水銀灯400Ｗ×４灯式を４台設置し，10日間各２時間残業して，日作業量の向上と合わせて10日間の工期短縮を行った。

③　発注者の承認を得て，人孔をプレキャスト組立式に変更し，掘削と埋戻しを同日施工として，工期を２日間短縮した。

以上の結果，掘削工の12日間の工期短縮ができた。

第二次検定

必須問題（環境対策記述例）

【問題 1】 あなたが経験した土木工事の現場において，その現場状態から特に留意した環境対策に関して，次の〔設問1〕，〔設問2〕に答えなさい。
〔注意〕 あなたが経験した工事でないことが判明した場合は，失格となります。

★この文を転写すると，不合格になります。

〔設問1〕 あなたが経験した土木工事に関し，次の事項について解答欄に明確に記述しなさい。

(1) 工事名

工事名	TN高速道路（改築）E市K橋地区附帯工事

(2) 工事の内容

①	発注者名	N高速道路株式会社 Y支社
②	工事場所	K県E市K町500番地
③	工期	令和3年11月1日～令和4年5月30日
④	主な工種	載荷盛土工
⑤	施工量	載荷盛土 施工量 65,000 m^3 （H○○ m×W○○ m×L○○ m） （○○は数値を記入する）

(3) 工事現場における施工管理上のあなたの立場

立場	工事主任

〔設問２〕

(1)　**環境対策**で，特に留意した技術課題（７行）

本工事は，K地区のTN高速道路の橋脚工事に先立ち，かつて水田であった工事区域の地盤改良のため，他現場から土砂を搬入し，載荷盛土を行うものである。

載荷盛土施工区域の周囲は畑であり，また，現場への土砂の搬入は，交通量の多い市道からとなっていた。

このため，盛土施工における現場周辺の環境保全対策が課題となった。

(2)　技術的課題を解決するために検討した項目と検討理由及び検討内容（９行）

環境保全対策として，次の内容について検討した。

①　降雨などによる盛土から周囲への土砂流出防止のために，盛土法尻に設ける素掘り側溝の幅と深さ，及び法面崩落時の対策のための土留め壁の設置及び構造について。

②　土砂運搬により，市道に渋滞を起こさないために，調査による土砂の運搬時間及び混雑時等の場合の運搬車両の待機対策について。

③　土砂運搬により市道が汚れるのを防止する方法，及び運搬時の道路の防塵方法について。

(3)　上記検討の結果，現場で実施した対応処置とその評価（７行）

①　法尻に幅と深さ60 cmの素掘り側溝を掘削した。また，法面崩落時対策は，長さ4 mの木矢板を単管で2 m間隔で支え，法尻から50 cm上まで張出し土留め壁とした。

②　運搬時間を9～16時とし，場内に待機場を設けた。

③　施工中は，散水車で現場内及び路面を常時散水した。また，搬入車両の出入り口にタイヤ泥落とし機を設置した。

以上の結果，現場周辺の環境を保全し工事を完了した。

7・2 土工記述 《必須問題》

1

切土法面の施工に関する次の文章の［　　］の(イ)～(ホ)に当てはまる**適切な語句を，下記の語句から選び**解答欄に記入しなさい。

(1) 切土の施工に当たっては［(イ)］の変化に注意を払い，当初予想された［(イ)］以外が現れた場合，ひとまず施工を中止する。

(2) 切土法面の施工中は，雨水等による法面浸食や［(ロ)］・落石等が発生しないように，一時的な法面の排水，法面保護，落石防止を行うのがよい。

(3) 施工中の一時的な切土法面の排水は，仮排水路を［(ハ)］の上や小段に設け，できるだけ切土部への水の浸透を防止するとともに法面を雨水等が流れないようにすることが望ましい。

(4) 施工中の一時的な法面保護は，法面全体をビニールシートで被覆したり，［(ニ)］により法面を保護することもある。

(5) 施工中の一時的な落石防止としては，亀裂の多い岩盤法面や礫等の浮石の多い法面では，仮設の落石防護網や落石防護［(ホ)］を施すこともある。

［語句］

土地利用，	看板，	平坦部，	地質，	柵，
監視，	転倒，	法肩，	客土，	N値，
モルタル吹付，	尾根，	飛散，	管，	崩壊

《R5－4》

2

盛土の締固め管理方法に関する次の文章の［　　］の(イ)～(ホ)に当てはまる**適切な語句又は数値を，下記の語句又は数値から選び**解答欄に記入しなさい。

(1) 盛土工事の締固め管理方法には，［(イ)］規定方式と［(ロ)］規定方式があり，どちらの方法を適用するかは，工事の性格・規模・土質条件など，現場の状況をよく考えた上で判断することが大切である。

(2) ［(イ)］規定方式のうち，最も一般的な管理方法は，現場における土の締固めの程度を締固め度で規定する方法である。

(3) 締固め度の規定値は，一般に JIS A 1210（突固めによる土の締固め試験方法）の A 法で道路土工に規定された室内試験から得られる土の最大［(ハ)］の［(ニ)］%以上とされている。

(4) ［(ロ)］規定方式は，使用する締固め機械の機種や締固め回数，盛土材料の敷均し厚さ等，［(ロ)］そのものを［(ホ)］に規定する方法である。

［語句又は数値］

施工，	80，	協議書，	90，	乾燥密度，
安全，	品質，	収縮密度，	工程，	指示書，
膨張率，	70，	工法，	現場，	仕様書

《R5－6》

解説

1 (1)　切土の施工に当たっては (イ) 地質 の変化に注意を払い，当初予想された (イ) 地質 以外が現れた場合，ひとまず施工を中止する。

(2)　切土法面の施工中は，雨水等による法面浸食や (ロ) 崩壊 ・落石等が発生しないように，一時的な法面の排水，法面保護，落石防止を行うのがよい。

(3)　施工中の一時的な切土法面の排水は，仮排水路を (ハ) 法肩 の上や小段に設け，できるだけ切土部への水の浸透を防止するとともに法面を雨水等が流れないようにすることが望ましい。

(4)　施工中の一時的な法面保護は，法面全体をビニールシートで被覆したり， (ニ) モルタル吹付 により法面を保護することもある。

(5)　施工中の一時的な落石防止としては，亀裂の多い岩盤法面や礫等の浮石の多い法面では，仮設の落石防護網や落石防護 (ホ) 柵 を施すこともある。

《解答欄》

(イ)	(ロ)	(ハ)	(ニ)	(ホ)
地質	崩壊	法肩	モルタル吹付	柵

2 (1)　盛土工事の締固め管理方法には， (イ) 品質 規定方式と (ロ) 工法 規定方式があり，どちらの方法を適用するかは，工事の性格・規模・土質条件など，現場の状況をよく考えた上で判断することが大切である。

(2)　(イ) 品質 規定方式のうち，最も一般的な管理方法は，現場における土の締固めの程度を締固め度で規定する方法である。

(3)　締固め度の規定値は，一般にJIS A 1210（突固めによる土の締固め試験方法）のA法で道路土工に規定された室内試験から得られる土の最大 (ハ) 乾燥密度 の (ニ) 90 %以上とされている。

(4)　(ロ) 工法 規定方式は，使用する締固め機械の機種や締固め回数，盛土材料の敷均し厚さ等， (ロ) 工法 そのものを (ホ) 仕様書 に規定する方法である。

《解答欄》

(イ)	(ロ)	(ハ)	(ニ)	(ホ)
品質	工法	乾燥密度	90	仕様書

3

盛土の安定性や施工性を確保し，良質な品質を保持するため，盛土材料として望ましい条件を2つ解答欄に記述しなさい。

《R4－5》

4

盛土の締固め作業及び締固め機械に関する次の文章の［　　］の(イ)～(ホ)に当てはまる適切な語句を，次の語句から選び解答欄に記入しなさい。

(1)　盛土全体を［(イ)］に締め固めることが原則であるが，盛土［(ロ)］や隅部（特に法面近く）等は締固めが不十分になりがちであるから注意する。

(2)　締固め機械の選定においては，土質条件が重要なポイントである。すなわち，盛土材料は，破砕された岩から高［(ハ)］の粘性土にいたるまで多種にわたり，同じ土質であっても［(ハ)］の状態等で締固めに対する適応性が著しく異なることが多い。

(3)　締固め機械としての［(ニ)］は，機動性に優れ，比較的種々の土質に適用できる等の点から締固め機械として最も多く使用されている。

(4)　振動ローラは，振動によって土の粒子を密な配列に移行させ，小さな重量で大きな効果を得ようとするもので，一般に［(ホ)］に乏しい砂利や砂質土の締固めに効果がある。

［語句］　水セメント比，　改良，　粘性，　端部，　生物的，
トラクタショベル，　耐圧，　均等，　仮設的，　塩分濃度，
ディーゼルハンマ，　含水比，　伸縮部，　中央部，　タイヤローラ

《R3－4》

解説

3　盛土材料として望ましい条件は，次のとおりである。下記より2つを選んで解答欄に記述する。

①　トラフィカビリティが確保でき，施工性の高いこと。

②　締め固められた土のせん断強さが大きく，圧縮性が小さく，透水性が小さいこと。

③　吸水による膨張性の低いこと。

④　木の根，草などの有機物を含まないこと。

4　(1)　盛土全体を［(イ)　均等］に締め固めることが原則であるが，盛土［(ロ)　端部］や隅部（特に法面近く）等は締固めが不十分になりがちであるから注意する。

(2)　締固め機械の選定においては，土質条件が重要なポイントである。すなわち，盛土材料は，破砕された岩から高［(ハ)　含水比］の粘性土にいたるまで多種にわたり，同じ土質であっても［(ハ)　含水比］の状態等で締固めに対する適応性が著しく異なることが多い。

(3)　締固め機械としての［(ニ)　タイヤローラ］は，機動性に優れ，比較的種々の土質に適用できる等の点から締固め機械として最も多く使用されている。

(4)　振動ローラは，振動によって土の粒子を密な配列に移行させ，小さな重量で大きな効果を得ようとするもので，一般に［(ホ)　粘性］に乏しい砂利や砂質土の締固めに効果がある。

《解答欄》

(イ)	(ロ)	(ハ)	(ニ)	(ホ)
均等	端部	含水比	タイヤローラ	粘性

第二次検定

5

切土法面の施工における留意事項に関する次の文章の［　　］の(イ)～(ホ)に当てはまる**適切な語句を，次の語句から選び**解答欄に記入しなさい。

(1)　切土法面の施工中は，雨水などによる法面浸食や崩壊，落石などが発生しないように，一時的な法面の［(イ)］，法面保護，落石防止を行うのがよい。

(2)　切土法面の施工中は，掘削終了を待たずに切土の施工段階に応じて順次［(ロ)］から保護工を施工するのがよい。

(3)　露出することにより［(ハ)］の早く進む岩は，できるだけ早くコンクリートや［(ニ)］吹付けなどの工法による処置を行う。

(4)　切土法面の施工に当たっては，丁張にしたがって仕上げ面から［(ホ)］をもたせて本体を掘削し，その後法面を仕上げるのがよい。

［語句］　風化，　中間部，　余裕，　飛散，　水平，
　　　　　下方，　モルタル，　上方，　排水，　骨材，
　　　　　中性化，　支持，　転倒，　固結，　鉄筋

《R2－2》

6

軟弱地盤対策工法に関する次の工法から**2つ選び，工法名とその工法の特徴についてそれぞれ**解答欄に記述しなさい。

・サンドドレーン工法
・サンドマット工法
・深層混合処理工法（機械かくはん方式）
・表層混合処理工法
・押え盛土工法

《R2－3》

7

盛土の施工に関する次の文章の［　　］の(イ)～(ホ)に当てはまる**適切な語句を，次の語句から選び**解答欄に記入しなさい。

(1)　盛土材料としては，可能な限り現地［(イ)］を有効利用することを原則としている。

(2)　盛土の［(ロ)］に草木や切株がある場合は，伐開除根など施工に先立って適切な処理を行うものとする。

(3)　盛土材料の含水量調節にはばっ気と［(ハ)］があるが，これらは一般に敷均しの際に行われる。

(4)　盛土の施工にあたっては，雨水の浸入による盛土の［(ニ)］や豪雨時などの盛土自体の崩壊を防ぐため，盛土施工時の［(ホ)］を適切に行うものとする。

［語句］　購入土，　固化材，　サンドマット，　腐植土，　軟弱化，
　　　　　発生土，　基礎地盤，　日照，　粉じん，　粒度調整，
　　　　　散水，　補強材，　排水，　不透水層，　越水

《R1－2》

解説

5 (1) 切土法面の施工中は，雨水などによる法面浸食や崩壊，落石などが発生しないように，一時的な法面の (イ) 排水，法面保護，落石防止を行うのがよい。

(2) 切土法面の施工中は，掘削終了を待たずに切土の施工段階に応じて順次 (ロ) 上方 から保護工を施工するのがよい。

(3) 露出することにより (ハ) 風化 の早く進む岩は，できるだけ早くコンクリートや (ニ) モルタル 吹付けなどの工法による処置を行う。

(4) 切土法面の施工にあたっては，丁張にしたがって仕上げ面から (ホ) 余裕 をもたせて本体を掘削し，その後法面を仕上げるのがよい。

《解答欄》

(イ)	(ロ)	(ハ)	(ニ)	(ホ)
排水	上方	風化	モルタル	余裕

6 下表の中から，軟弱地盤対策工法を２つ選び，解答欄に記述する。

工法名	工法の特徴
サンドドレーン工法	透水性の高い砂を鉛直に連続して砂柱を造り，水平方向の圧密排水距離を短縮し，圧密沈下を促進する工法で，地盤強度を増加させる効果がある。
サンドマット工法	深層軟弱地盤対策工法の施工時にトラフィカビリティ確保と地下水の排水目的で施工されることが多く，0.5～1.2 m の厚さに，透水性の良い砂をまきだす。
深層混合処理工法	石灰，セメント系の土質改良安定材を，軟弱地盤の土と相当の深さまで原位置で強制かく拌混合して，地盤中に安定処理土による円柱状の改良体を造成する工法。
表層混合処理工法	土質に応じて砂地盤ではセメント系，粘土地盤では石灰系改良材を添加して表層土と混合して，強度をあげる。
押え盛土工法	盛土荷重により基礎地盤のすべり破壊の危険がある場合に，本体盛土に先行して法先に押え盛土を施工し，すべり抵抗を増加させ，本体盛土のすべり抵抗に対する安全性を確保する工法。

7 (1) 盛土材料としては，可能な限り現地 (イ) 発生土 を有効利用することを原則としている。

(2) 盛土の (ロ) 基礎地盤 に草木や切株がある場合は，伐開除根など施工に先立って適切な処理を行うものとする。

(3) 盛土材料の含水量調節にはばっ気と (ハ) 散水 があるが，これらは一般に敷均しの際に行われる。

(4) 盛土の施工にあたっては，雨水の浸入による盛土の (ニ) 軟弱化 や豪雨時などの盛土自体の崩壊を防ぐため，盛土施工時の (ホ) 排水 を適切に行うものとする。

《解答欄》

(イ)	(ロ)	(ハ)	(ニ)	(ホ)
発生土	基礎地盤	散水	軟弱化	排水

8

植生による法面保護工と構造物による法面保護工について，**それぞれ1つずつ工法名とその目的又は特徴について**解答欄に記述しなさい。

ただし，解答欄の（例）と同一内容は不可とする。

(1)　植生による法面保護工

(2)　構造物による法面保護工

《R1－3》

9

下図のような構造物の裏込め及び埋戻しに関する次の文章の［　　］の(イ)～(ホ)に当てはまる**適切な語句又は数値を，次の語句又は数値から選び**解答欄に記入しなさい。

(1)　裏込め材料は，［(イ)］で透水性があり，締固めが容易で，かつ水の浸入による強度の低下が［(ロ)］安定した材料を用いる。

(2)　裏込め，埋戻しの施工においては，小型ブルドーザ，人力などにより平坦に敷均し，仕上り厚は［(ハ)］cm 以下とする。

(3)　締固めにおいては，できるだけ大型の締固め機械を使用し，構造物縁部などについてはソイルコンパクタや［(ニ)］などの小型締固め機械により入念に締め固めなければならない。

(4)　裏込め部においては，雨水が流入したり，たまりやすいので，工事中は雨水の流入をできるだけ防止するとともに，浸透水に対しては，［(ホ)］を設けて処理をすることが望ましい。

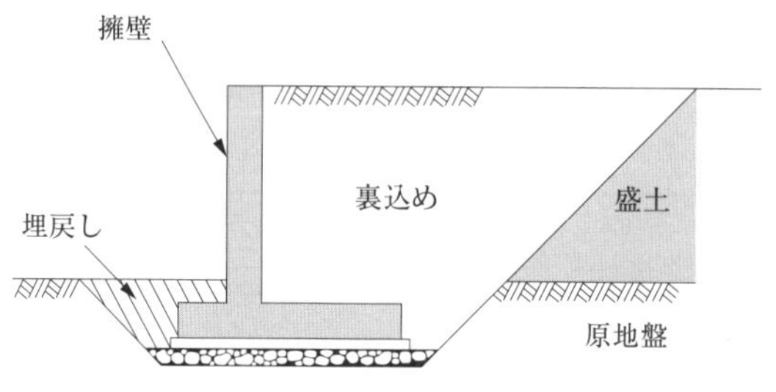

［語句又は数値］

弾性体，	40，	振動ローラ，	少ない，	地表面排水溝，
乾燥施設，	可撓性，	高い，	ランマ，	20，
大きい，	地下排水溝，	非圧縮性，	60，	タイヤローラ

《H30－2》

解説

8 道路土工－切土工斜面安定工指針に，法面保護工法の目的について，8－1法面保護工の種類と目的に次表のとおり示されている。これらから2つを選び，解答欄に記述する。

表 主な法面保護工の工種と目的

分類	工種	目的・特徴
植生工	種子散布工 客土吹付工 植生（厚層）基材吹付工 張芝工 植生マット工 植生シート工	浸食防止，凍上崩落抑制，全面植生（緑化）
	植生筋工 筋芝工	盛土法面の浸食防止，部分植生
	植生土のう工	不良土，硬質土法面の浸食防止
	苗木設置吹付工	浸食防止，景観形成
	植栽工	景観形成
構造物による法面保護工	編柵工 じゃかご工	法面表層部の浸食や湧水による土砂流出の抑制
	プレキャスト枠工	中詰が土砂やぐり石の空詰めの場合は浸食防止
	モルタル・コンクリート吹付工 石張工 ブロック張工	風化，浸食，表面水の浸透防止
	コンクリート張工 吹付枠工 現場打ちコンクリート枠工	法面表層部の崩落防止，多少の土圧を受けるおそれのある個所の土留め，岩盤はく落防止
	石積，ブロック積擁壁工 ふとんかご工 井桁組擁壁工 コンクリート擁壁工	ある程度の土圧に対抗
	補強土工（盛土補強土工，切土補強土工） ロックボルト工 グラウンドアンカー工 杭工	すべり土塊の滑動力に対抗

※土圧や滑動力に対抗するものは抑止工であり，それ以外は抑制工である。

9 (1) 裏込め材料は，(イ) 非圧縮性 で透水性があり，締固めが容易で，かつ水の浸入による強度の低下が (ロ) 少ない 安定した材料を用いる。

(2) 裏込め，埋戻しの施工においては，小型ブルドーザ，人力などにより平坦に敷均し，仕上り厚は (ハ) 20 cm以下とする。

(3) 締固めにおいては，できるだけ大型の締固め機械を使用し，構造物縁部などについては，ソイルコンパクタや (ニ) ランマ などの小型締固め機械により入念に締め固めなければならない。

(4) 裏込め部においては，雨水が流入したり，たまりやすいので，工事中は雨水の流入をできるだけ防止するとともに，浸透水に対しては，(ホ) 地下排水溝 を設けて処理することが望ましい。

《解答欄》

(イ)	(ロ)	(ハ)	(ニ)	(ホ)
非圧縮性	少ない	20	ランマ	地下排水溝

10

軟弱地盤対策工法に関する**次の工法から２つ選び，工法名とその工法の特徴**についてそれぞれ解答欄に記述しなさい。

・盛土載荷重工法
・サンドドレーン工法
・発泡スチロールブロック工法
・深層混合処理工法（機械かくはん方式）
・押え盛土工法

《H30－3》

解説

10 下表の中から，軟弱地盤対策工法の２つを選び，解答欄に記述する。

工法名	工法の特徴
盛土載荷重工法	軟弱地盤上に，計画盛土に等しく，又はそれ以上に盛土をして，圧密沈下を促進させ，強度増加を図り，盛土を取り除き構造物を構築する工法。
サンドドレーン工法	透水性の高い砂を鉛直に連続して打設して砂柱を造り，水平方向の圧密排水距離を短縮し，圧密沈下を促進する工法で，地盤強度を増加させる効果がある。
発泡スチロールブロック工法	工場で生産された発泡スチロールのブロックを積み重ね，各ブロックを所定の緊結金具でジョイントすることにより軽量の盛土を構築する工法。
深層混合処理工法	石灰，セメント系の土質改良安定材を，軟弱地盤の土と原位置で強制かく拌混合して，地盤中に安定処理土による円柱状の改良体を造成する工法。
押え盛土工法	盛土荷重により基礎地盤のすべり破壊の危険がある場合に，本体盛土に先行して側方に押え盛土を施工し，すべり抵抗を増加させ，本体盛土のすべり抵抗に対する安全性を確保する工法。

7·3 コンクリート工記述 《必須問題》

1

コンクリートに関する下記の用語①～④から2つ選び，その番号，その用語の説明について解答欄に記述しなさい。

① アルカリシリカ反応

② コールドジョイント

③ スランプ

④ ワーカビリティー

《R5－5》

2

コンクリート構造物の鉄筋の組立及び型枠に関する次の文章の［　　］の(イ)～(ホ)に当てはまる適切な語句を，下記の語句から選び解答欄に記入しなさい。

(1) 鉄筋どうしの交点の要所は直径0.8 mm以上の［(イ)］等で緊結する。

(2) 鉄筋のかぶりを正しく保つために，モルタルあるいはコンクリート製の［(ロ)］を用いる。

(3) 鉄筋の継手箇所は構造上の弱点となりやすいため，できるだけ大きな荷重がかかる位置を避け，［(ハ)］の断面に集めないようにする。

(4) 型枠の締め付けにはボルト又は鋼棒を用いる。型枠相互の間隔を正しく保つためには，［(ニ)］やフォームタイを用いる。

(5) 型枠内面には，［(ホ)］を塗っておくことが原則である。

［語句］　結束バンド，　スペーサ，　千鳥，　剥離剤，　交互，
潤滑油，　混和剤，　クランプ，　焼なまし鉄線，　パイプ，
セパレータ，　平板，　供試体，　電線，　同一

《R5－7》

解説

1 ①　**アルカリシリカ反応**：アルカリと反応性をもつ骨材が，セメント，その他のアルカリ分と長期にわたって反応し，コンクリートに膨張ひび割れ，ポップアウトを生じる現象。

②　**コールドジョイント**：コンクリートを層状に打ち込む場合に，先に打ち込んだコンクリートと，後から打ち込んだコンクリートの間が，完全に一体化していない不連続面のこと。

③　**スランプ**：フレッシュコンクリートの軟らかさの程度を示す指標の1つで，スランプコーンを引き上げた直後に測った頂部からの下がりで表す。

④　**ワーカビリティー**：材料分離を生じることなく運搬，打込み，締固めなどの作業が容易にできる程度を表すフレッシュコンクリートの性質のこと。

以上の解説の中から2つを選んで，解答欄に記述する。

2 (1)　鉄筋どうしの交点の要所は直径0.8 mm以上の［(イ)　焼なまし鉄線］等で緊結する。

(2)　鉄筋のかぶりを正しく保つために，モルタルあるいはコンクリート製の［(ロ)　スペーサ］を用いる。

(3)　鉄筋の継手箇所は構造上の弱点となりやすいため，できるだけ大きな荷重がかかる位置を避け，［(ハ)　同一］の断面に集めないようにする。

(4)　型枠の締め付けにはボルト又は鋼棒を用いる。型枠相互の間隔を正しく保つためには，［(ニ)　セパレータ］やフォームタイを用いる。

(5)　型枠内面には，［(ホ)　剥離剤］を塗っておくことが原則である。

《解答欄》

(イ)	(ロ)	(ハ)	(ニ)	(ホ)
焼なまし鉄線	スペーサ	同一	セパレータ	剥離剤

3

コンクリート養生の役割及び具体的な方法に関する次の文章の［　　］の(イ)～(ホ)に当てはまる適切な語句を，下記の語句から選び解答欄に記入しなさい。

(1)　養生とは，仕上げを終えたコンクリートを十分に硬化させるために，適当な［(イ)］と湿度を与え，有害な［(ロ)］等から保護する作業のことである。

(2)　養生では，散水，湛水，［(ハ)］で覆う等して，コンクリートを湿潤状態に保つことが重要である。

(3)　日平均気温が［(ニ)］ほど，湿潤養生に必要な期間は長くなる。

(4)　［(ホ)］セメントを使用したコンクリートの湿潤養生期間は，普通ポルトランドセメントの場合よりも長くする必要がある。

［語句］　早強ポルトランド，　高い，　混合，　合成，　安全，
　　　　　計画，　沸騰，　温度，　暑い，　低い，
　　　　　湿布，　養分，　外力，　手順，　配合

《R4－4》

4

フレッシュコンクリートの仕上げ，養生，打継目に関する次の文章の［　　］の(イ)～(ホ)に当てはまる適切な語句又は数値を，次の語句又は数値から選び解答欄に記入しなさい。

(1)　仕上げ後，コンクリートが固まり始めるまでに，［(イ)］ひび割れが発生することがあるので，タンピング再仕上げを行い修復する。

(2)　養生では，散水，湛水，湿布で覆う等して，コンクリートを［(ロ)］状態に保つことが必要である。

(3)　養生期間の標準は，使用するセメントの種類や養生期間中の環境温度等に応じて適切に定めなければならない。そのため，普通ポルトランドセメントでは日平均気温15℃以上で，［(ハ)］日以上必要である。

(4)　打継目は，構造上の弱点になりやすく，［(ニ)］やひび割れの原因にもなりやすいため，その配置や処理に注意しなければならない。

(5)　旧コンクリートを打ち継ぐ際には，打継面の［(ホ)］や緩んだ骨材粒を完全に取り除き，十分に吸水させなければならない。

［語句又は数値］　漏水，　1，　出来形不足，　絶乾，　疲労，
　　　　　　　　　飽和，　2，　ブリーディング，　沈下，　色むら，
　　　　　　　　　湿潤，　5，　エントラップトエアー，　膨張，　レイタンス

《R3－2》

解説

3 (1) 養生とは，仕上げを終えたコンクリートを十分に硬化させるために，適当な［(イ) 温度］と湿度を与え，有害な［(ロ) 外力］等から保護する作業のことである。

(2) 養生では，散水，湛水，［(ハ) 湿布］で覆う等して，コンクリートを湿潤状態に保つことが重要である。

(3) 日平均気温が［(ニ) 低い］ほど，湿潤養生に必要な期間は長くなる。

(4) ［(ホ) 混合］セメントを使用したコンクリートの湿潤養生期間は，普通ポルトランドセメントの場合よりも長くする必要がある。

《解答欄》

(イ)	(ロ)	(ハ)	(ニ)	(ホ)
温度	外力	湿布	低い	混合

4 (1) 仕上げ後，コンクリートが固まり始めるまでに，［(イ) 沈下］ひび割れが発生することがあるので，タンピング再仕上げを行い修復する。

(2) 養生では，散水，湛水，湿布で覆う等して，コンクリートを［(ロ) 湿潤］状態に保つことが必要である。

(3) 養生期間の標準は，使用するセメントの種類や養生期間中の環境温度等に応じて適切に定めなければならない。そのため，普通ポルトランドセメントでは日平均気温15℃以上で，［(ハ) 5］日以上必要である。

(4) 打継目は，構造上の弱点になりやすく，［(ニ) 漏水］やひび割れの原因にもなりやすいため，その配置や処理に注意しなければならない。

(5) 旧コンクリートを打ち継ぐ際には，打継面の［(ホ) レイタンス］や緩んだ骨材粒を完全に取り除き，十分に吸水させなければならない。

《解答欄》

(イ)	(ロ)	(ハ)	(ニ)	(ホ)
沈下	湿潤	5	漏水	レイタンス

5

コンクリート構造物の施工において，コンクリートの打込み時，又は締固め時に留意すべき事項を2つ，解答欄に記述しなさい。

《R3－5》

6

コンクリートの打込み，締固め，養生に関する次の文章の［　　］の(イ)～(ホ)にあてはまる適切な語句を，次の語句から選び解答欄に記入しなさい。

(1)　コンクリートの打込み中，表面に集まった［(イ)］水は，適当な方法で取り除いてからコンクリートを打ち込まなければならない。

(2)　コンクリート締固め時に使用する棒状バイブレータは，材料分離の原因となる［(ロ)］移動を目的に使用してはならない。

(3)　打込み後のコンクリートは，その部位に応じた適切な養生方法により一定期間は十分な［(ハ)］状態に保たなければならない。

(4)　［(ニ)］セメントを使用するコンクリートの［(ハ)］養生期間は，日平均気温15℃以上の場合，5日を標準とする。

(5)　コンクリートは，十分に［(ホ)］が進むまで，［(ホ)］に必要な温度条件に保ち，低温，高温，急激な温度変化などによる有害な影響を受けないように管理しなければならない。

［語句］　硬化，　ブリーディング，　水中，　混合，　レイタンス，
　　　　乾燥，　普通ポルトランド，　落下，　中和化，　垂直，
　　　　軟化，　コールドジョイント，　湿潤，　横，　早強ポルトランド

《R2－4》

解説

5 (1) **コンクリートの打込み時の留意点**

① 打込みは施工計画書により行う。

② 打込みは，供給源より**遠い所から近い所へ**という順序で行う。

③ 打込み時，**鉄筋の配置を乱さない**。

④ 打ち込んだコンクリートは，型枠内で**横移動させない**。

⑤ 打ち込み中に**著しい材料分離**が認められた場合，その**コンクリートは廃棄する**。

⑥ 1区画内のコンクリートは連続して打設する。コンクリート面は水平に仕上げる。

⑦ **気温が25℃以上**のとき，練り始めから，打込み完了まで，**1.5時間以内とする**。

⑧ **気温が25℃以下**のとき，練り始めから，打込み完了まで，**2時間以内とする**。

⑨ 型枠の高さが高いとき，型枠の途中に投入口を設け，**投入口の高さは1.5 m以下とする**。

⑩ 打込み時に浮き出た水は，スポンジなどで排除する。

⑪ **コンクリートの1層**は，**40〜50 cm**とし，**30分で1〜1.5 m以下**にして打上げる。

(2) **コンクリートの締固め時の留意点**

① コンクリートの締固め機は**内部振動機を用いる**のを原則とする。薄い壁など内部振動機が適さないときは，型枠振動機を使用する。

② コンクリートを2層以上に分けて打込む場合，下層のコンクリートが固まり始める前に打継ぎ，上下層が一体となるよう**振動棒を10 cm程度下層に貫入し**，締め固める。

③ コンクリートが鉄筋の周囲，型枠の隅まで行き渡るよう，振動棒を鉛直に挿入する。

④ **内部振動機の挿入間隔**は**50 cm以下**とする。

⑤ コンクリートと鉄筋の密着を図るときは，コンクリートが硬化し始める前で，**再振動できる範囲でなるべく遅い時期に再振動**を行う。

以上の解説の中から2つを選んで，解答欄に記述する。

---

6 (1) コンクリートの打込み中，表面に集まった［(イ) ブリーディング］水は，適当な方法で取り除いてからコンクリートを打ち込まなければならない。

(2) コンクリート締固め時に使用する棒状バイブレータは，材料分離の原因となる［(ロ) 横］移動を目的に使用してはならない。

(3) 打込み後のコンクリートは，その部位に応じた適切な養生方法により一定期間は十分な［(ハ) 湿潤］状態に保たなければならない。

(4) ［(ニ) 普通ポルトランド］セメントを使用するコンクリートの［(ハ) 湿潤］養生期間は，日平均気温15℃以上の場合，5日を標準とする。

(5) コンクリートは，十分に［(ホ) 硬化］が進むまで，［(ホ) 硬化］に必要な温度条件に保ち，低温，高温，急激な温度変化などによる有害な影響を受けないように管理しなければならない。

《解答欄》

(イ)	(ロ)	(ハ)	(ニ)	(ホ)
ブリーディング	横	湿潤	普通ポルトランド	硬化

7

コンクリートに関する次の用語から**2つ選び，用語とその用語の説明についてそれぞれ**解答欄に記述しなさい。

・コールドジョイント

・ワーカビリティー

・レイタンス

・かぶり

《R2－5》

8

コンクリートの打込みにおける型枠の施工に関する次の文章の［　　］の(イ)～(ホ)に当てはまる**適切な語句を，次の語句から選び**解答欄に記入しなさい。

(1) 型枠は，フレッシュコンクリートの［(イ)］に対して安全性を確保できるものでなければならない。また，せき板の継目はモルタルが［(ロ)］しない構造としなければならない。

(2) 型枠の施工にあたっては，所定の［(ハ)］内におさまるよう，加工及び組立てを行わなければならない。型枠が所定の間隔以上に開かないように，［(ニ)］やフォームタイなどの締付け金物を使用する。

(3) コンクリート標準示方書に示された，橋・建物などのスラブ及び梁の下面の型枠を取り外してもよい時期のコンクリートの［(ホ)］強度の参考値は14.0 N/mm^{2}である。

［語句］ スペーサ，鉄筋，圧縮，引張り，曲げ，
変色，精度，面積，季節，セパレータ，
側圧，温度，水分，漏出，硬化

《R1－4》

9

コンクリートの施工に関する次の①～④の記述のいずれにも語句又は数値の誤りが文中に含まれている。**①～④のうちから2つ選び，その番号をあげ，誤っている語句又は数値と正しい語句又は数値**をそれぞれ解答欄に記述しなさい。

① コンクリートを打込む際のシュートや輸送管，バケットなどの吐出口と打込み面までの高さは2.0 m以下が標準である。

② コンクリートを棒状バイブレータで締固める際の挿入間隔は，平均的な流動性及び粘性を有するコンクリートに対しては，一般に100 cm以下にするとよい。

③ 打込んだコンクリートの仕上げ後，コンクリートが固まり始めるまでの間に発生したひび割れは，棒状バイブレータと再仕上げによって修復しなければならない。

④ 打込み後のコンクリートは，その部位に応じた適切な養生方法により一定期間は十分な乾燥状態に保たなければならない。

《R1－5》

解説

7 下表の中から用語を2つ選び，用語とその用語の説明を解答欄に記述する。

用　語	用語の説明
コールドジョイント	コンクリートを層状に打ち込む場合に，先に打ち込んだコンクリートと後から打ち込んだコンクリートとの間が，完全に一体化していない不連続面。
ワーカビリティー	材料分離を生じることなく，運搬，打込み，締固め，仕上げ等の作業のしやすさ。
レイタンス	コンクリートの打込み後，ブリーディングに伴い，内部の微細な粒子が浮上し，コンクリート表面に形成するぜい弱な物質の層。
かぶり	鋼材あるいはシースの表面からコンクリートの表面までの最短距離で計測したコンクリートの厚さ。

8 (1) 型枠は，フレッシュコンクリートの (イ) 側圧 に対して安全性を確保できるものでなければならない。また，せき板の継目はモルタルが (ロ) 漏出 しない構造としなければならない。

(2) 型枠の施工にあたっては，所定の (ハ) 精度 内におさまるよう，加工及び組立てを行わなければならない。型枠が所定の間隔以上に開かないように (ニ) セパレータ やフォームタイなどの締付け金物を使用する。

(3) コンクリートの標準示方書に示された，橋・建物などのスラブ及び梁の下面の型枠を取り外してもよい時期のコンクリートの (ホ) 圧縮 強度の参考値は 14.0 N/mm^2 である。

《解答欄》

(イ)	(ロ)	(ハ)	(ニ)	(ホ)
側圧	漏出	精度	セパレータ	圧縮

9 ① シュートや輸送管，バケットなどの**吐出口と打込み面までの高さは 1.5 m 以下**が標準である。

② **バイブレータの挿入間隔**は，一般に **50 cm 以下**にするとよい。

③ コンクリートが固まり始めるまでの間に発生したひび割れは，**タンピングや再仕上げ**によって修復する。

④ 打込み後のコンクリートは，**一定期間湿潤状態に保たなければならない。**

次の表のうち2つを選んで，解答欄に記述する。

番号	誤っている語句又は数値	正しい語句又は数値
①	2.0 m	1.5 m
②	100 cm 以下	50 cm 以下
③	棒状バイブレータ	タンピング
④	乾燥状態	湿潤状態

10

フレッシュコンクリートの仕上げ，養生及び硬化したコンクリートの打継目に関する次の文章の［　　］の(イ)～(ホ)に当てはまる**適切な語句を，次の語句から選び**解答欄に記入しなさい。

(1)　仕上げとは，打込み，締固めがなされたフレッシュコンクリートの表面を平滑に整える作業のことである。仕上げ後，ブリーディングなどが原因の［(イ)］ひび割れが発生することがある。

(2)　仕上げ後，コンクリートが固まり始めるまでに，ひび割れが発生した場合は，［(ロ)］や再仕上げを行う。

(3)　養生とは，打込み後一定期間，硬化に必要な適当な温度と湿度を与え，有害な外力などから保護する作業である。湿潤養生期間は，日平均気温が15℃以上では，［(ハ)］で７日と，使用するセメントの種類や養生期間中の温度に応じた標準日数が定められている。

(4)　新コンクリートを打ち継ぐ際には，打継面の［(ニ)］や緩んだ骨材粒を完全に取り除き，十分に［(ホ)］させなければならない。

［語句］　水分，　普通ポルトランドセメント，　吸水，　乾燥収縮，
パイピング，　プラスチック収縮，　タンピング，　保温，
レイタンス，　混合セメント（Ｂ種），　ポンピング，　乾燥，
沈下，　早強ポルトランドセメント，　エアー

《H30－4》

11

コンクリートに関する次の用語から**２つ選び，用語名とその用語の説明**についてそれぞれ解答欄に記述しなさい。

・ブリーデング
・コールドジョイント
・AE 剤
・流動化剤

《H30－5》

解説

10 (1) 仕上げとは，打込み，締固めがなされたフレッシュコンクリートの表面を平滑に整える作業のことである。仕上げ後，ブリーディングなどが原因の (イ) 沈下 **ひび割れ**が発生することがある。

(2) 仕上げ後，コンクリートが固まり始めるまでに，ひび割れが発生した場合は，(ロ) タンピング **や再仕上げを行う**。

(3) 養生とは，打込み後一定期間，硬化に必要な適当な温度と湿度を与え，有害な外力などから保護する作業である。日平均気温が15℃以上では，(ハ) 混合セメント(B種) **で7日**と，使用するセメントの種類や養生期間中の温度に応じた標準日数が定められている。

(4) 新コンクリートを打ち継ぐ際には，打継面の (ニ) レイタンス **や緩んだ骨材粒を完全に取り除き**，十分に (ホ) 吸水 させなければならない。

《解答欄》

(イ)	(ロ)	(ハ)	(ニ)	(ホ)
沈下	タンピング	混合セメント(B種)	レイタンス	吸水

11 下表の中から用語を2つを選び，用語とその用語の説明を解答欄に記述する。

用　語	用語の説明
ブリーディング	フレッシュコンクリートにおいて，固体材料の沈降又は分離によって，練混ぜ水の一部が遊離して上昇する現象。
コールドジョイント	コンクリートを層状に打ち込む場合に，先に打ち込んだコンクリートと後から打ち込んだコンクリートの間が，完全に一体化していない不連続面のこと。
ＡＥ剤	コンクリート中に微細な独立した気泡を一様に分布させる混和剤で，ワーカビリティーがよくなり，分離しにくく，ブリーディング，レイタンスが少なくなり，凍結・融解に対する抵抗性が増す。
流動化剤	硬化後のコンクリートの品質を変化させることなく，流動性を増大させ，打込みや締固めの施工性を改善する。ポンプ打込みに使用する。

7·4 施工計画・工程管理記述 《選択問題》

1

下図のような管渠を構築する場合，施工手順に基づき**工種名を記述し**，**横線式工程表（バーチャート）を作成し**，**全所要日数を求め**解答欄に記述しなさい。

各工種の作業日数は次のとおりとする。

・床掘工７日　・基礎砕石工５日　・養生工７日　・埋戻し工３日　・型枠組立工３日
・型枠取外し工１日　・コンクリート打込み工１日　・管渠敷設工４日

ただし，基礎砕石工については床掘工と３日の重複作業で行うものとする。

また，解答用紙に記載されている工種は施工手順として決められたものとする。

管渠（内径500 mm）

《R5－9》

2

建設工事に用いる工程表に関する次の文章の［　　］の(イ)～(ホ)に当てはまる**適切な語句を，下記の語句から選び**解答欄に記入しなさい。

(1)　横線式工程表には，バーチャートとガントチャートがあり，バーチャートは縦軸に部分工事をとり，横軸に必要な［(イ)］を棒線で記入した図表で，各工事の工期がわかりやすい。ガントチャートは縦軸に部分工事をとり，横軸に各工事の［(ロ)］を棒線で記入した図表で，各工事の進捗状況がわかる。

(2)　ネットワーク式工程表は，工事内容を系統的に明確にし，作業相互の関連や順序，［(ハ)］を的確に判断でき，［(ニ)］工事と部分工事の関連が明確に表現できる。また，［(ホ)］を求めることにより重点管理作業や工事完成日の予測ができる。

［語句］　アクティビティ，　経済性，　機械，　人力，　施工時期，
　　　　　クリティカルパス，　安全性，　全体，　費用，　掘削，
　　　　　出来高比率，　降雨日，　休憩，　日数，　アロー

《R4－2・必須》

解説

1　**横線式工程表（バーチャート）**とは，縦軸に工種，横軸方向を工期とし，各工種の工期を棒状に表した工程表で，この問題の工程表は次のようになる。

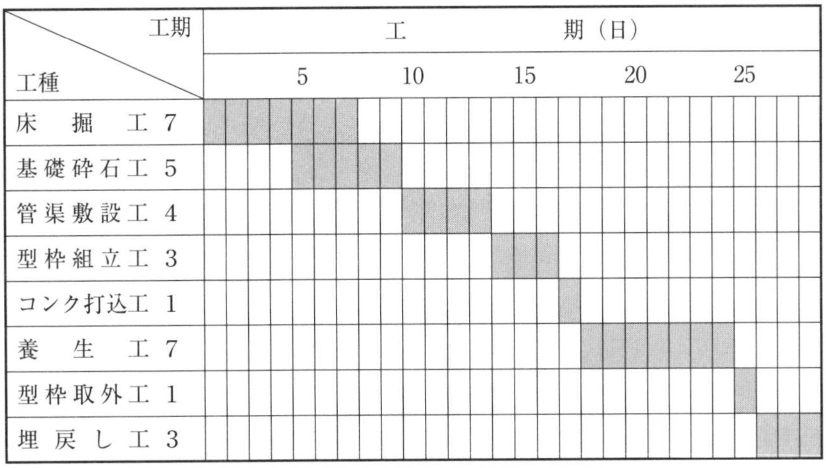

工期 工種	工　期（日）																											
					5					10					15					20					25			
床　掘　工 7	■	■	■	■	■	■	■																					
基礎砕石工 5					■	■	■	■	■																			
管渠敷設工 4										■	■	■	■															
型枠組立工 3														■	■	■												
コンク打込工 1																	■											
養　生　工 7																		■	■	■	■	■	■	■				
型枠取外工 1																									■			
埋 戻 し 工 3																										■	■	■

したがって，所要日数は**26日**になる。

2　(1)　横線式工程表には，バーチャートとガントチャートがあり，バーチャートは縦軸に部分工事をとり，横軸に必要な **(イ) 日数** を棒線で記入した図表で，各工事の工期がわかりやすい。ガントチャートは縦軸に部分工事をとり，横軸に各工事の **(ロ) 出来高比率** を棒線で記入した図表で，各工事の進捗状況がわかる。

(2)　ネットワーク式工程表は，工事内容を系統的に明確にし，作業相互の関連や順序，**(ハ) 施工時期** を的確に判断でき，**(ニ) 全体** 工事と部分工事の関連が明確に表現できる。また，**(ホ) クリティカルパス** を求めることにより重点管理作業や工事完成日の予測ができる。

《解答欄》

(イ)	(ロ)	(ハ)	(ニ)	(ホ)
日数	出来高比率	施工時期	全体	クリティカルパス

第二次検定

3

土木工事の施工計画を作成するにあたって実施する，事前の調査について，**下記の項目①～③から2つ選び，その番号，実施内容**について，解答欄の（例）を参考にして，解答欄に記述しなさい。

ただし，解答欄の（例）と同一の内容は不可とする。

① 契約書類の確認
② 自然条件の調査
③ 近隣環境の調査

《R4－3・必須》

4

建設工事において用いる次の**工程表の特徴について，それぞれ1つずつ**解答欄に記述しなさい。

ただし，解答欄の（例）と同一内容は不可とする。

(1) ネットワーク式工程表
(2) 横線式工程表

《R3－9》

解説

3　下表の中から項目を２つを選び，番号と実施内容を解答欄に記述する。

番号	項　目	実 施 内 容
①	契約書類の確認	(1)　事業損失，不可抗力による損害に対する取扱い方法 (2)　工事中止に基づく損害に対する取扱い方法 (3)　資材，労務費の変動に基づく取扱い方法 (4)　瑕疵担保の範囲等 (5)　工事代金の支払い条件 (6)　数量の増減による変更の取扱い方法 (7)　図面と現場との相違点，数量の違算の有無 (8)　図面，仕様書，施工管理基準などによる規格値，基準値
②	自然条件の調査	(1)　地形：工事用地，土捨場 (2)　地質：土質，地層，地下水 (3)　水文・気象：降雨，雪，風，波，洪水，潮位
③	近隣環境の調査	(1)　公害：騒音・振動規制値，作業時間制限，地盤沈下 (2)　輸送：道路状況，トンネル，橋 (3)　電力，水：工事用電力引込地点，取水場所 (4)　建物：事務所，宿舎，機械修理工場，病院 (5)　労働力：地元労働者，季節労働者 (6)　物価：地元調達材料価格，取扱商店

4　(1)　**ネットワーク式工程表**

①　各作業の施工順序，因果関係，施工時間などを明確にして，工事の流れを丸印（○）と，矢線（→）の結びつきで表したものである。

②　工程の作成には熟練を要するが，電子計算機による処理ができ，急激な変化への対応ができ，作業の相互関係や重点管理作業が明確である。

(2)　**横線式工程表**

①　縦軸に工種をとり，横軸に完成率または工期をとって，棒状に工事の進捗状況を表したものであり，ガントチャートとバーチャートがある。

②　ガントチャートは，縦軸に工種を列記し，横軸に各工種の完成率を表したもので，各工種の進行度合は明瞭であるが，各工種に必要な日数はわからず，工期に影響を与える工種がどれであるかも不明である。

③　バーチャートは，ガントチャートの横軸の完成率を工期に置き換えて表したもので，各作業の工期は明確であるが，作業の相互関係が漠然とし，工期に影響する作業は不明である。

以上の解説の中から，それぞれ１つを選んで，解答欄に記述する。

5

下図のようなプレキャストボックスカルバートを築造する場合，施工手順に基づき**工種名を記述し，横線式工程表（バーチャート）を作成し，全所要日数**を求め解答欄に記述しなさい。

各工種の作業日数は次のとおりとする。

・床掘工５日　・養生工７日　・残土処理工１日　・埋戻し工３日　・据付け工３日

・基礎砕石工３日　・均しコンクリート工３日

ただし，床掘工と次の工種及び据付け工と次の工種はそれぞれ１日間の重複作業で行うものとする。

また，解答用紙に記載されている工種は施工手順として決められたものとする。

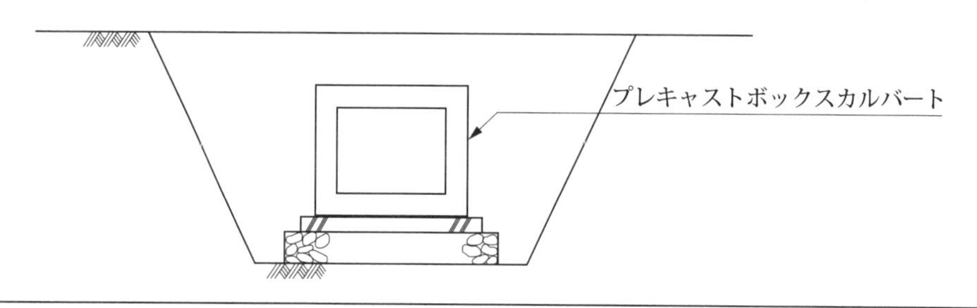

《R2－9》

6

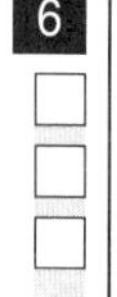

建設工事において用いる次の工程表の**特徴について，それぞれ１つずつ**解答欄に記述しなさい。

ただし，解答欄の（例）と同一内容は不可とする。

(1)　横線式工程表

(2)　ネットワーク式工程表

《R1－9》

解説

5　**横線式工程表（バーチャート）**とは，縦軸に工種，横軸方向に工期を棒状に表現した工程表である。この問題の工程表は次のようになる。

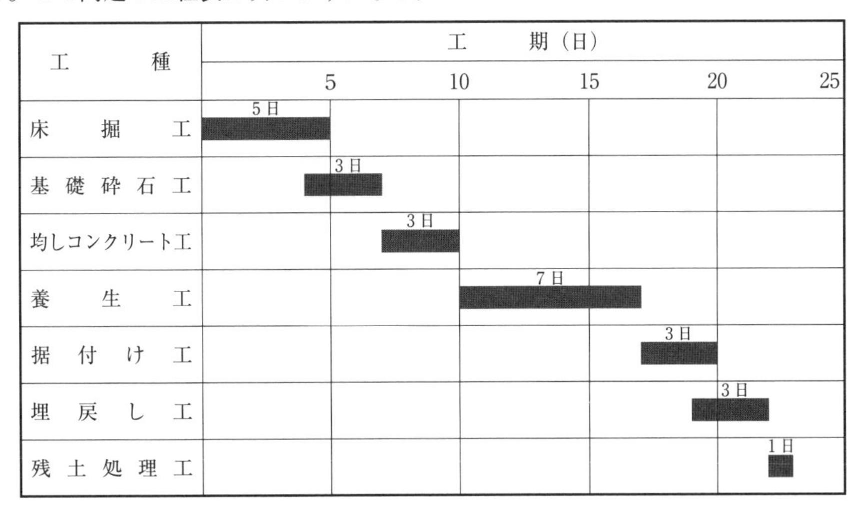

したがって，所要日数は**23日**になる。

6　(1)　**横線式工程表**：縦軸に工種，横軸に完成率を取って描いた**ガントチャート工程表**は，各工種の完成率だけがわかる工程表で，横軸に完成率ではなく，工期に置き換えた**バーチャート工程表**は，各工種の工期が明確にわかる。

(2)　**ネットワーク式工程表**：各作業の開始と完了を1つの要素として，この要素を網の目状（ネットワーク）にまとめたもので，工期，作業の関係の相互関係や余裕の作業を明確にすることができる。

7

□□□

下図のような現場打ちコンクリート側溝を築造する場合，施工手順に基づき**工種名を記述し横線式工程表（バーチャート）を作成し，全所要日数**を求め解答欄に記入しなさい。

各工種の作業日数は次のとおりとする。

・側壁型枠工５日 ・底版コンクリート打設工１日　・側壁コンクリート打設工２日

・底版コンクリート養生工３日　・側壁コンクリート養生工４日　・基礎工３日

・床掘工５日　・埋戻し工３日　・側壁型枠脱型工２日

ただし，床掘工と基礎工については１日の重複作業で，また側壁型枠工と側壁コンクリート打設工についても１日の重複作業で行うものとする。

また，解答用紙に記載されている工種は施工手順として決められたものとする。

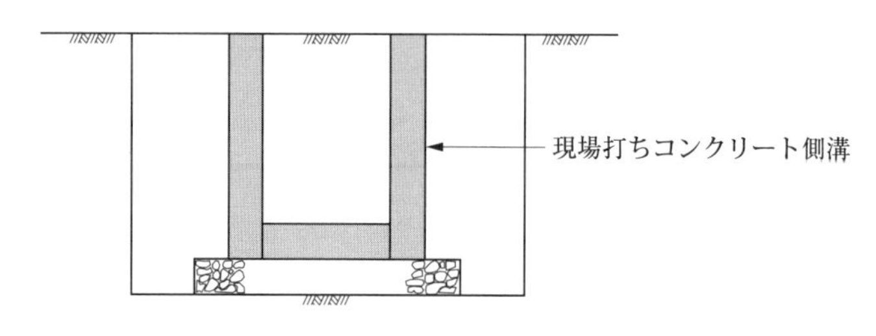

《H30－9》

解説

7 横線式工程表（バーチャート）とは，縦軸に工種，横軸方向を工期とし，各工種の工期を棒状に表した工程表で，この問題の工程表は次のようになる。

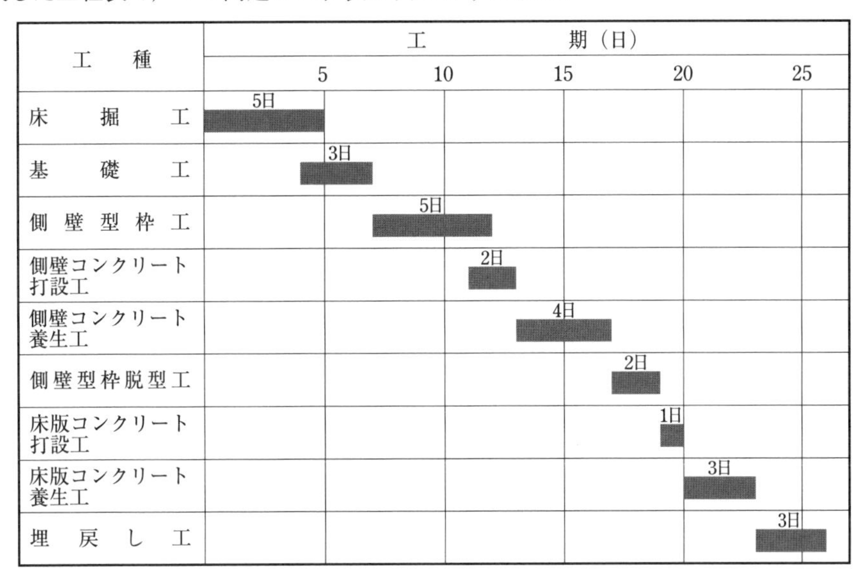

したがって，所要日数は **26 日**になる。

7・5　安全管理記述　《選択問題》

1

地山の明り掘削の作業時に事業者が行わなければならない安全管理に関し，労働安全衛生法上，次の文章の[　　]の(イ)～(ホ)に当てはまる**適切な語句を，下記の語句から選び**解答欄に記入しなさい。

(1)　地山の崩壊，埋設物等の損壊等により労働者に危険を及ぼすおそれのあるときは，作業箇所及びその周辺の地山について，ボーリングその他適当な方法により調査し，調査結果に適応する掘削の時期及び[(イ)]を定めて，作業を行わなければならない。

(2)　地山の崩壊又は土石の落下により労働者に危険を及ぼす恐れのあるときは，あらかじめ[(ロ)]を設け，[(ハ)]を張り，労働者の立入りを禁止する等の措置を講じなければならない。

(3)　掘削機械，積込機械及び運搬機械の使用によるガス導管，地中電線路その他地下に存在する工作物の[(ニ)]により労働者に危険を及ぼす恐れのあるときは，これらの機械を使用してはならない。

(4)　点検者を指名して，その日の作業を[(ホ)]する前，大雨の後及び中震（震度4）以上の地震の後，浮石及び亀裂の有無及び状態並びに含水，湧水及び凍結の状態の変化を点検させなければならない。

［語句］　土止め支保工，　遮水シート，　休憩，　飛散，　作業員，
　　　　　型枠支保工，　順序，　開始，　防護網，　段差，
　　　　　吊り足場，　合図，　損壊，　終了，　養生シート

《R5－2》

2

建設工事における移動式クレーン作業及び玉掛け作業に係る安全管理のうち，**事業者が実施すべき安全対策**について，下記の①，②の作業ごとに，それぞれ1つずつ解答欄に記述しなさい。

ただし，同一の解答は不可とする。

①　移動式クレーン作業　　　②　玉掛け作業

《R5－8》

解説

1　(1)　地山の崩壊，埋設物等の損壊等により労働者に危険を及ぼすおそれのあるときは，作業箇所及びその周辺の地山について，ボーリングその他適当な方法により調査し，調査結果に適応する掘削の時期及び[(イ)　順序]を定めて，作業を行わなければならない。

(2)　地山の崩壊又は土石の落下により労働者に危険を及ぼす恐れのあるときは，あらかじめ[(ロ)　土止め支保工]を設け，[(ハ)　防護網]を張り，労働者の立入りを禁止する等の措置を講じなければならない。

(3)　掘削機械，積込機械及び運搬機械の使用によるガス導管，地中電線路その他地下に存在する工作物の[(ニ)　損壊]により労働者に危険を及ぼす恐れのあるときは，これらの機械を使用してはならない。

(4)　点検者を指名して，その日の作業を (ホ) 開始 する前，大雨の後及び中震（震度４）以上の地震の後，浮石及び亀裂の有無及び状態並びに含水，湧水及び凍結の状態の変化を点検させなければならない。

《解答欄》

(イ)	(ロ)	(ハ)	(ニ)	(ホ)
順序	土止め支保工	防護網	損壊	開始

2　(1)　**移動式クレーン作業**

①　定格荷重をこえる荷重をかけて使用してはならない。

②　明細書に記載されているジブの傾斜角の範囲をこえて使用してはならない。

③　移動式クレーンの運転者及び玉掛けをする者が，当該移動式クレーンの定格荷重を常時知ることができるよう，表示しなければならない。

④　地盤が軟弱であること，埋設物，その他地下に存する工作物が損壊する恐れがあること等により，クレーンが転倒する恐れのある場所においては，作業を行ってはならない。

⑤　アウトリガー又はクローラを最大限に張り出さなければならない。ただし，張り出し幅に応じた定格荷重を下回ることが確実に見込まれるときは，この限りでない。

⑥　一定の合図を定め，合図を行う者を指名して，その者に合図を行わせなければならない。

⑦　労働者を運搬し，又は労働者をつり上げて作業させてはならない。

⑧　クレーンの上部旋回体と接触する恐れのある箇所に労働者を立ち入らせてはならない。

⑨　強風のため，危険が予想されるときは，当該作業を中止しなければならない。

⑩　運転者を，荷をつったままで，運転位置から離れさせてはならない。

(2)　**玉掛け作業**

①　玉掛け用具であるワイヤロープの安全係数は，６以上でなければ使用してはならない。

②　玉掛け用具であるフック又はシャックルの安全係数については，５以上でなければ使用してはならない。

③　ワイヤロープよりの間において，素線の数の10パーセント以上の素線が切断しているものは使用してはならない。

④　ワイヤロープの減少が公称径の７パーセントをこえるものは使用してはならない。

⑤　ワイヤロープのキンクしたものは使用してはならない。

⑥　ワイヤロープは，著しい形くずれ又は腐食があるものは使用してはならない。

⑦　フック，シャックル，リング等の金具で，変形しているもの又はき裂があるものは使用してはならない。

⑧　その日の作業を開始する前に，当該ワイヤロープ等の異常の有無について点検を行わなければならない。

⑨　点検で異常を認めたときは，直ちに補修しなければならない。

以上の解説から１つずつ選んで，解答欄に記述する。

3

□
□
□

建設工事における高さ2m以上の高所作業を行う場合において，労働安全衛生法で定められている事業者が実施すべき**墜落等による危険の防止対策を，2つ**解答欄に記述しなさい。

《R4－8》

4

□
□
□

移動式クレーンを使用する荷下ろし作業において，労働安全衛生規則及びクレーン等安全規則に定められている**安全管理上必要な労働災害防止対策に関し，次の(1)，(2)の作業段階について，具体的な措置**を解答欄に記述しなさい。

ただし，同一内容の解答は不可とする。

(1) 作業着手前

(2) 作業中

《R3－3：必須問題》

解説

3　事業者が実施すべき**墜落等による危険の防止対策**（以下から２つ選んで解答する。）

①　足場を組み立てる等の方法により，**作業床**を設ける。

②　足場の設置により作業床を設けることが困難な場合には，防網を張り，要求性能墜落制止用器具を使用させる等の措置をする。

③　作業床の端，開口部等で作業を行わせる場合には，囲い，**手すり，覆い等**を設ける。

④　労働者は，要求性能墜落制止用器具等の使用を命じられたときは，これを使用しなければならない。

⑤　労働者に要求性能墜落制止用器具等を使用させるときは，要求性能墜落制止用器具等を安全に取り付けるための設備を設け，その点検をしなければならない。

⑥　強風，大雨等の悪天候の場合には，作業を禁止する。

⑦　安全に昇降するための設備を設ける。

⑧　墜落により労働者に危険を及ぼすおそれのある箇所には，関係労働者以外の労働者を立ち入らせない。

4　(1)　**作業着手前**

①　クレーンの使用を開始する前に自主検査を行わなければならない。

②　移動式クレーン設置報告書を所轄労働基準監督署長に提出する。

③　移動式クレーンについては，厚生労働大臣の定める基準に適合するものでなければ使用してはならない。

④　事業者は，移動式クレーンの作業方法，転倒を防止するための方法，作業に係る労働者の配置及び指揮の系統を定めなければならない。

⑤　事業者は，つり上げ荷重が１ｔ未満の移動式クレーンの業務に労働者を就かせるときは，当該労働者に対し，当該業務に関する安全のための特別教育を行わなければならない。

(2)　**作業中**

①　**過負荷の制限**：クレーンにその**定格荷重をこえる荷重をかけて使用しない。**

②　**傾斜角の制限**：クレーン明細書に記載されている**ジブの傾斜角の範囲をこえて使用しない。**

③　**定格荷重の表示等**：運転者および玉掛けをする者が，クレーンの定格荷重を常時知ることができるよう，**表示等の措置を講じる。**

④　**アウトリガー等の張り出し**：アウトリガーは，**最大限に張り出**さなければならない。ただし，アウトリガーまたはクローラを最大限に張り出すことができない場合は，アウトリガーまたはクローラの張出し幅に応じた定格荷重を下回る範囲で使用する。

⑤　**運転の合図**：クレーンの運転について一定の**合図を定め，合図を行う者を指名**して，その者に合図を行わせる。

⑥　**立入禁止**：クレーンの上部旋回体と接触することにより，労働者に**危険が生ずるおそれのある箇所に労働者を立ち入らせない。**

⑦　つり上げられている**荷の下に労働者を立ち入らせない。**

⑧　**強風時の作業中止**：強風のため，移動式クレーンに係る作業の実施について危険が予想されるときは，**当該作業を中止する。**

⑨　**強風時における転倒の防止**：強風により作業を中止し，クレーンが転倒するおそれのあるときは，当該移動式クレーンのジブの位置を固定させる等によりクレーンの**転倒を防止するための措置を講じる。**

⑩　**運転位置からの離脱の禁止**：移動式クレーンの運転者は，**荷をつったままで運転位置を離れてはならない。**

以上の解説から１つずつ選んで，解答欄に記述する。

5

下図のような道路上で工事用掘削機械を使用してガス管更新工事を行う場合，架空線損傷事故を防止するために**配慮すべき具体的な安全対策について2つ**，解答欄に記述しなさい。

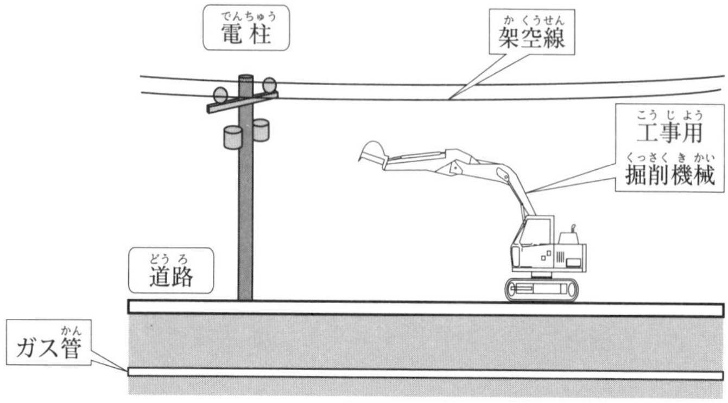

電柱
架空線
工事用掘削機械
道路
ガス管

《R3－8》

6

建設工事における高所作業を行う場合の安全管理に関して，労働安全衛生法上，次の文章の［　　］の(イ)～(ホ)に当てはまる**適切な語句又は数値を，次の語句又は数値から選び**解答欄に記入しなさい。

(1) 高さが［(イ)］m以上の箇所で作業を行なう場合で，墜落により労働者に危険を及ぼすおそれのあるときは，足場を組立てる等の方法により［(ロ)］を設けなければならない。

(2) 高さが［(イ)］m以上の［(ロ)］の端や開口部等で，墜落により労働者に危険を及ぼすおそれのある箇所には，［(ハ)］，手すり，覆い等を設けなければならない。

(3) 架設通路で墜落の危険のある箇所には，高さ［(ニ)］cm以上の手すり又はこれと同等以上の機能を有する設備を設けなくてはならない。

(4) つり足場又は高さが5m以上の構造の足場等の組立て等の作業については，足場の組立て等作業主任者［(ホ)］を修了した者のうちから，足場の組立て等作業主任者を選任しなければならない。

［語句又は数値］

特別教育，	囲い，	85，	作業床，	3，
待避所，	幅木，	2，	技能講習，	95，
1，	アンカー，	技術研修，	休憩所，	75

《R2－7》

解説

5　架空線損傷事故対策

①　電線を移設できないときは，電線に絶縁用防護具を装着する。

②　活線電路への近接距離を守って作業を行う（近接距離例：交流 600 V，直流 750 V 以下のとき 1 m）。

③　作業時は，必ず監視人を配置する。

以上の解説から 2 つを選んで解答欄に記述する。

6　(1)　高さが［(イ)　2］m 以上の箇所で作業を行う場合で，墜落により労働者に危険を及ぼすおそれのあるときは，足場を組立てる等の方法により［(ロ)　作業床］を設けなければならない。

(2)　高さが［(イ)　2］m 以上の［(ロ)　作業床］の端や開口部等で，墜落により労働者に危険を及ぼすおそれのある箇所には，［(ハ)　囲い］，手すり，覆い等を設けなければならない。

(3)　架設通路で墜落の危険のある箇所には，高さ［(ニ)　85］cm 以上の手すり又はこれと同等以上の機能を有する設備を設けなくてはならない。

(4)　つり足場又は高さが 5 m 以上の構造の足場等の組立て等の作業については，足場の組立て等作業主任者［(ホ)　技能講習］を修了した者のうちから，足場の組立て等作業主任者を選任しなければならない。

《解答欄》

(イ)	(ロ)	(ハ)	(ニ)	(ホ)
2	作業床	囲い	85	技能講習

7

下図に示す土止め支保工の組立て作業にあたり，**安全管理上必要な労働災害防止対策に関して労働安全衛生規則に定められている内容について２つ**解答欄に記述しなさい。

ただし，解答欄の（例）と同一内容は不可とする。

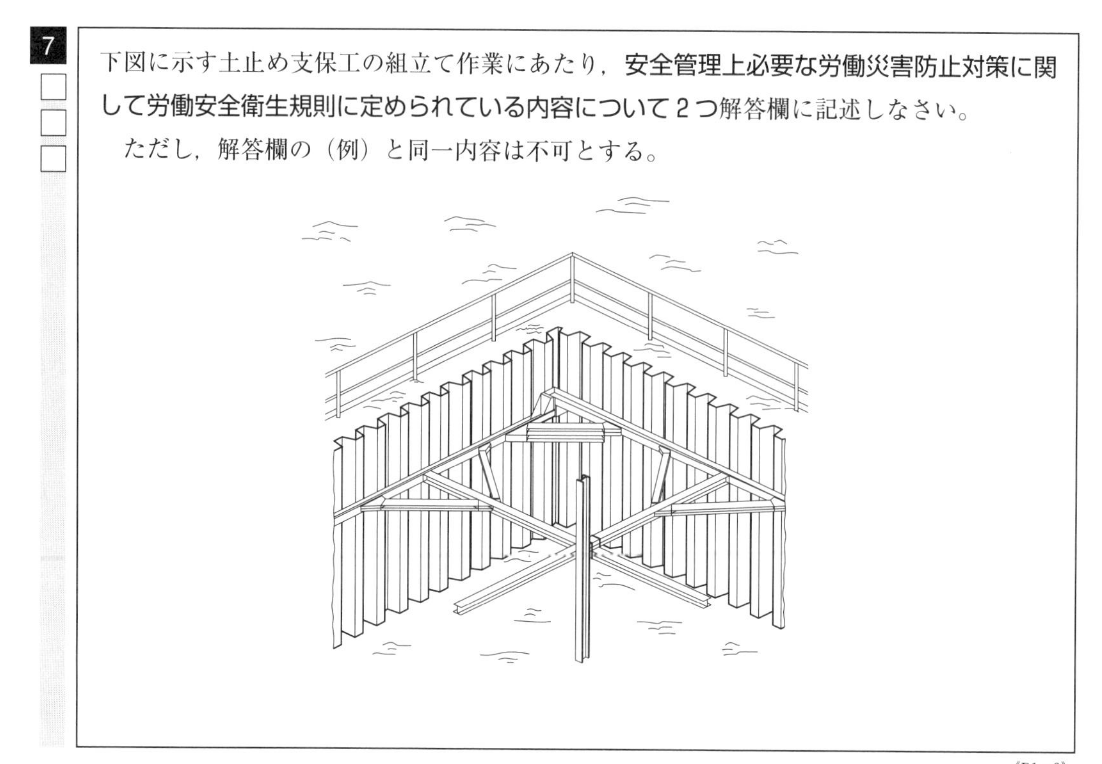

《R1－8》

8

下図のような道路上で架空線と地下埋設物に近接して水道管補修工事を行う場合において，工事用掘削機械を使用する際に次の項目の事故を防止するため**配慮すべき具体的な安全対策**について，それぞれ１つ解答欄に記述しなさい。

(1)　架空線損傷事故

(2)　地下埋設物損傷事故

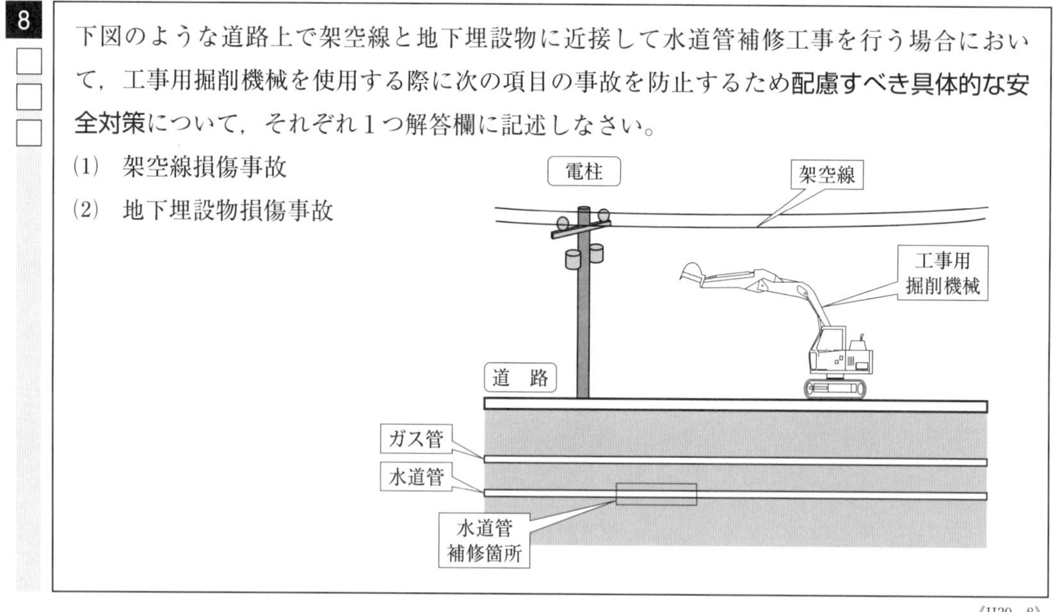

《H30－8》

解説

7　**土止め支保工**について，定められている内容は以下のとおりである。これらから２つを選んで解答欄に記述する。

(1)　土止め工の組立作業をする場合は，**組立図**に基づいて行わなければならない。

(2)　**切梁**または**火打ち**の接続部，および切梁と切梁の交差部は当て板をあて，ボルト締め，または溶接などで堅固にする。

(3)　**腹起し**，**切梁**は，矢板・杭・中間支持柱に確実に取り付ける。

(4)　圧縮材（火打ちを除く）の継手は**突合せ継手**とする。

(5)　切梁を構造物で支持する場合，荷重に耐えうるものとする。

(6)　下記の場合，**点検**を行う。

①　７日を超えない期間ごとに。

②　中震以上の地震のあと。

③　大雨により地山に軟弱化のおそれが生じたとき。

8　工事用掘削機械使用の際の事故防止に対する安全対策について，下記のそれぞれから１つ選び，解答欄に記述する。

(1)　**架空線損傷事故対策**

①　電線を移設できないときは，電線に絶縁用防護具を装着する。

②　活線電路への近接距離を守って作業を行う（近接距離例：交流 600 V，直流 750 V 以下のとき１m）。

③　作業時は，必ず監視人を配置する。

(2)　**地下埋設物損傷事故対策**

①　掘削機械が，埋設物を損壊するおそれがある場合は，使用してはならない。

②　掘削作業により露出したガス導管の損壊により労働者に危険を及ぼすおそれのあるときは，つり防護や受け防護などによりガス導管の防護を行う。

③　市街地で，掘削深さが1.5 m以上になるときは，土留め工を設ける。

7·6 品質管理記述 《選択問題》

1

土の原位置試験とその結果の利用に関する次の文章の［　　］の(イ)～(ホ)に当てはまる**適切な語句を，下記の語句から選び**解答欄に記入しなさい。

(1) 標準貫入試験は，原位置における地盤の硬軟，締まり具合又は土層の構成を判定するための［(イ)］を求めるために行い，土質柱状図や地質［(ロ)］を作成することにより，支持層の分布状況や各地層の連続性等を総合的に判断できる。

(2) スウェーデン式サウンディング試験は，荷重による貫入と，回転による貫入を併用した原位置試験で，土の静的貫入抵抗を求め，土の硬軟又は締まり具合を判定するとともに［(ハ)］の厚さや分布を把握するのに用いられる。

(3) 地盤の平板載荷試験は，原地盤に剛な載荷板を設置して垂直荷重を与え，この荷重の大きさと載荷板の［(ニ)］との関係から，［(ホ)］係数や極限支持力等の地盤の変形及び支持力特性を調べるための試験である。

［語句］　含水比，　盛土，　水温，　地盤反力，　管理図，
　　　　軟弱層，　N値，　P値，　断面図，　経路図，
　　　　降水量，　透水，　掘削，　圧密，　沈下量

《R4－6》

2

レディーミクストコンクリート（JIS A 5308）の受入れ検査に関する次の文章の［　　］の(イ)～(ホ)に当てはまる**適切な語句又は数値を，下記の語句又は数値から選び**解答欄に記入しなさい。

(1) スランプの規定値が12 cmの場合，許容差は±［(イ)］cmである。

(2) 普通コンクリートの［(ロ)］は4.5％であり，許容差は±1.5％である。

(3) コンクリート中の［(ハ)］含有量は0.30 kg/m³以下と規定されている。

(4) 圧縮強度の1回の試験結果は，購入者が指定した［(ニ)］強度の強度値の［(ホ)］％以上であり，3回の試験結果の平均値は，購入者が指定した［(ニ)］強度の強度値以上である。

［語句又は数値］　単位水量，　空気量，　85，　塩化物，　75，
　　　　　　　　せん断，　95，　引張，　2.5，　不純物，
　　　　　　　　7.0，　呼び，　5.0，　骨材表面水率，　アルカリ

《R4－7》

解説

1 (1) 標準貫入試験は，原位置における地盤の硬軟，締まり具合又は土層の構成を判定するための［(イ) N値］を求めるために行い，土質柱状図や地質［(ロ) 断面図］を作成することにより，支持層の分布状況や各地層の連続性等を総合的に判断できる。

(2) スウェーデン式サウンディング試験は，荷重による貫入と，回転による貫入を併用した原位置試験で，土の静的貫入抵抗を求め，土の硬軟又は締まり具合を判定するとともに［(ハ) 軟弱層］の厚さや分布を把握するのに用いられる。

(3) 地盤の平板載荷試験は，原地盤に剛な載荷板を設置して垂直荷重を与え，この荷重の大きさと載荷板の［(ニ) 沈下量］との関係から，［(ホ) 地盤反力］係数や極限支持力等の地盤の変形及び支持力特性を調べるための試験である。

《解答欄》

(イ)	(ロ)	(ハ)	(ニ)	(ホ)
N値	断面図	軟弱層	沈下量	地盤反力

2 (1) スランプの規定値が12 cmの場合，許容差は±［(イ) 2.5］cmである。

(2) 普通コンクリートの［(ロ) 空気量］は4.5%であり，許容差は±1.5%である。

(3) コンクリート中の［(ハ) 塩化物］含有量は0.30 kg/m^3以下と規定されている。

(4) 圧縮強度の1回の試験結果は，購入者が指定した［(ニ) 呼び］強度の強度値の［(ホ) 85］%以上であり，3回の試験結果の平均値は，購入者が指定した［(ニ) 呼び］強度の強度値以上である。

《解答欄》

(イ)	(ロ)	(ハ)	(ニ)	(ホ)
2.5	空気量	塩化物	呼び	85

3

盛土の施工に関する次の文章の［　　］の(イ)～(ホ)に当てはまる**適切な語句を，次の語句から選び**解答欄に記入しなさい。

(1) 敷均しは，盛土を均一に締め固めるために最も重要な作業であり［(イ)］でていねいに敷均しを行えば均一でよく締まった盛土を築造することができる。

(2) 盛土材料の含水量の調節は，材料の［(ロ)］含水比が締固め時に規定される施工含水比の範囲内にない場合にその範囲に入るよう調節するもので，曝気乾燥，トレンチ掘削による含水比の低下，散水等の方法がとられる。

(3) 締固めの目的として，盛土法面の安定や土の［(ハ)］の増加等，土の構造物として必要な［(ニ)］が得られるようにすることがあげられる。

(4) 最適含水比，最大［(ホ)］に締め固められた土は，その締固めの条件のもとでは土の間隙が最小である。

［語句］　塑性限界，　収縮性，　乾燥密度，　薄層，　最小，
　　　　湿潤密度，　支持力，　高まき出し，　最大，　砕石，
　　　　強度特性，　飽和度，　流動性，　透水性，　自然

《R3－6》

4

鉄筋の組立・型枠及び型枠支保工の品質管理に関する次の文章の［　　］の(イ)～(ホ)に当てはまる**適切な語句を，次の語句から選び**解答欄に記入しなさい。

(1) 鉄筋の継手箇所は，構造上弱点になりやすいため，できるだけ，大きな荷重がかかる位置を避け，［(イ)］の断面に集めないようにする。

(2) 鉄筋の［(ロ)］を確保するためのスペーサは，版（スラブ）及び梁部ではコンクリート製やモルタル製を用いる。

(3) 型枠は，外部からかかる荷重やコンクリートの［(ハ)］に対し，十分な強度と剛性を有しなければならない。

(4) 版（スラブ）の型枠支保工は，施工時及び完成後のコンクリートの自重による沈下や変形を想定して，適切な［(ニ)］をしておかなければならない。

(5) 型枠及び型枠支保工を取り外す順序は，比較的荷重を受けにくい部分をまず取り外し，その後残りの重要な部分を取り外すので，梁部では［(ホ)］が最後となる。

［語句］　負圧，　相互，　妻面，　千鳥，　側面，
　　　　底面，　側圧，　同一，　水圧，　上げ越し，
　　　　口径，　下げ止め，　応力，　下げ越し，　かぶり

《R3－7》

解説

3 (1) 敷均しは，盛土を均一に締め固めるために最も重要な作業であり［(イ) 薄層］でていねいに敷均しを行えば均一でよく締まった盛土を築造することができる。

(2) 盛土材料の含水量の調節は，材料の［(ロ) 自然］含水比が締固め時に規定される施工含水比の範囲内にない場合にその範囲に入るよう調節するもので，曝気乾燥，トレンチ掘削による含水比の低下，散水等の方法がとられる。

(3) 締固めの目的として，盛土法面の安定や土の［(ハ) 支持力］の増加等，土の構造物として必要な［(ニ) 強度特性］が得られるようにすることがあげられる。

(4) 最適含水比，最大［(ホ) 乾燥密度］に締め固められた土は，その締固めの条件のもとでは土の間隙が最小である。

《解答欄》

(イ)	(ロ)	(ハ)	(ニ)	(ホ)
薄層	自然	支持力	強度特性	乾燥密度

4 (1) 鉄筋の継手箇所は，構造上弱点になりやすいため，できるだけ，大きな荷重がかかる位置を避け，［(イ) 同一］の断面に集めないようにする。

(2) 鉄筋の［(ロ) かぶり］を確保するためのスペーサは，版（スラブ）及び梁部ではコンクリート製やモルタル製を用いる。

(3) 型枠は，外部からかかる荷重やコンクリートの［(ハ) 側圧］に対し，十分な強度と剛性を有しなければならない。

(4) 版（スラブ）の型枠支保工は，施工時及び完成後のコンクリートの自重による沈下や変形を想定して，適切な［(ニ) 上げ越し］をしておかなければならない。

(5) 型枠及び型枠支保工を取り外す順序は，比較的荷重を受けにくい部分をまず取り外し，その後残りの重要な部分を取り外すので，梁部では［(ホ) 底面］が最後となる。

《解答欄》

(イ)	(ロ)	(ハ)	(ニ)	(ホ)
同一	かぶり	側圧	上げ越し	底面

5

土の原位置試験に関する次の文章の［　　］の(イ)～(ホ)に当てはまる適切な語句を，次の語句から選び解答欄に記入しなさい。

(1) 標準貫入試験は，原位置における地盤の［(イ)］，締まり具合または土層の構成を判定するための［(ロ)］を求めるために行うものである。

(2) 平板載荷試験は，原地盤に剛な載荷板を設置して［(ハ)］荷重を与え，この荷重の大きさと載荷板の沈下量との関係から［(ニ)］係数や極限支持力などの地盤の変形及び支持力特性を調べるための試験である。

(3) RI計器による土の密度試験とは，放射性同位元素（RI）を利用して，土の湿潤密度及び［(ホ)］を現場において直接測定するものである。

［語句］

バラツキ，	硬軟，	N値，	圧密，	水平，
地盤反力，	膨張，	調整，	含水比，	P値，
沈下量，	大小，	T値，	垂直，	透水

《R2－6》

6

次の各種コンクリートの中から2つ選び，それぞれについて打込み時又は養生時に留意する事項を解答欄に記述しなさい。

・寒中コンクリート
・暑中コンクリート
・マスコンクリート

《R2－8》

解説

5 (1) 標準貫入試験は，原位置における地盤の (イ) 硬軟 ，締まり具合または土層の構成を判定するための (ロ) N値 を求めるために行うものである。

(2) 平板載荷試験は，原地盤に剛な載荷板を設置して (ハ) 垂直 荷重を与え，この荷重の大きさと載荷板の沈下量との関係から (ニ) 地盤反力 係数や極限支持力などの地盤の変形及び支持力特性を調べるための試験である。

(3) RI計器による土の密度試験とは，放射性同位元素（RI）を利用して，土の湿潤密度及び (ホ) 含水比 を現場において直接測定するものである。

《解答欄》

(イ)	(ロ)	(ハ)	(ニ)	(ホ)
硬軟	N値	垂直	地盤反力	含水比

6 下表の中から2種類のコンクリートを選び，打込み時又は養生時の留意事項を，解答欄の枠内におさまるよう記入する。

コンクリート	作業	留意事項
寒中コンクリート	打込み	・コンクリートの温度は，構造物の断面寸法，気象条件を考慮して，5～20℃の範囲に保たなければならない。 ・コンクリートの打込み時に，鉄筋，型枠等に氷雪が付着していてはならない。
	養生	・打込み後の初期に凍結しないように十分に保護し，特に風を防がなければならない。 ・所定の圧縮強度が得られるまで，養生温度を5℃以上に保ち，所定強度が得られた後も，さらに2日間0℃以上を保つ。
暑中コンクリート	打込み	・コンクリートの打込みは，練混ぜ開始から打ち終わるまでの時間は，1.5時間以内を原則とする。 ・打込み時のコンクリート温度の上限は，35℃以下を標準とする。
	養生	・打込み終了後，速やかに養生を開始し，表面を乾燥から防護するため，散水または覆い等による適切な処置を行う。 ・型枠も湿潤状態を保ち，型枠を取り外した後も，養生期間中は露出面を湿潤状態に保つ。
マスコンクリート	打込み	・打込み区間の大きさ，リフト高さ，継目の位置及び構造，打継ぎ時間間隔は，温度ひび割れの照査時に想定したものを使用する。 ・打込み温度は，ワーカビリティーや強度発現に悪影響を及ぼさない範囲で，できるだけ低くなるよう対策を講じる。
	養生	・必要に応じてコンクリート表面を断熱性の高い材料で覆う保温，保護の処置をとる。 ・パイプクーリングを行う場合，コンクリートの温度と通水温度との差は20℃以下とする。

7

盛土の締固め管理に関する次の文章の［　　］の(イ)～(ホ)に当てはまる**適切な語句を，次の語句から選び**解答欄に記入しなさい。

(1)　盛土工事の締固めの管理方法には，［(イ)］規定方式と［(ロ)］規定方式があり，どちらの方法を適用するかは，工事の性格・規模・土質条件などをよく考えたうえで判断することが大切である。

(2)　［(イ)］規定のうち，最も一般的な管理方法は，締固め度で規定する方法である。

(3)　締固め度＝$\dfrac{［(ハ)］で測定された土の［(ニ)］}{室内試験から得られる土の最大［(ニ)］}$× 100（%）

(4)　［(ロ)］規定方式は，使用する締固め機械の種類や締固め回数，盛土材料の［(ホ)］厚さなどを，仕様書に規定する方法である。

［語句］　積算，　安全，　品質，　工場，　土かぶり，
敷均し，　余盛，　現場，　総合，　環境基準，
現場配合，　工法，　コスト，　設計，　乾燥密度

《R1－6》

8

レディーミクストコンクリート（JIS A 5308）の受入れ検査に関する次の文章の［　　］の(イ)～(ホ)に当てはまる**適切な語句又は数値を，次の語句又は数値から選び**解答欄に記入しなさい。

(1)　［(イ)］が 8 cm の場合，試験結果が±2.5 cm の範囲に収まればよい。

(2)　空気量は，試験結果が±［(ロ)］%の範囲に収まればよい。

(3)　塩化物イオン濃度試験による塩化物イオン量は，［(ハ)］kg/m^3 以下の判定基準がある。

(4)　圧縮強度は，1 回の試験結果が指定した［(ニ)］の強度値の 85%以上で，かつ 3 回の試験結果の平均値が指定した［(ニ)］の強度値以上でなければならない。

(5)　アルカリシリカ反応は，その対策が講じられていることを，［(ホ)］計画書を用いて確認する。

［語句又は数値］　フロー，　仮設備，　スランプ，　1.0，　1.5，
作業，　0.4，　0.3，　配合，　2.0，
ひずみ，　せん断強度，　0.5，　引張強度，　呼び強度

《R1－7》

解説

7 (1)　盛土工事の締固めの管理方法には，［(イ)　品質］規定方式と［(ロ)　工法］規定方式があり，どちらの方法を適用するかは，工事の性格・規模・土質条件などをよく考えた上で判断することが大切である。

(2)　［(イ)　品質］規定のうち最も一般的な管理方法は，締固め度で規定する方法である。

(3)　$$締固め度=\frac{［(ハ)　現場］で測定された土の［(ニ)　乾燥密度］}{室内試験から得られる土の最大［(ニ)　乾燥密度］}\times 100\ (\%)$$

(4)　［(ロ)　工法］規定方式は，使用する締固め機械の種類や締固め回数，盛土材料の［(ホ)　敷均し］厚さなどを，仕様書に規定する方式である。

《解答欄》

(イ)	(ロ)	(ハ)	(ニ)	(ホ)
品質	工法	現場	乾燥密度	敷均し

8 (1)　［(イ)　スランプ］が 8 cm の場合，試験結果が±2.5 cm の範囲に収まればよい。

(2)　空気量は，試験結果が±［(ロ)　1.5］%の範囲に収まればよい。

(3)　塩化物イオン濃度試験による塩化物イオン量は，［(ハ)　0.3］kg/m^3 以下の判定基準がある。

(4)　圧縮強度は，1 回の試験結果が指定した［(ニ)　呼び強度］の強度値の 85%以上で，かつ 3 回の試験結果の平均値が指定した［(ニ)　呼び強度］の強度値以上でなければならない。

(5)　アルカリシリカ反応は，その対策が講じられていることを，［(ホ)　配合］計画書を用いて確認する。

《解答欄》

(イ)	(ロ)	(ハ)	(ニ)	(ホ)
スランプ	1.5	0.3	呼び強度	配合

9

盛土に関する次の文章の □ の(イ)～(ホ)に当てはまる**適切な語句を，次の語句から選び**解答欄に記入しなさい。

(1)　盛土の施工で重要な点は，盛土材料を水平に敷くことと [(イ)] に締め固めることである。

(2)　締固めの目的として，盛土法面の安定や支持力の増加など，土の構造物として必要な [(ロ)] が得られるようにすることが上げられる。

(3)　締固め作業にあたっては，適切な締固め機械を選定し，試験施工などによって求めた施工仕様に従って，所定の [(ハ)] の盛土を確保できるよう施工しなければならない。

(4)　盛土材料の含水量の調節は，材料の [(ニ)] 含水比が締固め時に規定される施工含水比の範囲内にない場合にその範囲に入るよう調節するもので， [(ホ)] ，トレンチ掘削による含水比の低下，散水などの方法がとられる。

［語句］　押え盛土，　膨張性，　自然，　軟弱，　流動性，
収縮性，　最大，　ばっ気乾燥，　強度特性，　均等，
多め，　スランプ，　品質，　最小，　軽量盛土

《H30－6》

10

レディーミクストコンクリート（JIS A 5308）の普通コンクリートの荷おろし地点における受入検査の各種判定基準に関する次の文章の □ の(イ)～(ホ)に当てはまる**適切な語句又は数値を，次の語句又は数値から選び**解答欄に記入しなさい。

(1)　スランプ12 cmの場合，スランプの許容差は± [(イ)] cmであり， [(ロ)] は4.5%で，許容差は±1.5%である。

(2)　コンクリート中の [(ハ)] は0.3 kg/m^{3}以下である。

(3)　圧縮強度の1回の試験結果は，購入者が指定した呼び強度の [(ニ)] の [(ホ)] %以上である。また，3回の試験結果の平均値は，購入者が指定した呼び強度の [(ニ)] 以上である。

［語句］　骨材の表面水率，　補正値，　90，　塩化物含有量，　2.5，
アルカリ総量，　70，　空気量，　1.0，　標準値，
強度値，　ブリーディング量，　2.0，　水セメント比，　85

《H30－7》

解説

9 (1) 盛土の施工で重要な点は，盛土材料を水平に敷くことと [(イ) 均等] に締め固めることである。

(2) 締固めの目的として，盛土法面の安定や支持力の増加など，土の構造物として必要な [(ロ) 強度特性] が得られるようにすることが上げられる。

(3) 締固め作業にあたっては，適切な締固め機械を選定し，試験施工などによって求めた施工仕様に従って，所定の [(ハ) 品質] の盛土を確保できるように施工しなければならない。

(4) 盛土材料の含水量の調節は，材料の [(ニ) 自然] 含水比が締固めの時に規定される施工含水比の範囲内にない場合にその範囲に入るように調節するもので，[(ホ) ばっ気乾燥]，トレンチ掘削による含水比の低下，散水などの方法がとられる。

《解答欄》

(イ)	(ロ)	(ハ)	(ニ)	(ホ)
均等	強度特性	品質	自然	ばっ気乾燥

10 (1) スランプ 12 cm の場合は，スランプの許容差は ± [(イ) 2.5] cm であり，[(ロ) 空気量] は 4.5%で，許容差は ±1.5%である。

(2) コンクリート中の [(ハ) 塩化物含有量] は 0.3 kg/m^3 以下である。

(3) 圧縮強度の 1 回の試験結果は，購入者が指定した呼び強度の [(ニ) 強度値] の [(ホ) 85] % 以上である。また，3 回の試験結果の平均値は，購入者が指定した呼び強度の [(ニ) 強度値] 以上である。

《解答欄》

(イ)	(ロ)	(ハ)	(ニ)	(ホ)
2.5	空気量	塩化物含有量	強度値	85

7·7 環境保全記述 《選択問題》

1

「建設工事に係る資材の再資源化等に関する法律」（建設リサイクル法）により定められている，下記の特定建設資材①～④から2つ選び，その番号，再資源化後の材料名又は主な利用用途を，解答欄に記述しなさい。

ただし，同一の解答は不可とする。

① コンクリート

② コンクリート及び鉄から成る建設資材

③ 木材

④ アスファルト・コンクリート

《R5－3》

2

ブルドーザ又はバックホゥを用いて行う建設工事における具体的な騒音防止対策を，2つ解答欄に記述しなさい。

《R4－9》

解説

1　各特定建設資材の処理方法と処理後の材料名，用途は，以下のようになる。

特定建設資材	処理方法	処理後の材料名	主な利用用途
①　コンクリート	(1)　破砕 (2)　選別 (3)　混合物除去 (4)　粒度調整	(1)　再生クラッシャーラン (2)　再生コンクリート砂 (3)　再生粒度調整砕石	(1)　路盤材 (2)　埋め戻し材 (3)　基礎材 (4)　コンクリート用骨材
②　コンクリート及び鉄から成る建設資材	(1)　破砕 (2)　選別 (3)　混合物除去 (4)　粒度調整	(1)　再生クラッシャーラン (2)　再生コンクリート砂 (3)　再生粒度調整砕石 (4)　再生鉄材	(1)　路盤材 (2)　埋め戻し材 (3)　基礎材 (4)　コンクリート用骨材 (5)　鉄筋
③　建設発生木材	チップ化	(1)　木質ボード (2)　堆肥 (3)　木質マルチング材	(1)　住宅構造用建材 (2)　コンクリート型枠 (3)　発電燃料
④　アスファルト・コンクリート塊	(1)　破砕 (2)　選別 (3)　混合物除去 (4)　粒度調整	(1)　再生加熱アスファルト安定処理混合物 (2)　表層基層用再生加熱アスファルト混合物 (3)　再生骨材	(1)　上層路盤材 (2)　基層用材料 (3)　表層用材料 (4)　路盤材 (5)　埋め戻し材 (6)　基礎材

上記表の中から２つを選んで解答欄に記述する。

2　具体的な騒音防止対策を下記から２つ選んで解答欄に記述する。

①　低騒音型建設機械の使用を原則とする。

②　整備不良による騒音・振動が発生しないように，点検，整備を十分に行う。

③　作業待ち時には，機械等のエンジンをできる限り止める。

④　掘削はできる限り衝撃力による施工を避け，無理な負荷をかけない。

⑤　ブルドーザの掘削押し土を行う場合，無理な負荷をかけないようにし，後進時の高速走行を行わない。

3

「資源の有効な利用の促進に関する法律」上の建設副産物である，**建設発生土とコンクリート塊の利用用途についてそれぞれ**解答欄に記述しなさい。
ただし，利用用途はそれぞれ異なるものとする。

《H29－9》

4

「建設工事に係る資材の再資源化等に関する法律」（建設リサイクル法）により定められている**下記の特定建設資材から2つ選び，再資源化後の材料名又は主な利用用途をそれぞれ1つ**解答欄に記入しなさい。ただし，それぞれの解答は異なるものとする。
・コンクリート
・コンクリート及び鉄から成る建設資材
・木材
・アスファルト・コンクリート

《H26－5－2》

解説

3　(1)　コンクリート塊の利用用途

問題**4**の解説に掲載した表の中より１つ選んで解答欄に記述する。

(2)　建設発生土の利用用途

次の表より１つ選んで解答欄に記述する。

建設発生土の主な利用用途

	区　分	利用用途
第１種	砂，礫，およびこれに準ずるものをいう	工作物の埋戻し材料 土木構造物の裏込め材料 道路盛土材料 宅地造成用材料
第２種	砂質土，礫質土，およびこれに準ずるものをいう	土木構造物の裏込め材料 道路盛土材料 河川築堤材料 宅地造成用材料
第３種	通常の施工性が確保される粘性土，およびこれに準ずるものをいう	土木構造物の裏込め材料 道路路体用盛土材料 河川築堤材料 宅地造成用材料 水面埋立材料
第４種	粘性土，およびこれに準ずるもの（第３種建設発生土を除く）をいう	水面埋立用材料

4　各特定建設資材の再利用のための処理方法と処理後の材料名，用途は，以下のようになる。

特定建設資材	具体的な処理方法	処理後の材料名	用　途
コンクリート塊	①　破砕 ②　選別 ③　混合物除去 ④　粒度調整	①　再生クラッシャーラン ②　再生コンクリート砂 ③　再生粒度調整砕石	①　路盤材 ②　埋め戻し材 ③　基礎材 ④　コンクリート用骨材
建設発生木材	①　チップ化	①　木質ボード ②　堆肥 ③　木質マルチング材	①　住宅構造用建材 ②　コンクリート型枠 ③　発電燃料
アスファルト・コンクリート塊	①　破砕 ②　選別 ③　混合物除去 ④　粒度調整	①　再生加熱アスファルト安定処理混合物 ②　表層基層用再生加熱アスファルト混合物 ③　再生骨材	①　上層路盤材 ②　基層用材料 ③　表層用材料 ④　路盤材 ⑤　埋め戻し材 ⑥　基礎材

なお，コンクリートおよび鉄から成る建設資材のコンクリート部分はコンクリート塊と同じであり，鉄はスクラップとし，各種鋼材の原料とする。

上記より，２つ選び解答欄に記述する。

［編 著 者］ 髙瀬　幸紀（髙瀬技術士事務所 所長）

【略歴】
1971年　北海道大学工学部土木工学科　卒業
同年　住友金属工業（株）入社
土木橋梁営業部長，東北支社長，北海道支社長を歴任
2003年　住友金属建材（株）取締役，常務取締役を歴任
2006年　日鐵住金建材（株）常務取締役，顧問を歴任
2009年　髙瀬技術士事務所　所長

（技術士　建設部門）

佐々木　栄三

【略歴】
1969年　岩手大学工学部資源開発工学科　卒業
東京都港湾局に勤務（以下，都市計画局，下水道局，清掃局を歴任）
2002年　東京都港湾局担当部長
2005年　東京都退職

（技術士　衛生工学部門，技術士，建設部門，一級土木施工管理技士）

令和6（2024）年度版　第一次検定・第二次検定
2級土木施工管理技士　出題分類別問題集

2024年2月26日　初 版 印 刷
2024年3月 8日　初 版 発 行

編著者　髙 瀬 幸 紀
　　　　佐々木 栄 三
発行者　澤 崎 明 治

（印　刷）星野精版印刷㈱　（製　本）㈱ブロケード
（トレース）丸山図芸社

発行所　株式会社　市ヶ谷出版社
東京都千代田区五番町5番地
電話　03-3265-3711（代）
FAX　03-3265-4008
http://www.ichigayashuppan.co.jp

ISBN 978-4-86797-322-6